Ps Ai

Photoshop+Illustrator

平面设计
案例实战
从入门到精通

视频自学全彩版

创锐设计 编著

机械工业出版社
China Machine Press

图书在版编目（CIP）数据

Photoshop+Illustrator 平面设计案例实战从入门到精通：视频自学全彩版／创锐设计编著. —北京：机械工业出版社，2019.6（2020.9 重印）

ISBN 978-7-111-62819-4

Ⅰ. ①P… Ⅱ. ①创… Ⅲ. ①平面设计 – 图像处理软件 Ⅳ. ① TP391.41

中国版本图书馆 CIP 数据核字（2019）第 100183 号

　　本书是一本讲解 Photoshop 和 Illustrator 在商业平面设计实务中结合应用的案例型教程，将知识点融入贴近实际应用的典型案例当中，帮助读者提高综合设计能力，达到学以致用的目的。

　　全书共 11 章。第 1 章讲解平面设计的基础知识，包括平面构成与平面设计的基本理论、位图与矢量图的概念、文件格式等知识。第 2 章讲解 Photoshop 和 Illustrator 的必备技能，先介绍两者的主要功能和界面构成，再讲解新建和打开文件、调整图像和画板大小、存储和导出文件、文件内容的交换等基本操作。第 3 ~ 11 章选取具有较强代表性的商业平面设计案例进行详细解析，涵盖 VI 设计、广告设计、招贴设计、插画设计、包装设计、书籍封面设计、画册设计、移动 UI 设计、网页设计。

　　本书内容翔实，图文并茂，可操作性强，适合广大 Photoshop 和 Illustrator 初级、中级用户，以及有志于从事平面设计、插画设计、包装设计、网页设计等工作的人员阅读，也可作为培训机构、大中专院校相关专业的教学辅导用书。

Photoshop+Illustrator 平面设计案例实战从入门到精通（视频自学全彩版）

出版发行：机械工业出版社（北京市西城区百万庄大街 22 号　邮政编码：100037）

责任编辑：李杰臣　李华君　　　　　　　　　　责任校对：庄　瑜

印　　刷：北京天颖印刷有限公司　　　　　　　版　　次：2020 年 9 月第 1 版第 3 次印刷

开　　本：185mm×260mm　1/16　　　　　　　印　　张：17

书　　号：ISBN 978-7-111-62819-4　　　　　　定　　价：89.80 元

PREFACE　前　言

计算机技术在平面设计中的应用不仅大大节约了设计时间，而且为设计师提供了更大的创意空间和创作自由度。平面设计的应用软件种类繁多，其中备受设计师青睐的是 Adobe 公司出品的 Photoshop 和 Illustrator，两者可以"亲密无间"地协作，快速设计出精美的作品。本书即是一本讲解 Photoshop 和 Illustrator 在商业平面设计实务中结合应用的案例型教程。

◎内容结构

全书共 11 章，可分为 3 个部分。

★第 1 章讲解平面设计的基础知识，包括平面构成与平面设计的基本理论、位图与矢量图的概念、文件格式等知识。

★第 2 章讲解 Photoshop 和 Illustrator 的必备技能，先介绍两者的主要功能和界面构成，再讲解新建和打开文件、调整图像和画板大小、存储和导出文件、文件内容的交换等基本操作。

★第 3 ～ 11 章选取具有较强代表性的商业平面设计案例进行详细解析，涵盖 VI 设计、广告设计、招贴设计、插画设计、包装设计、书籍封面设计、画册设计、移动 UI 设计、网页设计。案例的题材多样、创意独特、风格各异，能够帮助读者提高综合设计能力。

◎编写特色

★**案例典型，学以致用**：本书通过精心设计，将知识点融入贴近实际商业应用的典型案例中，让学习过程变得轻松、不枯燥。书中还穿插了许多从实践中总结出来的"技巧提示"，让读者在掌握软件操作的同时汲取专业设计人员的工作经验，快速提高实战能力。

★**视频教学，轻松自学**：本书配套的云空间资料提供所有案例的相关文件和操作视频。读者按照书中讲解，结合文件和视频边看、边学、边练，学习效果立竿见影。

★**扩展练习，巩固所学**：第 3 ～ 11 章的末尾提供了课后练习题，并且每道题都有操作技术要点的提示。读者可以回顾前面所学的内容，根据提示完成练习，检验并巩固自己的学习效果。

◎读者对象

本书适合广大 Photoshop 和 Illustrator 初级、中级用户，以及有志于从事平面设计、插画设计、包装设计、网页设计等工作的人员阅读，也可作为培训机构、大中专院校相关专业的教学辅导用书。

由于编者水平有限，本书难免有不足之处，恳请广大读者批评指正。读者除了可扫描二维码关注公众号获取资讯以外，也可加入 QQ 群 736148470 与我们交流。

编者

2019 年 4 月

如何获取云空间资料

 一　　**扫描关注微信公众号**

　　在手机微信的"发现"页面中点击"扫一扫"功能，如右一图所示，进入"二维码/条码"界面，将手机摄像头对准右二图中的二维码，扫描识别后进入"详细资料"页面，点击"关注公众号"按钮，关注我们的微信公众号。

 二　　**获取资料下载地址和提取密码**

　　点击公众号主页面左下角的小键盘图标，进入输入状态，在输入框中输入5位数字"62819"，点击"发送"按钮，即可获取本书云空间资料的下载地址和提取密码，如右图所示。

 三　　**打开资料下载页面**

　　在计算机的网页浏览器地址栏中输入前面获取的下载地址（输入时注意区分大小写），如右图所示，按 Enter 键即可打开资料下载页面。

 四　　**输入密码并下载资料**

　　在资料下载页面的"请输入提取密码"文本框中输入前面获取的提取密码（输入时注意区分大小写），再单击"提取文件"按钮。在新页面中单击打开资料文件夹，在要下载的文件名后单击"下载"按钮，即可将其下载到计算机中。如果页面中提示选择"高速下载"或"普通下载"，请选择"普通下载"。下载的资料如果为压缩包，可使用 7-Zip、WinRAR 等软件解压。

　　提示：读者在下载和使用云空间资料的过程中如果遇到自己解决不了的问题，请加入 QQ 群736148470，下载群文件中的详细说明，或者向群管理员寻求帮助。

CONTENTS

目 录

第1章
平面设计基础

平面设计是一门历史悠久、应用广泛的视觉艺术形式，是现代社会中其他各类设计的基础。它通过各项基本元素在二维空间的构成，体现出艺术设计的博大精深和无限创意。计算机技术、网络技术和数码技术的发展，逐渐打破了以往的平面设计法则，使平面设计的各个流程都发生了翻天覆地的变化，让平面设计拥有了更大的想象空间和创作自由。因此，要想学好平面设计，除了需要了解平面设计的概念和构成要素等基础理论外，还需要掌握一些基本的计算机图形图像知识。本章就来详细讲解学习平面设计必备的基础知识。

1.1 认识平面设计与平面构成

现代设计门类繁多，包括平面设计、工业设计、建筑设计、室内设计、动画设计等。这些设计门类各自有着独特的创意手法，但它们都有三个共同的根基——平面构成、色彩构成、立体构成。本节将讲解平面设计与平面构成的基本概念，以及平面构成的基本要素。

1.1.1 平面设计与平面构成的基本概念

平面设计是一种以视觉媒介为载体，向大众传播信息的造型性活动，以其独特的艺术性、专业性在设计领域享有一定的地位。读书、看报、上网、逛街等社会活动都与平面设计有着千丝万缕的联系。

平面构成是把视觉元素在二维平面上按照美的视觉效果和力学原理进行编排和组合，从最纯粹的视觉审美和视觉心理的角度寻求组成平面的各种可能性和可行性，是关于平面设计的思维方式和方法论，所以又可以说平面设计是平面构成的具体应用和实施。

平面构成与平面设计的关系如下图所示。

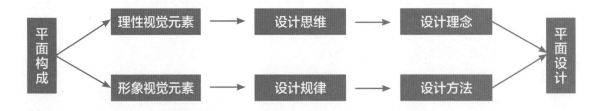

平面构成按其研究的性质和特点可以分为自然形态构成和抽象形态构成两大类。其中以自然形态为素材，保持原来形象的基本特征，对动物、植物、工艺品等各种形态的结构、形式和秩序等进行模仿的构成即为自然形态构成，如下左图所示；抽象形态构成则是指以自然规则与运动规律为主线，利用点、线、面等形态，组合成多种几何形象的构成，如下右图所示。抽象形态构成是平面构成中最为常见的构成形式，能给人以无穷的想象空间。

　　平面构成作为设计的一种思维方式和基础理论，在实际的设计过程中具有极强的扩展性，将其与富有抽象性和形式感的表现形式相结合，可创作出别具一格的画面效果。一套正确且完整的平面设计思维流程，首先应当通过理性的分析得到一个抽象的概念，然后在运用中将之具象化后再深入分析、扩展，最后达到成熟阶段，如右图所示。

　　在实际的设计运用时，需要对视觉的艺术语言有更加深入的了解，要了解造型观念，熟练掌握各种构成技巧和表现方式。只有培养出审美观、提升了美学修养，才能真正地提高创作意识和设计能力，活跃构思，创作出更有感染力的作品。

1.1.2　平面构成的基本要素

　　在平面构成中，视觉思维是不可能凭空产生的，它一定是通过各种抽象或具象的图形、文字、符号来传达的。这种思维无论是理性的，还是感性的，都建立在对点、线、面，或图形、文字、色彩等视觉元素的研究和探讨的基础上。因此，我们把平面构成的视觉元素分为理性视觉元素和形象视觉元素。其中理性视觉元素包括点、线、面，形象视觉元素则包括图形、文字和色彩，如下图所示。

1．理性视觉元素

点、线、面是构成平面设计的理性视觉元素，也是视觉艺术和商业设计中不可缺少的元素，它们的存在构成了富有智慧美的视觉体系，在平面设计中具有无穷无尽的表现力和感染力。在设计中综合运用点、线、面，可形成一定的视觉语言，激发人们的思想和情感。在千变万化的视觉空间里，点、线、面是相互依存、相互作用的，它们在设计构图中讲究一定的比例关系、分割关系、构图关系等。只有当点、线、面的位置、大小、形状、疏密等做到统一协调后，才能创造出具有艺术价值和令人赏心悦目的设计作品。

点是平面设计构成中最具有变化潜力的视觉元素，作为造型元素中的最小单位，在表现时没有严格的限定，可以是一个文字、一个符号或一个图形等。在平面设计中利用点的数量、位置、形态等进行不同的编排和组合，能给人带来不同的视觉体验和情感触动。如右图所示的作品将无数图形作为点，通过叠加、堆积、聚合的方式使画面具有韵律感。

线是点的延伸，也是平面设计中的重要构成元素，其具有一定的视觉牵引功能，能让人感受到强烈的空间感。在平面设计中，线随着方向的不断变化会呈现出不同的视觉效果。因为线在构成中可以有长短、粗细、曲直的变化，所以线的不同造型会给人以很大的差异感。例如：线的粗细变化可以产生远近效果；线的曲直变化会产生坚硬感和柔软感等。如右图所示的作品通过指示线条突出了商品的卖点，简单而富有设计感。

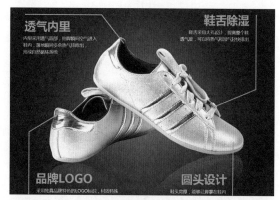

面是线移动的轨迹，具有长、宽两度空间，且具备点和线的一切特征。对于平面设计而言，面是用于协调图案关系的重要元素，有叠加、切割、削弱等功能，可以平衡空间内的正负感。面在造型中所形成的各种形态，是设计基础中的重要形态因素，它使平面设计的样式变得更加丰富多变。如右图所示的作品即利用不同比例的图形分割画面，使画面具有较强的视觉形式美。

2．形象视觉元素

图形、文字和色彩作为构成平面设计的形象视觉元素，在平面设计中具有不同的功能与表现形式。

而三者的有机结合应用，可有效地突出平面设计的主题，彰显平面设计的创意内涵，给予受众完美的视觉体验，从而发挥出平面设计的艺术效果和信息传递作用。

在平面设计中，图形作为重要的构成元素，主要以手绘、图像及符号的形式具体展现，它能有效且迅速地抓住受众的视线，产生瞬间视觉冲击力，起到迅速、直观、准确的宣传作用。如下左图所示的作品利用不同颜色的鞋子图像进行展示，将网站销售的商品直观地呈现在消费者面前，具有较高的识别性；如下右图所示的宣传海报为了突出活动的主题，使用了学士帽、彩旗等进行具体展现，如此既能激起同学们的毕业情怀，也能起到很好的宣传作用。

文字是情感交流与信息传递的重要媒介，也是平面设计中非常重要的形象视觉元素。合理地运用文字进行平面设计，可以增强视觉传达效果，提升艺术审美价值。在平面设计作品中添加文字时，要注意文字的可读性和合理性，避免不合适的文字降低作品质量。下面两幅图所示的作品即通过添加文字完善了设计效果，同时深化了作品要表现的主题思想。

相对于平面设计中的图形要素和文字要素而言，色彩所具有的感染力和视觉冲击力更加突出。色彩对于"美"的传递与展现更为直观，不同的色彩搭配、排列、融合，都将带给人不同的视觉体验和情感体验，使受众通过色彩感知平面设计所蕴含的设计创意。进行平面设计时，可以通过色彩的典型性和代表性来传递信息，表现设计主题，如红色代表热情、温暖，黄色代表明快、辉煌，紫色代表高贵、典雅等。下左图所示为某家居用品店的网页设计，其通过调整色彩的纯度和明度，营造了温馨的家居氛围；下右图所示的地产广告选用沉稳的黑色和深褐色为主要配色，以烘托楼盘较高的档次。

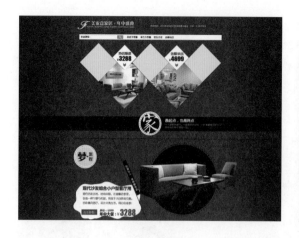

1.2 位图和矢量图

计算机中的图像可以分为位图和矢量图两大类。这两类图像具有各自的优缺点。在平面设计中将两者结合运用，可以取长补短，创作出更加出色的作品。

1.2.1 位图

位图又称为点阵图，它由许多单独的小方块组成，这些小方块称为像素点。组成位图的每个像素点都有特定的位置和颜色值。不同排列方式和颜色值的像素点组合在一起会构成不同的画面效果，因此，位图的显示效果与像素点是紧密联系在一起的。像素点越多，位图的分辨率越高，相应的图像文件越大，所需要的存储空间也越大。

位图的优点是只要有足够多不同颜色值的像素点，就可以呈现出颜色丰富的图像，逼真地表现自然界的景象；缺点则是在缩放或旋转时容易造成图像的失真。如右图所示为一幅位图及其局部放大效果，可以看见放大后图像中的一个个像素点。

1.2.2 矢量图

矢量图又称为向量图，它以数学公式定义的直线和曲线来记录图像内容，当用户查看矢量图文件时，计算机程序再根据这些公式绘制出图像显示在屏幕上。矢量图文件中的图形元素称为对象。每个对象自成一体，具有颜色、形状、轮廓、大小和屏幕位置等属性。

矢量图的优点是所占存储空间较小，可以无级缩放或旋转，图像不会变形或产生锯齿效果，并且可以在任何输出设备上以最高分辨率输出；缺点是难以表现颜色层次丰富的逼真图像效果。如下图所示为一幅矢量图及其局部放大效果，可以看见放大后的图像仍然保持清晰的边缘。

1.3 文件格式

完成平面设计作品制作后，需要选择一种合适的文件格式来存储作品。本书采用的平面设计软件 Photoshop 和 Illustrator 可将设计作品保存为多种文件格式。在这些文件格式中，既有 Photoshop 和 Illustrator 专用的格式，也有通用性较强、适用于多种操作系统和应用软件的格式。下面对其中几种比较常用的格式进行讲解。

PSD格式

PSD 格式的全称是 Photoshop Document，文件扩展名为 ".psd"。这种格式是 Photoshop 的专用格式，可以存储 Photoshop 中所有的图层、通道、参考线、注解和颜色模式等信息，以方便随时编辑和修改。若作品中包含图层，则一般都用 PSD 格式保存。PSD 格式在保存时会将文件压缩，以减少占用的磁盘空间，但 PSD 格式文件所包含的图像数据信息较多，因而还是比其他格式的图像文件大得多。

AI格式

AI 格式的全称是 Adobe Illustrator，文件扩展名为 ".ai"。顾名思义，这种格式是 Illustrator 的专用格式。AI 格式文件与 PSD 格式文件的相同点是都支持图层操作，不同点是 AI 格式文件是基于矢量图输出，可在任何尺寸下按最高分辨率输出，而 PSD 格式文件是基于位图输出。

EPS格式

EPS 格式的全称是 Encapsulated PostScript，主要用于矢量图和位图的存储。它是一种跨平台的标准格式，在 PC 平台上的文件扩展名是 ".eps"，在 Macintosh 平台上的文件扩展名是 ".epsf"。EPS 格式采用 PostScript 语言描述图像信息，并且可以保存一些其他类型的信息，如多色调曲线、Alpha 通道、分色、剪辑路径、挂网信息等，因而常用于印刷或打印输出。

JPEG格式

JPEG 是 Joint Photographic Experts Group 的缩写，这种格式是常见的一种位图图像格式，其扩展名为 ".jpg" 或 ".jpeg"。JPEG 格式文件利用较先进的有损压缩算法去除冗余的图像和颜色数据，在获得极高压缩比率的同时仍能展现丰富生动的图像，简单来说，就是可以在占用较少的磁盘空间的同时保持较好的图像质量。该格式提供多个压缩比率，通常在 10∶1 ～ 40∶1 之间。压缩比率越高，得到的图像质量越差，占用的存储空间也越小。用户利用这些压缩比率可以灵活地在图像质量和文件大小之间取得平衡。

TIFF格式

TIFF 格式的全称是 Tagged Image File Format，文件扩展名为".tif"或".tiff"。TIFF 格式文件支持 256 色、24 位真彩色、32 位色、48 位色等多种颜色位数，并且支持 RGB、CMYK 等多种颜色模式。另外，TIFF 格式文件可以使用压缩方式存储，支持 LZW、ZIP、JPEG 等多种压缩方式。几乎所有的绘画、图像编辑和页面排版应用程序都支持 TIFF 格式。

PNG格式

PNG 格式的全称是 Portable Network Graphics，文件扩展名为".png"。它是一种专为网络传输开发的位图文件格式，与 JPEG 格式一样都与平台无关。PNG 格式支持高级别无损压缩，用于存储灰度图像时，图像深度最高可达 16 位，存储彩色图像时，图像深度最高可达 48 位，并且还可存储多达 16 位的 α 通道数据。此外，PNG 格式还支持 Alpha 通道透明度和交错处理，因而被广泛应用于网页制作。在游戏和手机应用程序开发等领域，该格式也得到大量应用。

读书笔记

第2章
Photoshop和Illustrator必备技能

工欲善其事，必先利其器。在开始设计和制作平面设计作品前，需要选择合适的软件，并对其基本操作有一定的了解。平面设计中最常进行的工作就是位图图像和矢量图形的制作与处理。位图图像制作与处理常用的软件有 Photoshop、GIMP、PaintShop Pro 等，矢量图形制作与处理常用的软件有 Illustrator、CorelDRAW、Inkscape 等。本书选用的 Photoshop 和 Illustrator 是这些软件中的佼佼者，它们均由 Adobe 公司出品，因而在平面设计工作中可以更加紧密地协作。

本章将介绍 Photoshop 和 Illustrator 的软件界面和基本操作，如新建和打开文件、调整图像大小、设置画板、存储和导出文件、交换文件内容等。

2.1 Photoshop和Illustrator的功能对比

大多数图像处理软件都会兼具位图和矢量图的处理能力，并且会以其中的一种为主，另一种为辅。Photoshop 的功能以处理位图为主，并具有一定的矢量图绘制能力；而 Illustrator 的功能则以绘制矢量图为主，同时能导入位图并做基本处理。下表简单介绍了两个软件的主要功能。

软件名称	启动界面	主要应用	功能特点
Adobe Photoshop CC 2018		位图处理	提供强大的位图处理功能，包括：绘制图像；对图像进行缩放、旋转、倾斜等变换；修饰和美化图像；修复残损图像；精确选取并抠出对象；多幅图像合成；调整图像明暗与颜色；为图像添加特效等
Adobe Illustrator CC 2018		矢量图绘制	提供顺畅灵活的矢量图绘制和编辑功能，既能快速绘制矩形、圆形、多边形、星形等基本的几何图形，又能自由绘制任意曲线或封闭图形，并能将它们组合成更复杂的图形并填充颜色

2.2 Photoshop和Illustrator的界面构成

平面设计软件的界面是平面设计的工作环境，只有熟悉界面，才能得心应手地完成设计工作。作为同一家公司的产品，Photoshop 和 Illustrator 的界面构成总体上非常相似，但也有各自的特点，下面分别进行介绍。

2.2.1 | Photoshop的界面构成

在计算机中安装 Photoshop 程序后，双击桌面上的应用程序图标，就可以打开 Photoshop。如下图所示为 Photoshop 启动完毕后打开一个设计作品文件时的界面，界面各部分的功能简介见下表。

名称	功能
窗口控制按钮	从左到右依次为"最小化""最大化/恢复""关闭"按钮
菜单栏	集中了Photoshop中所有的菜单命令，包括文件、编辑、图像、图层、文字、选择、滤镜、3D、视图、窗口、帮助共11组菜单
工具选项栏	在工具箱中选中某个工具后，工具选项栏就会显示该工具的设置选项，用户可在其中更改工具的参数
标题栏	显示打开文件的基本信息，包含文件名、缩放比例、颜色模式等
工具箱	提供多种工具，用于选择、绘画、编辑及查看图像。单击某个工具按钮即可选中该工具。如果工具按钮右下角有一个小三角形符号，则表示该位置上存在一个工具组，其中包含若干个相关工具，右击或长按该工具按钮可展开相关工具的列表。拖动工具箱的标题栏，可移动工具箱
图像编辑窗口	Photoshop的主要工作区，用于显示和编辑图像文件。打开的多个图像编辑窗口默认以标签页的形式排列在界面中，每个图像编辑窗口带有自己的标题栏，用于显示打开文件的基本信息，如文件名、缩放比例、颜色模式等
面板	用于操作的监控和编辑，可通过"窗口"菜单来显示或隐藏面板。面板默认停靠在界面右侧，用户也可自由拖动或组合面板
状态栏	显示一些有用的信息，如当前图像编辑窗口的缩放比例、当前图像的尺寸等。单击右边的箭头，在弹出的菜单中可选择要在状态栏中显示的信息

2.2.2 | Illustrator的界面构成

Illustrator 的安装和启动方式与 Photoshop 相同。如下图所示为 Illustrator 启动完毕后打开一个设计作品文件时的界面，界面各部分的功能简介见下表。

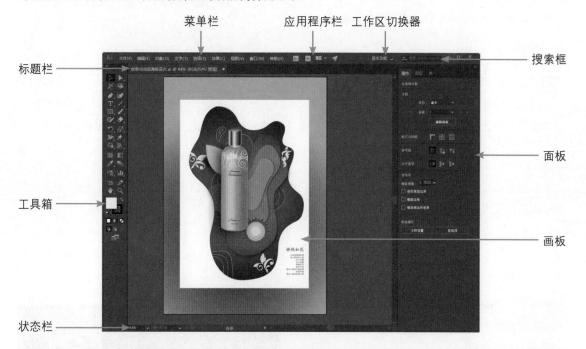

名称	功能
菜单栏	集中了Illustrator中所有的菜单命令，包括文件、编辑、对象、文字、选择、效果、视图、窗口、帮助共9组菜单
应用程序栏	单击应用程序栏中的按钮，可以启动其他程序或更改窗口排列方式等
工作区切换器	用于切换不同的工作区
搜索框	用于搜索帮助主题及Adobe Stock中的资源
标题栏	显示打开文件的基本信息，包含文件名、缩放比例、颜色模式等
工具箱	包含用于创建和编辑图稿的所有工具，其使用方法与Photoshop的工具箱类似
画板	显示和编辑当前图稿，为主要的工作区域
面板	单击标签或按钮，可以展开相应的面板，通过在面板中进行设置来完成图形的编辑
状态栏	显示当前缩放比例、正在使用的工具、画板等信息

2.3 新建和打开文件

启动 Photoshop 和 Illustrator 之后，需要在软件中创建一个新文件，然后才能使用工具、面板和菜单命令进行作品设计。对于已经创建的文件，则可以在相应的软件中打开并编辑。下面分别讲解在 Photoshop 和 Illustrator 中新建和打开文件的具体操作。

2.3.1 在Photoshop中新建文件

新建文件是处理和编辑图像的基础。Photoshop 提供了多种新建文件的方式，用户可以在"起点"工作区中新建文件，也可以执行"新建"菜单命令来新建文件，下面分别介绍新建文件的几种方法。

1. 执行菜单命令新建文件

新建文件是在程序中创建一个新的空白文档。默认情况下，在设计和制作作品时会新建一个文件，并根据需要定义新建文件的大小和颜色模式等。

❶执行"文件 > 新建"菜单命令，或者按快捷键 Ctrl+N，打开"新建文档"对话框，❷在对话框中设置新建文件的名称、宽度、高度等选项，❸设置后单击"创建"按钮，如下图所示，就能根据设置的选项创建一个新的空白文件。

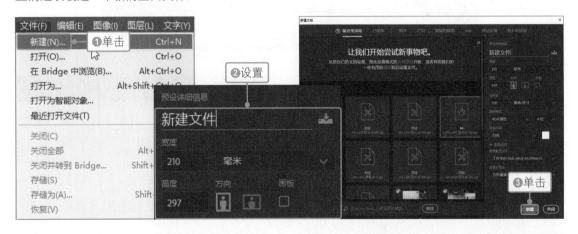

2. 从"起点"工作区新建文件

启动 Photoshop 后，将自动进入"起点"工作区，在此工作区中可以快速创建新文件。

单击"起点"工作区左侧的"新建"按钮，就可以打开"新建文件"对话框，在对话框中设置新建文件的选项，完成后单击"创建"按钮，同样可以新建一个文件。

3．应用模板新建文件

随着 Photoshop 功能的不断完善，在 Photoshop 中新建文件时，无需从空白画布开始，可以在 Adobe Stock 中选择各种模板来创建。Photoshop 中的模板分为"照片""打印""图稿和插图""Web""移动设备""胶片和视频" 6 组，这些模板中包含各种资源和插图，用户可以在此基础上进行构建，从而完成不同类型设计项目的制作。在 Photoshop 中打开一个模板时，可以像处理其他 Photoshop 文档那样处理该模板。

如下左图所示，❶单击"新建文档"对话框中的"Web"标签，展开选项卡，❷在选项卡下方单击选中一个模板后，❸单击"打开"按钮，就可以根据选择的模板创建出如下右图所示的新文件。如果所选模板未下载，则需要先单击"下载"按钮，从 Adobe Stock 中下载该模板。

4．应用预设新建文件

除了模板之外，用户还可以选择 Photoshop 提供的大量预设来新建文件。用户也可以存储自定义预设，以便重复使用。

在"新建文档"对话框中，❶单击"移动设备"标签，❷在展开的选项卡中单击"iPhone 6 Plus"预设，如下左图所示。在右侧输入要创建的文件名称，单击"创建"按钮，即可按照所选预设中指定的尺寸、分辨率等参数创建一个新文件，如下右图所示。

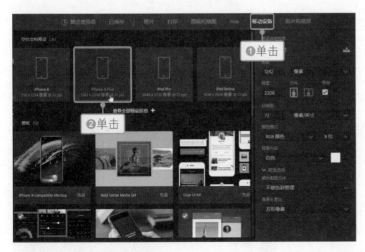 

技巧提示 **指定新建文件的背景颜色**

在 Photoshop 中新建文件时，单击"新建文档"对话框中的"背景内容"右侧的颜色块，打开"拾色器（新建文档背景颜色）"对话框，在此对话框中通过输入色值或单击选取颜色等方式，可以重新定义新建文件的背景颜色。

2.3.2 在Photoshop中打开文件

在 Photoshop 中可以使用"打开"命令来打开文件，也可以利用"最近打开文件"命令和"起点"工作区快速打开最近使用过的文件。

1. 使用"打开"命令打开文件

在 Photoshop 中，应用"打开"命令可以打开指定的文件，并且在打开某些文件，如相机原始数据文件和 PDF 文件时，需要在对话框中指定设置和选项，才能在 Photoshop 中完全打开。

启动 Photoshop，执行"文件 > 打开"菜单命令，或者按快捷键 Ctrl+O，打开"打开"对话框，如下左图所示，❶在对话框中先选择要打开文件的存储路径，❷然后在路径下方单击选中需要打开的图像，❸单击"打开"按钮，即可打开该图像。在图像编辑窗口中可以查看图像效果，如下右图所示。

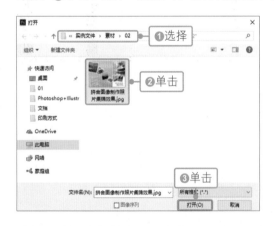

2. 打开最近使用的文件

在 Photoshop 中，应用"最近打开文件"命令可以打开最近打开或编辑过的文件。默认情况下，Photoshop 会保留最近打开过的 20 个文件的记录，如果需要指定保留的最近打开文件的数量，可以执行"编辑 > 首选项 > 文件处理"菜单命令，在"近期文件列表包含"选项中进行更改。

要打开最近打开过的文件，执行"文件 > 最近打开文件"菜单命令，如右图所示，在展开的级联菜单中单击选择要打开的文件名即可。除此之外，在"起点"工作区中间区域会显示最近打开过的文件缩览图，通过单击缩览图，就能快速打开该文件。

2.3.3 | 在Illustrator中新建文件

在 Illustrator 中可以新建空白文件或通过模板来新建文件。新建空白文件时，既可以根据需要自定义文件的宽度、高度及颜色模式等，也可以直接选择预设的配置文件。通过模板新建文件时，创建的文件将包含预设的设计元素和设置，对于特定的模板类型，如小册子和 CD 封面，还将包含裁剪标记和参考线等内容。

1. 新建空白文件

在 Illustrator 中可以用"开始"工作区或"文件"菜单新建文件。

启动 Illustrator 后，单击"开始"工作区中的"新建"按钮，或者执行"文件 > 新建"菜单命令，打开"新建文档"对话框，在对话框中输入新建文件的名称、宽度、高度及画板数等，如果需要设置更多的选项，则单击对话框右侧的"更多设置"按钮，如下左图所示，打开"更多设置"对话框。在对话框中可以重新指定配置文件、画板在屏幕上的排列顺序等，如下右图所示，设置好后单击"创建文档"按钮，即可创建相应的空白文件。

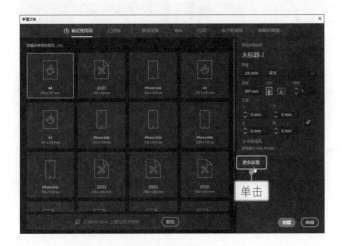

2. 从模板新建文件

Illustrator 提供了许多模板，包括信纸、信封、名片、小册子、标签、证书、明信片、贺卡、网站等。可以执行"从模板新建"命令新建文件，Illustrator 将使用与模板相同的内容和设置创建一个新文件，但不会改变原始模板文件。

如下左图所示，❶执行"文件 > 从模板新建"菜单命令，打开"从模板新建"对话框，❷在对话框中选择一种模板，❸单击下方的"新建"按钮，就可以按所选模板创建新文件。编辑窗口中将显示创建的文件效果，如下右图所示。

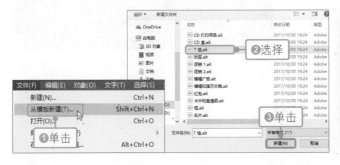

技巧提示　**使用"新建文档"对话框中的模板**

在 Illustrator 中，可以直接从 Adobe Stock 下载模板，并且可以在这些模板的基础上轻松创建包含某些相同设计元素的文件。"新建文档"对话框包含"移动设备""Web""打印""胶片和视频""图稿和插图"5 种类型的模板，在"新建文档"对话框中单击对应的标签，在展开的选项卡中即可下载并应用模板新建文件。

2.3.4　在Illustrator中打开文件

在 Illustrator 中，可以打开使用 Illustrator 创建和编辑过的文件，也可以打开在其他应用程序中创建的兼容文件。与 Photoshop 一样，Illustrator 中打开文件的方法也有很多种。

❶执行"文件 > 打开"菜单命令，打开"打开"对话框，❷在对话框中找到并选择要打开的文件，❸然后单击"打开"按钮，如下左图所示，即可在编辑窗口中打开该文件，如下右图所示。

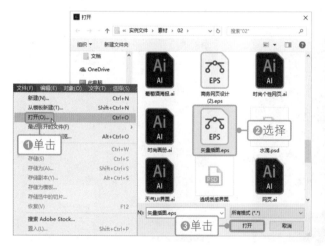

如果要快速打开最近编辑或存储过的文件，可以单击"开始"工作区中的文件缩览图，快速打开文件，如右图所示。也可以执行"文件 > 最近打开的文件"菜单命令，然后从展开的级联菜单中选择要打开的文件名进行打开。

技巧提示　**使用Adobe Bridge预览并打开文件**

在 Illustrator 中执行"文件 > 在 Bridge 中浏览"菜单命令，打开 Adobe Bridge 程序，在其中预览并找到需要打开的文件，然后执行"文件 > 打开方式 >Adobe Illustrator"菜单命令，即可打开所选文件。

2.4 图像大小和画板的设置

应用 Photoshop 和 Illustrator 制作平面设计作品时，可以根据需要设置图像和图稿的大小。由于作品最终的用途不同，对图像和图稿大小也会采用不同的设置。例如：如果图像是用于在网页中浏览，那么可以将图像的大小设置得小一些，以减少图像载入的时间；如果打算将图像用于打印，则需要在调整大小后，保证打印出来的图像足够清晰。下面就来讲解如何在 Photoshop 和 Illustrator 中根据实际需求设置图像和图稿的大小。

2.4.1 在Photoshop中调整图像大小

在 Photoshop 中，可以通过执行"图像大小"命令来调整图像的大小。在"图像大小"对话框中，不但可以查看原图像的大小、宽度和高度等，还可以根据需求自定义图像的宽度、高度及分辨率。默认情况下，图像长宽比是自动锁定的，在调整图像大小时，用户只需要更改"宽度"或"高度"其中的任意一个参数值，另外一个参数值也会相应改变，这样能够避免调整图像大小时图像出现变形失真的情况。

如右图所示，打开一张素材图像，执行"图像 > 图像大小"菜单命令，打开"图像大小"对话框，在对话框中将图像的"高度"值设置为1000 像素，设置后可以看到图像的宽度、大小也随着发生相应的变化，单击"确定"按钮，确认设置，并让图像以相同的缩放比例显示，可看到调整后的图像在图像编辑窗口中所占的面积变得更小。

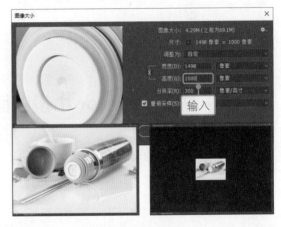

调整图像大小时，可以对图像进行重新采样。重新采样将在更改图像的像素大小或分辨率时更改图像数据的数量，它会导致图像质量下降。当缩减像素采样（减少像素的数量）时，将从图像中删除一些信息。当向上重新采样（增加像素的数量或增加像素采样）时，将添加新的像素。Photoshop 通过使用插值方法基于现有像素的颜色值为所有新的像素分配颜色值，从而重定图像像素。在"图像大小"对话框中，可以通过"重新采样"下拉列表框指定插值方法来确定如何添加或删除像素，如下图所示。

1. 自动

根据文档类型以及是放大还是缩小文档来自动选取重新取样的方法。

2. 保留细节（扩大）

该方法可在放大图像时使用"减少杂色"滑块消除杂色，最大限度地降低因图片放大造成的失真。

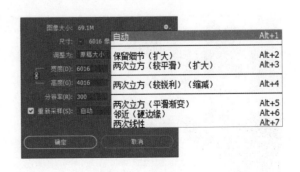

23

3．两次立方（较平滑）（扩大）

该方法是一种基于两次立方插值且旨在产生更平滑效果的有效图像放大方法。

4．两次立方（较锐利）（缩减）

该方法是一种基于两次立方插值且具有增强锐化效果的有效图像缩小方法。它能在重新采样后的图像中保留细节。如果使用该方法会使图像中某些区域的锐化程度过高，可尝试使用"两次立方（平滑渐变）"。

5．两次立方（平滑渐变）

该方法是一种以周围像素值分析作为依据的方法，速度较慢，但精度较高。它使用更复杂的计算，产生的色调渐变比"邻近（硬边缘）"或"两次线性"更为平滑。

6．邻近（硬边缘）

该方法是一种速度快但精度低的图像像素模拟方法，会在包含未消除锯齿边缘的图像中保留硬边缘并生成较小的文件。但是，该方法可能产生锯齿状效果，在对图像进行扭曲或缩放时或在某个选区上执行多次操作时，这种效果会变得非常明显。

7．两次线性

该方法是一种通过平均周围像素颜色值来添加像素的方法，可生成中等品质的图像。

2.4.2 在 Illustrator 中设置画板大小

画板是指包含可打印或可导出图稿的区域，在该区域中可以布置适合不同设备和屏幕的设计元素。用户可以在新建文件时指定画板大小，也可以在设计过程中随时调整画板的大小。在 Illustrator 中使用"画板"面板和"属性"面板都可以调整画板的大小，下面分别介绍具体方法。

1．应用"画板工具"设置画板大小

使用"画板工具"可以自定画板大小，也可以套用预设的画板大小。

如下图所示，若要自定画板大小，❶单击工具箱中的"画板工具"按钮，文档中会以虚线框的方式显示画板大小，❷将鼠标指针置于虚线框转角位置，鼠标指针会变为 形，此时拖动鼠标，就可以调整画板的大小。如果只需调整画板宽度或高度，将鼠标指针移到虚线框任一边线上，当鼠标指针变为 ⬍ 或 ⬌ 形时，单击并拖动至合适位置即可。

若要精确定义画板大小或套用预设的画板大小，则先选中要调整的画板，然后双击"画板工具"按钮，打开"画板选项"对话框，在对话框中的"预设"下拉列表中可以选择系统预设的画板大小，如右图所示，也可以直接在下方输入画板的"宽度"和"高度"值，并且可以单击"方向"右侧的"纵向"或"横向"按钮，更改当前所选画板的方向。

2. 应用"属性"面板设置画板大小

单击"属性"面板中的"编辑画板"按钮，可进入"画板"编辑模式。此时"属性"面板中会显示"变换"和"画板"两个选项组，"变换"选项组用于设置画板的位置、宽度、高度等，"画板"选项组用于设置画板的名称、方向等。

选择工具箱中的"选择工具"，单击画板中后方的灰色背景区域，取消所有对象的选中状态。展开"属性"面板，❶单击面板中的"编辑画板"按钮，即可进入"画板"编辑模式，❷在"变换"选项组下输入新的"宽"和"高"的值，Illustrator 就会根据输入的数值调整画板大小，如右图所示。如果需要新建或重命名画板，可以在下方的"画板"选项组中进行设置。完成后单击面板顶部的"退出"按钮。

技巧提示　**移动画板**

如果要移动画板及其中的内容，在"属性"面板中勾选"随画板移动图稿"复选框，或者单击"控制"面板中的"移动/复制带画板的图稿"按钮，使其处于按下状态，然后在画板中拖动；如果只需要移动画板，而不移动画板中的内容，则在"属性"面板中取消勾选"随画板移动图稿"复选框，或者在"控制"面板中单击"移动/复制带画板的图稿"按钮，使其处于弹起状态，然后在画板中拖动。

2.4.3 | 重新排列多个画板

在 Illustrator 中每个文档可以容纳的画板数为 1 ～ 1000。在设计和制作作品时，可以在"新建文档"对话框中指定文档包含的画板数量，也可以在编辑的过程中，单击"画板"选项组中的"新建画板"按钮■，向文档中添加新画板。当文档包含多个画板时，可以使用"按行设置网格""按列设置网格""按行排列""按列排列"选项重新排列画板。

在"画板"编辑模式下，单击"属性"面板中的"全部重新排列"按钮，或者打开"画板"面板，单击"重新排列所有画板"按钮■，打开"重新排列所有画板"对话框，在对话框中即可选择合适的画板排列方式。选择"按行设置网格"选项，在"列数"框中指定列数，将在指定数目的列中排列多个画板；选择"按列设置网格"选项，在"行数"框中指定行数，将在指定数目的行中排列多个画板；选择"按行排列"选项，可将所有画板排成一行；选择"按列排列"选项，可将所有画板排成一列。如下图所示，❶单击"按行排列"按钮，❷单击"更改为从右至左的版面"按钮，❸输入"间距"为40 px，❹单击"确定"按钮，将画板按从右至左的顺序排列成一行。

2.5 | 存储与导出文件

当平面设计作品制作完成后，就需要存储文件，这既是为了保留工作的成果，也是为了今后能调用和修改作品。此外，原始的作品文件通常不能直接应用，而是需要按目标应用场景的要求导出为相应的格式。下面分别介绍在 Photoshop 和 Illustrator 中存储和导出文件的方法。

2.5.1 | 在Photoshop中存储文件

在 Photoshop 中使用"存储"命令可将对图像所做的更改存储到当前文件，使用"存储为"命令可将对图像所做的更改存储为另一个文件。在初次存储文件时，执行"存储"命令将会打开"另存为"对话框。

执行"文件 > 存储为"菜单命令，打开如右图所示的"另存为"对话框，❶在对话框上方选择文件存储的位置，❷在下方输入文件存储名称，❸选择文件的保存类型，❹单击"保存"按钮。选择不同的保存类型，下方会启用不同的存储选项，可以通过勾选相应的复选框，存储文件副本、Alpha 通道、专色和图层等。

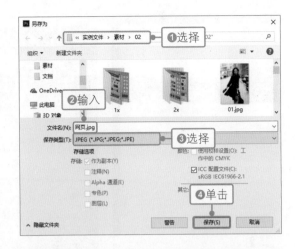

选择不同的保存类型时，单击"保存"按钮后将弹出相应的格式选项对话框。如选择保存类型为 JPEG（*.JPG；*.JPEG；*.JPE），单击"保存"按钮后，将打开如右图所示的"JPEG 选项"对话框，在对话框中可进一步设置该格式选项，如调整图像品质、文件大小等，设置后单击"确定"按钮，即完成文件的存储操作。

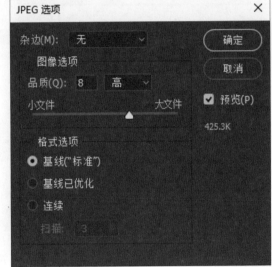

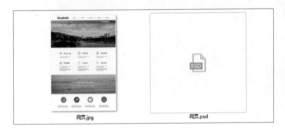

网页.jpg　　　　　　网页.psd

2.5.2　在Photoshop中导出文件

在 Photoshop 中应用"导出"功能，可以将编辑好的文件导出为各种不同的格式，并且可以选择单独导出文件中的某个画板或图层等，下面分别介绍导出文件的几种方法。

1. 导出画板、图层及更多内容

使用 Photoshop 中的"导出为"命令可以将画板、图层、图层组或整个文件导出为 PNG、JPEG、GIF 或 SVG 图像资源。

如果需要导出一个 Photoshop 文件或其中的所有画板，❶执行"文件 > 导出 > 导出为"菜单命令，打开"导出为"对话框，❷在对话框右侧的"文件设置"选项组中设置导出选项，如导出文件的存储格式、图像大小、画布大小等，❸设置好后单击"全部导出"按钮，如下图所示，即可根据用户设置的导出选项导出图像。如果文件包含多个画板，则会导出所有画板。

如果只想导出选定的图层、图层组或画板，则先在"图层"面板中选择要导出的图层、图层组或画板，①然后右击选中的图层、图层组或画板，②在弹出的快捷菜单中执行"导出为"菜单命令，打开"导出为"对话框，③在对话框中设置选项，④单击"全部导出"按钮，⑤在弹出的"导出"对话框中设置导出的存储位置、文件名、保存类型，⑥单击"保存"按钮，Photoshop 即针对选定的图层、图层组或画板，生成一个独立的图像资源。整个过程如右图及下图所示。

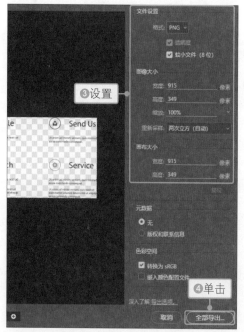

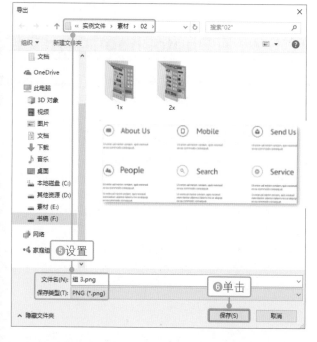

2．导出为Web所用格式

在 Photoshop 中，可以轻松地将设计和制作好的图像导出为网页中常用的图像格式。执行"文件 > 导出 > 存储为 Web 所用格式（旧版）"菜单命令，或者按快捷键 Ctrl+Alt+Shift+S，会打开如下左图所示的"存储为 Web 所用格式"对话框，在此对话框中可以选择以 TIFF、JPEG、PNG、GIF 等文件格式来优化并存储图像。在对话框中的"预设"下拉列表框中可选择优化图像的存储格式，选择不同的格式时，下方显示的格式选项也有一定的差别，如下右图所示。

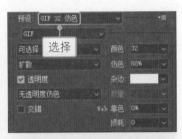
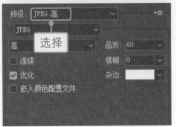

技巧提示　**转换颜色**

可以将颜色表中的所选颜色更改为任何其他 RGB 颜色值。当重新生成图像时，不管出现在图像的什么地方，选中的颜色都更改为设置的颜色。双击颜色表中的颜色，打开"拾色器"对话框，在该对话框中就可以指定转换后的颜色。

3．导出路径到Illustrator

在 Photoshop 中，应用"路径到 Illustrator"命令可以将 Photoshop 中绘制的路径导出为 Adobe Illustrator 文件。采用这种方式可在 Illustrator 中调用由 Photoshop 绘制的路径。

如下图所示，在导出路径前，❶先在 Photoshop 中绘制并存储路径或将现有选区转换为路径，然后执行"文件 > 导出 > 路径到 Illustrator"菜单命令，打开"导出路径到文件"对话框，❷在对话框中选择要导出的路径，❸单击"确定"按钮，将会打开"选择存储路径的文件名"对话框，❹在此对话框中设置导出的路径文件的存储名称及存储位置等选项，❺单击"保存"按钮，完成导出。

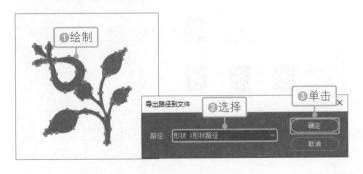
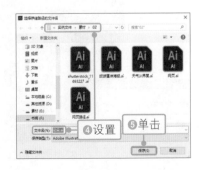

对于导出的路径，可以在 Illustrator 中打开并编辑。如下图所示，在 Illustrator 中打开导出的"花朵"路径，应用"直接选择工具"选取路径，在"颜色"面板中更改路径的填充颜色，然后将路径复制到绘制好的产品包装图中，效果如右图所示。

2.5.3 在Illustrator中存储文件

在 Illustrator 中可将图稿存储为 AI、AIT、PDF、EPS、SVG 和 SVGZ 共 6 种文件格式。AI 和 AIT 格式可保留所有 Illustrator 数据，所以也被称为本机格式；如果选择以 PDF 和 SVG 格式存储图稿，则需要选择"保留 Illustrator 编辑功能"选项才能保留所有 Illustrator 数据；如果选择以 EPS 格式存储图稿，则可以将各个画板存储为单独的文件；如果选择以 SVGZ 格式存储图稿，则只能存储现用画板，但其他画板的内容也会显示。下面详细介绍几种常用的存储格式。

1. 用AI格式存储

AI 格式是 Illustrator 默认的存储格式。如果文件包含多个画板并且希望存储到以前的 Illustrator 版本中，就可以用 AI 格式存储图稿，并且可以在存储时选择将每个画板存储为一个单独的文件，或者将所有画板中的内容合并到一个文件中。

如下图所示，新建文件，并对文件进行编辑，❶执行"文件 > 存储"菜单命令，打开"存储为"对话框，可看到默认选择的保存类型是"Adobe Illustrator（*.AI）"，❷输入文件名称，❸然后单击"保存"按钮，打开"Illustrator 选项"对话框，在对话框中对格式选项做进一步的调整，❹单击"确定"按钮，即可将文件以 AI 格式存储。

2．用PDF格式存储

Adobe PDF（*.PDF）格式是一种通用的文件格式，这种文件格式可保留在各种应用程序和平台上创建的字体、图像和版面。所以，将图稿以 PDF 格式存储时，可以保留 Illustrator 中设置的所有数据。使用 Adobe Reader 软件可以查看和打印 PDF 文件。

如下图所示，执行"文件 > 存储"或"文件 > 存储为"菜单命令，打开"存储为"对话框，❶在对话框中的"保存类型"下拉列表框中选择"Adobe PDF（*.PDF）"选项，❷单击"保存"按钮，打开"存储 Adobe PDF"对话框，❸在对话框中勾选"保留 Illustrator 编辑功能"复选框，❹单击"存储 PDF"按钮，即可以 PDF 格式存储文件，并同时保留所有编辑的数据。

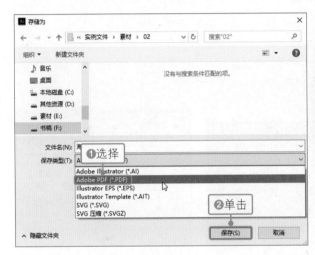
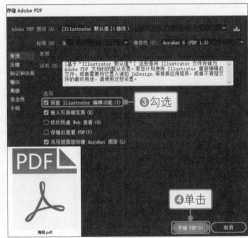

3.用EPS格式存储

几乎所有页面版式、文字处理和图形应用程序都支持导入或置入 EPS 格式文件。EPS 格式可保留许多使用 Illustrator 创建的图形元素，将文件存储为该格式后，可以在 Illustrator 中重新打开并作为 Illustrator 文件编辑。

如右图所示，执行"文件 > 存储"或"文件 > 存储为"菜单命令，打开"存储为"对话框，在对话框中的"保存类型"下拉列表框中选择"Illustrator EPS（*.EPS）"选项，单击"保存"按钮，并在打开的"EPS 选项"对话框中调整选项，即可将文件以 EPS 格式存储。

2.5.4 在Illustrator中导出文件

Illustrator 提供了导出为多种屏幕所用格式、导出为指定格式、存储为 Web 所用格式 3 种导出文件的方式。当作品制作完成后，可以根据应用需求，选择以合适的方式导出作品。下面分别介绍 3 种导出作品的方法。

1. 导出为多种屏幕所用格式

"导出为多种屏幕所用格式"是一种全新的工作流程，可以通过一步操作得到不同大小和文件格式的图像，更加简单快捷地生成图像作品，非常适用于 Web 和移动设备设计作品的导出。

如下左图所示，如果需要以不同的格式快速导出整个文件，❶执行"文件 > 导出 > 导出为多种屏幕所用格式"菜单命令，打开"导出为多种屏幕所用格式"对话框，其中有"画板"和"资产"两个选项卡，❷这里在"画板"选项卡下选择导出的对象范围，❸然后在右侧设置文件存储位置和存储格式等，❹设置好后单击"导出画板"按钮，就可以将文件导出为多种不同的格式，如下右图所示。

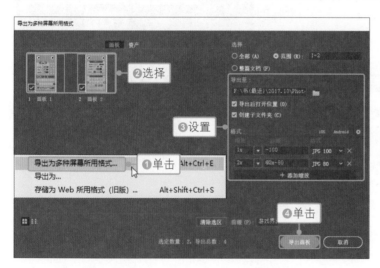
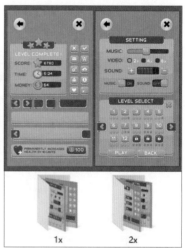

1x 2x

在移动设备应用程序开发过程中，用户体验设计师可能需要频繁地重新生成更新的图标和徽标。此时，就可以将这些图标和徽标添加到"资源导出"面板。"资源导出"面板显示了从图稿中收集的需要导出的对象。将对象添加到面板中后，只需要单击"导出"按钮，就可以快速将其导出为多种类型和大小的文件。

❶选择并右击图稿中要导出的对象，❷在弹出的快捷菜单中执行"收集以导出"命令，在展开的级联菜单中执行"作为单个资源"命令，即可将选择的对象添加到"资源导出"面板，如右图所示。

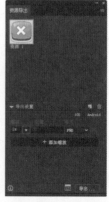

技巧提示　**拖动对象生成资源**

选择图稿中的对象后，将其拖动到"资源导出"面板，对象中的每个组将会分别作为一个资源添加到面板中；选择图稿中的对象后，按下 Alt 键并拖动对象到"资源导出"面板，将生成单个资源。

将需要导出的对象添加至"资源导出"面板后，选中面板中的资源，如下图所示，❸在下方的"导出设置"选项组中设置导出选项，❹完成后单击右下角的"导出"按钮，打开"选取位置"对话框，❺选择导出资源的存储位置，❻单击"选择文件夹"按钮，即可将"资源导出"面板中选中的资源导出为指定格式的文件。

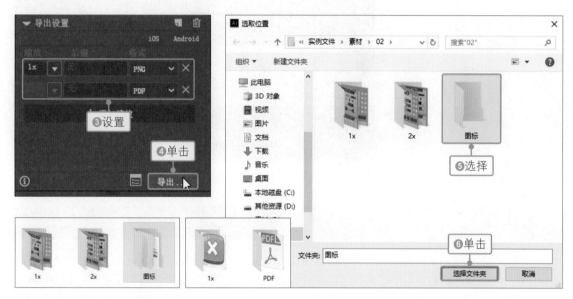

2. 导出为指定格式

Illustrator 支持 JPEG、PSD、PNG、TIFF 等多种格式的文件导出，用户可以通过"导出为"命令将图稿导出为所需的格式。与"导出为多种屏幕所用格式"不同的是，应用"导出为"命令只能将图稿导出为一种格式。执行"文件 > 导出 > 导出为"菜单命令，打开"导出"对话框，在对话框中设置选项，将作品导出为特定的格式。

当在"导出"对话框中选择不同的导出格式时，将会打开不同的导出选项对话框，在对话框中可以完成更多的选项设置，以调整文件导出效果。如下图所示，❶选择导出格式为"JPEG（*.JPG）"，❷单击"导出"按钮，❸打开"JPEG 选项"对话框，在对话框中设置选项，❹单击"确定"按钮，即可将文件导出为 JPEG 格式。

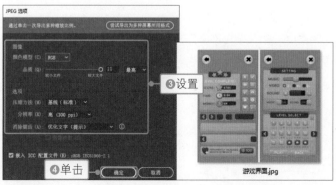

3. 导出为Web所用格式

Illustrator 与 Photoshop 一样，也可以将图稿导出为 Web 所用格式，并优化网页中的图形和其他对象，完成图稿的快速输出。

执行"文件 > 导出 > 存储为 Web 所用格式（旧版）"菜单命令，打开"存储为 Web 所用格式"对话框，如右图所示。在对话框中可以设置并优化图稿选项，并且可以选择以不同方式预览原图和优化后的图像。

2.6 文件内容的交换

Adobe 产品之间的紧密集成和对多种文件格式的支持，使得用户能够通过导入、导出或复制、粘贴操作轻松地将文件内容从一个应用程序转移到另一个应用程序。下面将详细介绍如何在 Photoshop 和 Illustrator 之间交换文件内容。

2.6.1 在 Illustrator 中使用 PSD 格式文件

由于 Adobe 产品之间具有一定的兼容性，所以在制作和处理作品时，可以充分利用 Photoshop 强大的图像编辑功能，调整图像颜色、合成多张图像等，然后再将其移至 Illustrator 中做进一步的编辑与设置。下面介绍如何在 Illustrator 中打开或导入 Photoshop 制作的 PSD 格式文件。

1. 在Illustrator中打开PSD格式文件

在 Illustrator 中可以直接打开或置入 PSD 格式文件。

执行"文件 > 打开"菜单命令，打开"打开"对话框，❶在对话框中选择需要打开的 PSD 格式文件，❷单击"打开"按钮，将打开"Photoshop 导入选项"对话框，在对话框中默认选择"将图层拼合为单个图像"单选按钮，❸单击"确定"按钮，Illustrator 会将所选的 PSD 格式文件中的所有图层合并为一个图层，如下图所示。

如右图一所示，❶如果在"Photoshop 导入选项"对话框中单击"将图层转换为对象"单选按钮，❷单击"确定"按钮，可将 PSD 格式文件中的图层转换为 Illustrator 对象，并保留蒙版、混合模式、透明度及切片等。展开"图层"面板，可以看到 Illustrator 在不更改图像外观的情况下，保留了尽可能多的图层，如右图二所示。

如下图所示，如果要更改打开的图像中的文本颜色，应用"选择工具"单击选中文字对象，然后在"属性"面板中单击填色按钮，在展开的面板中拖动下方的颜色滑块，进行颜色的设置，设置后在图稿中可以看到选中的文字颜色发生了明显的变化。

技巧提示　导入隐藏图层

　　在 Illustrator 中打开 PSD 格式文件时，如果该文件包含隐藏的图层，并且需要使用该图层，可以在 "Photoshop 导入选项" 对话框中勾选 "导入隐藏图层" 复选框，再单击 "确定" 按钮，打开文件。

2. 将PSD格式文件置入到Illustrator中

　　在 Illustrator 中，还可以应用 "置入" 命令将 PSD 格式文件置入到图稿中。置入的方式有 "链接" 和 "嵌入" 两种。"链接" 是指置入后的图像将保持与源文件的关联，Illustrator 若发现源文件被修改或找不到源文件（如被删除、重命名或移动位置），都会提醒用户进行相应处理。"嵌入" 是指将图像按照完全分辨率复制到图稿中，嵌入的图像与源文件不存在关联。

　　❶执行 "文件 > 置入" 菜单命令，打开 "置入" 对话框，❷在该对话框中选择需要置入的 PSD 格式文件，默认会自动勾选对话框下方的 "链接" 复选框，表示以 "链接" 方式置入，❸单击 "置入" 按钮，如右图所示，就能以保留源文件链接的方式置入图像。

　　单击 "置入" 按钮后，将鼠标置于画板中，可以看到指针变为当前置入文件的缩览图，此时在画板中单击或拖动就可以将文件置入到图稿中。如果需要以 Photoshop 中编辑的文件大小置入图像，在画板中双击即可。如下图所示，置入的图像上会显示交叉的对角线，表明该图像是链接图像。打开 "链接" 面板，在面板中会显示链接图像的缩览图和文件名，可以根据情况重新链接或更新链接等。如果需要编辑置入的图像，执行 "窗口 > 控制" 菜单命令，打开 "控制" 面板，单击其中的 "编辑原稿" 按钮，可启动 Photoshop 对其进行编辑。

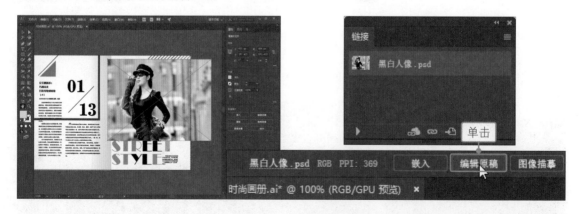

　　对于以 "链接" 方式置入的文件，如果对文件进行了重命名或移动了文件的存储位置，在 Illustrator 中编辑图稿时，会弹出如右图所示的提示对话框，提醒用户是否更新链接文件。

如右图所示，置入图像时，如果不需要保留图像与源文件之间的关联，❶在"置入"对话框中取消勾选"链接"复选框，❷单击"置入"按钮即可。采用此种方法会将图像直接嵌入到当前图稿中，所以得到的文档较大。对于通过"链接"方式置入的文件，可以单击"属性"面板或"控制"面板中的"嵌入"按钮，将文件从链接状态更改为嵌入状态。

2.6.2 将图像的一部分从Photoshop粘贴到Illustrator

有时只需要在 Illustrator 图稿中使用 Photoshop 中制作的图像的一部分，这时就可以在 Photoshop 中创建选区，选中所需图像，再结合"拷贝""剪切""粘贴"命令或"移动工具"，把选区内的图像从 Photoshop 复制到 Illustrator 中。复制图像时，如果图层蒙版为启用状态，则将复制蒙版而不是主图层。如果选区中的图像包含透明像素，在将其复制到 Illustrator 中时，Illustrator 会为透明像素区域填充上白色。

如下图所示，❶在 Photoshop 中应用选框工具选择要复制的人物图像，❷执行"编辑 > 拷贝"菜单命令或按快捷键 Ctrl+C，复制选区内的图像，❸在 Illustrator 中执行"编辑 > 粘贴"菜单命令或按快捷键 Ctrl+V，即可将选中的人物图像粘贴到当前图稿中。

2.6.3 将路径从Photoshop粘贴到Illustrator

Illustrator 支持大部分 Photoshop 数据，包括图层、可编辑文本和路径等。因此，也可以将在 Photoshop 中绘制的路径复制粘贴到 Illustrator 中，应用 Illustrator 进一步编辑路径。

如下图所示，❶在 Photoshop 中应用"路径选择工具"或"直接选择工具"选择要复制的路径，❷执行"编辑 > 拷贝"菜单命令或按快捷键 Ctrl+C，复制选中的路径，❸然后在 Illustrator 中执行"编辑 > 粘贴"命令或按快捷键 Ctrl+V。

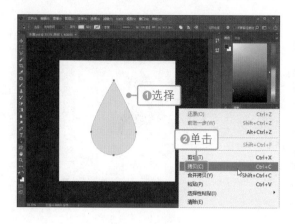
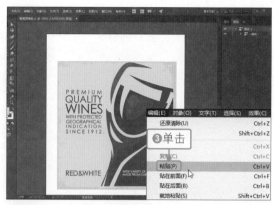

弹出如右图所示的"粘贴选项"对话框，其中有"复合形状（完全可编辑）"和"复合路径（较快）"两个选项，可选择将路径作为复合形状或复合路径粘贴。当选择以复合路径粘贴对象时，处理速度更快，但可能会丢失一些可编辑性。

2.6.4 在 Photoshop 中置入 AI 格式文件

在 Photoshop 中，可以应用"置入嵌入对象"命令或"置入链接的智能对象"命令将在 Illustrator 中制作的 AI 格式文件作为智能对象添加到文档中。这两者的区别是，以链接方式置入的智能对象，当源文件发生更改时，链接的智能对象的内容也会随之更新。将 AI 格式文件以智能对象方式置入到 Photoshop 中后，对它进行缩放、斜切、旋转或变形操作时，图像的质量都不会降低。

1. 置入嵌入对象

应用"置入嵌入对象"命令可以将在 Illustrator 中制作的 AI 格式文件嵌入到当前正在编辑的 Photoshop 文件中。如右图所示，❶在 Photoshop 中执行"文件 > 置入嵌入对象"菜单命令，打开"置入嵌入的对象"对话框，❷选择要置入的 AI 格式文件，❸然后单击"置入"按钮。

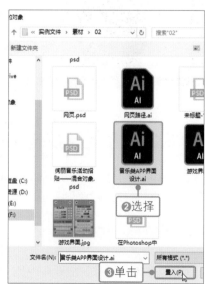

　　此时会打开"打开为智能对象"对话框，在其中可选择要置入的页面、图像或3D 对象。如下图所示，若要置入的 AI 格式文件包含多个页面或图像，❹则需单击要置入的页面或图像的缩览图，选择页面或图像后，在"裁剪到"下拉列表框中设置选项，指定要包括的部分，❺最后单击"确定"按钮，将所选页面添加到图像编辑窗口，并且在该图像上显示对角线，这时按下键盘中的 Enter 键，或单击工具箱中的任意工具，将弹出提示对话框，询问用户是否要置入文件，❻单击"置入"按钮，即可完成图像的置入操作。置入图像后，❼在"图层"面板中可看到置入的智能对象图层名即为 AI 格式文件的文件名。

　　将 AI 格式文件置入到 Photoshop 中后，如果需要再对该文件进行编辑。可以选中智能对象，执行"图层 > 智能对象 > 编辑内容"菜单命令，或者双击"图层"面板中的智能对象缩览图，运行 Illustrator 程序，并打开如右图所示的"检测到 PDF 修改"对话框，在对话框中选择相应的选项后，即可在 Illustrator 中进行文件的编辑。

　　单击"检测到 PDF 修改"对话框中的"放弃更改，保留 Illustrator 编辑功能"单选按钮时，在 Illustrator 中打开的智能对象会显示与置入文件相同的属性，给用户更多的编辑空间，如果置入的 AI 格式文件包含多个页面，则会将这些页面都打开，如下左图所示；单击"检测到 PDF 修改"对话框中的"保留更改，减少 Illustrator 编辑功能"单选按钮时，在 Illustrator 中会以图像的形式打开该智能对象，即对文件中的图形和文字进行位图化处理，并且只会打开置入的页面对象，如下右图所示。

2．置入链接的智能对象

链接的智能对象与外部源文件存在依赖关系，而不是在所属文档中嵌入源文件。在Photoshop中，❶执行"文件 > 置入链接的智能对象"菜单命令，打开"置入链接的对象"对话框，❷在此对话框中选择相应文件，❸单击"置入"按钮，如右图所示。

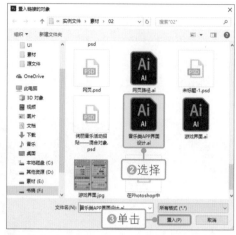

打开如下左图所示的"打开为智能对象"对话框，这时对话框左上角的"图像"单选按钮为灰色状态，说明不能单独置入所选文件中使用的图像。❹所以在"页面"选项卡下单击选择要置入的文档页面，❺单击"确定"按钮，在图像编辑窗口中显示置入链接文件的效果，按 Enter 键即可完成文件的置入操作。以链接的方式置入文件后，❻在"图层"面板中的智能对象上会显示一个链接图标，如下右图所示。

如果外部源文件发生更改，在打开链接了该文件的 Photoshop 文档时，链接的智能对象会自动更新。但是，当打开包含不同步链接的智能对象的 Photoshop 文档时，则需要手动更新智能对象。在 Photoshop 中，源文件已发生更改的链接智能对象会在"图层"面板中突出显示。如右图所示，如果图像中出现了不同步的链接智能对象，"图层"面板中的智能对象上会显示一个感叹号，这时可以右击该智能对象图层，在打开的菜单中选择"更新修改的内容"命令，或者执行"图层 > 智能对象 > 更新修改的内容"菜单命令，将其更新为修改后的效果；如果图像中出现了缺少外部源文件的链接智能对象，在"图层"面板中的智能对象上会显示一个问号，这时可以右击该智能对象图层，并选择"重新链接到文件"，或者执行"图层 > 智能对象 > 重新链接到文件"菜单命令，重新链接文件。

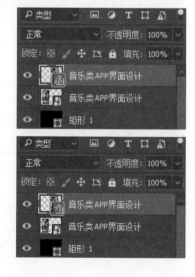

2.6.5　将Illustrator对象粘贴到Photoshop中

Illustrator 是一款专业的矢量绘图工具，利用它可以比较轻松地绘制各种外形复杂的图形，而在 Photoshop 中虽然也可以创建各种复杂的矢量图形，但是操作相对麻烦。所以在设计和制作作品时，可以先在 Illustrator 中将图形绘制好，然后通过复制、粘贴的方式将其导入到 Photoshop 中进行进一步编辑，从而提高工作效率。

❶在 Illustrator 中应用"选择工具"选中需要导入到 Photoshop 中的矢量图形，❷执行"编辑 > 复制"菜单命令或按快捷键 Ctrl+C，如右图和下图所示。

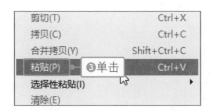

运行 Photoshop，❸执行"编辑 > 粘贴"菜单命令，或者按快捷键 Ctrl+V，打开"粘贴"对话框，其中有"智能对象""像素""路径""形状图层"4 种粘贴图形的方式。单击"形状图层"单选按钮，Photoshop 会将所选对象作为新形状图层进行粘贴，❹在"图层"面板中会创建一个新的形状图层，并以当前设置的前景色填充形状，如下图和右图所示。

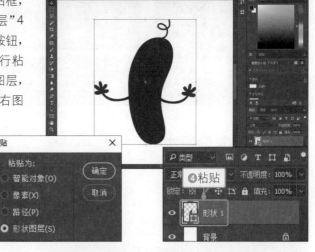

单击"智能对象"单选按钮，Photoshop 会将所选图形作为矢量智能对象粘贴到文件中，如下图和右图所示，在对矢量智能对象进行缩放、变换或移动操作时，图像的质量不会降低。

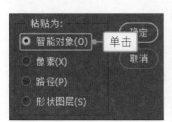

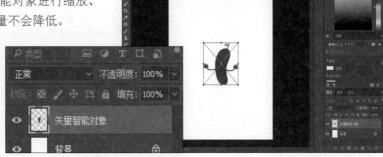

如下图和右图所示，单击"像素"单选按钮时，Photoshop 会将所选对象以像素方式进行粘贴，随后在"图层"面板中会自动创建一个新图层，用于放置粘贴的图像。在确认并栅格化对象前，可以先对其进行缩放、变换或移动等操作。

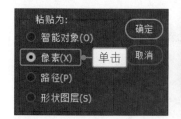

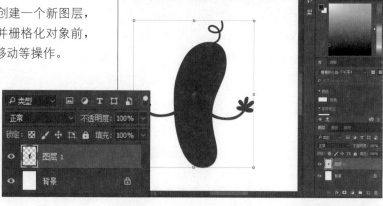

如下图和右图所示，单击"路径"单选按钮时，Photoshop 会将所选对象作为路径进行粘贴，随后在"图层"面板中不会产生新的图层，但可以在"路径"面板中选择并查看路径缩览图，还可以使用"钢笔工具""路径选择工具""直接选择工具"对路径进行编辑。

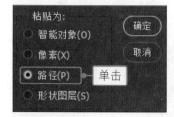

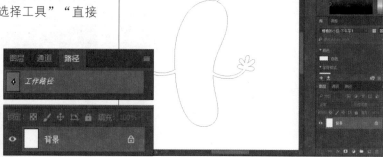

技巧提示 设置"文件处理和剪贴板"首选项

如果将对象粘贴到 Photoshop 文件中时，程序跳过了"粘贴"设置，直接将对象进行了自动栅格化处理，可以在 Illustrator 中执行"编辑 > 首选项 > 文件处理和剪贴板"菜单命令，在打开的对话框中查看是否关闭了"PDF"和"AICB（不支持透明度）"选项。如果关闭，则重新勾选复选框以启用，这样就不会在复制对象时自动栅格化处理图形。

第 **3** 章
VI系统设计

VI 的全称为 Visual Identity，通译为视觉识别，VI 系统即视觉识别系统。VI 系统以企业标志、标准字体、标准色彩为策划核心，通过静态视觉符号来传播企业经营理念、扩大企业知名度、树立企业形象。

本章将介绍两种风格的 VI 系统设计案例。第一个案例是某巧克力品牌的 VI 系统设计，通过清新、活泼的图形来塑造企业品牌形象；第二个案例是某服饰品牌的 VI 系统设计，通过复古风格的马车图案突出企业的文化内涵。

3.1 VI系统的构成要素

进行 VI 系统设计前，需要了解 VI 系统的构成要素。VI 系统由基础系统和应用系统两部分组成。基础系统以标志标准化为工作内容，应用系统则以进一步提高企业与品牌知名度为工作内容。这两部分通过不同的视觉元素来体现。

1．基础系统

VI 基础系统主要通过一些视觉元素来传达企业的综合信息，在设计方面的要求就是精简、规范、独立，并达到一定的审美标准。基础系统的内容如下图所示。

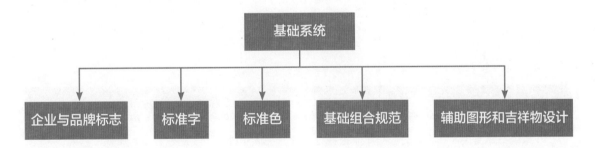

2．应用系统

VI 应用系统主要是通过一些识别系统来促进企业的营销，这些识别系统中有以规范企业一体化为主要目的的，也有以向社会公众宣传企业文化为中心思想的。应用系统的具体要素如下图所示。

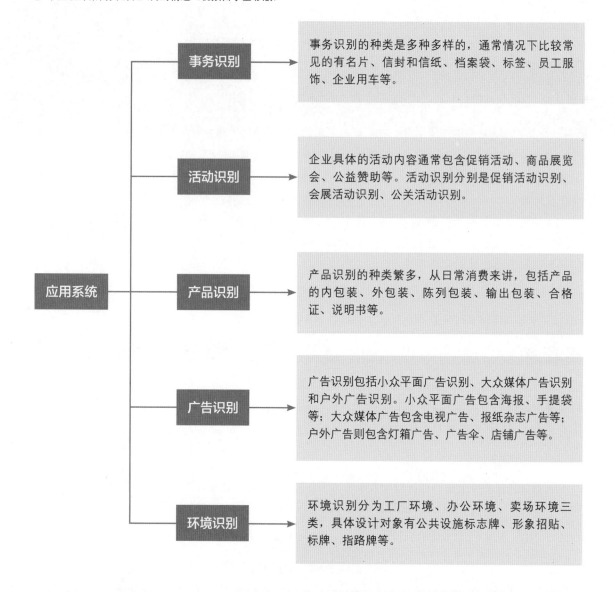

事务识别 → 事务识别的种类是多种多样的，通常情况下比较常见的有名片、信封和信纸、档案袋、标签、员工服饰、企业用车等。

活动识别 → 企业具体的活动内容通常包含促销活动、商品展览会、公益赞助等。活动识别分别是促销活动识别、会展活动识别、公关活动识别。

应用系统

产品识别 → 产品识别的种类繁多，从日常消费来讲，包括产品的内包装、外包装、陈列包装、输出包装、合格证、说明书等。

广告识别 → 广告识别包括小众平面广告识别、大众媒体广告识别和户外广告识别。小众平面广告包含海报、手提袋等；大众媒体广告包含电视广告、报纸杂志广告等；户外广告则包含灯箱广告、广告伞、店铺广告等。

环境识别 → 环境识别分为工厂环境、办公环境、卖场环境三类，具体设计对象有公共设施标志牌、形象招贴、标牌、指路牌等。

3.2 VI系统设计的基本原则

　　VI 系统错综复杂，在设计时应当牢牢把握统一性、民族个性、可实施性等基本原则，以确保 VI 系统的执行规范化，如下图所示。进行 VI 系统设计时，必须保持企业形象对外传播的统一性，以达到一体化设计；同时为了取得社会大众的认可，其形象必须是人性化的、具有独创性的视觉元素，将民族文化元素注入 VI 系统设计中，使企业形象别具一格，驱动企业形象的塑造和传播。

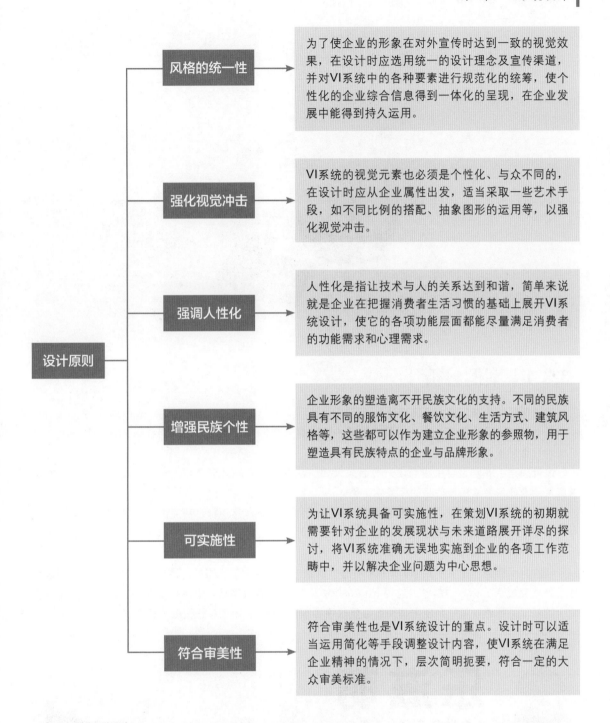

3.3 巧克力品牌VI系统设计——复合形状

原始文件	随书资源 \ 案例文件 \03\ 素材 \01.png ～ 03.png
最终文件	随书资源 \ 案例文件 \03\ 源文件 \ 巧克力品牌 VI 系统设计——复合形状 .psd

3.3.1 | 案例分析

设计任务：为某巧克力品牌设计 VI 系统。

设计关键点：由于巧克力的主要目标客户群体是儿童和青年女性，所以要在图形元素和配色上尽可能地营造轻松、可爱、充满活力的视觉感受。

设计思路：根据设计关键点，一方面思考如何从巧克力豆的外形变形出需要的造型，另外一方面考虑采用卡通形象来增强作品的可爱感。

配色推荐：深咖色＋绿色＋粉红色的色彩搭配方式。深咖色既符合巧克力的颜色特性，又能与另外两种颜色形成强烈的视觉反差；绿色用于体现产品是健康食品；用一点粉红色来增强可爱感，以满足目标客户的视觉偏好。

软件应用要点：主要利用 Illustrator 中的"钢笔工具"绘制基础图形，通过"路径查找器"创建组合图形，完成企业标志的制作；应用 Photoshop 中的"变换"功能对应用在产品包装盒、手提袋、名片上的标志进行透视变形，使用调整图层更改手提袋颜色，统一 VI 系统颜色风格。

3.3.2 | 操作流程

在本案例的制作过程中，先在 Illustrator 中绘制企业标志图形，并在图形下方添加标准文字，然后在 Photoshop 中将标志应用到产品包装盒、手提袋、名片中。

1．在Illustrator中绘制标志图形

本案例先用 Illustrator 绘制各种图形，完成企业标志图形的创建，具体操作步骤如下。

步骤01 绘制图形并填充颜色

创建新文件，❶选择"钢笔工具"，在画板中绘制图形，❷双击工具箱中的"填色"按钮，打开"拾色器"对话框，❸在对话框中输入颜色值为 R237、G168、B153，更改图形填充颜色。

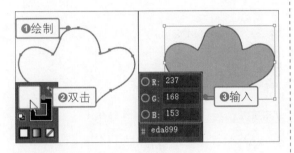

步骤02 设置描边属性

❶双击"描边"按钮，打开"拾色器"对话框，❷输入描边颜色为 R105、G61、B22，打开"描边"面板，❸设置"粗细"值为 4 pt，❹单击"圆头端点"按钮，更改端点样式。

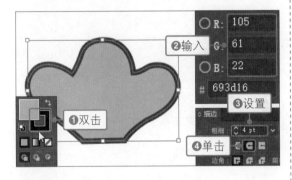

步骤03 绘制图形并更改填充颜色

❶用"钢笔工具"在已绘制的图形下方绘制另一图形，❷在工具箱中设置描边为"无"，❸双击"填色"按钮，打开"拾色器"对话框，❹输入颜色值为 R201、G229、B49，更改填充颜色。

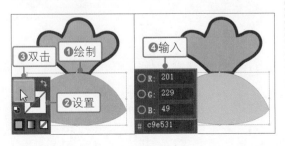

步骤04 复制并粘贴图形

使用相同的方法绘制另一个绿色的图形，❶使用"选择工具"选中两个绿色图形，按快捷键 Ctrl+C，复制图形，❷执行"编辑 > 就地粘贴"菜单命令，在原位置粘贴复制的图形。

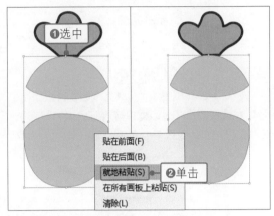

步骤05 绘制并旋转图形

设置填充颜色为 R138、G216、B117，❶使用"矩形工具"在画板中绘制一个矩形，❷在"属性"面板中设置"旋转"值为 37°，❸按住 Alt 键单击并拖动矩形，复制出 3 个同等大小的矩形。

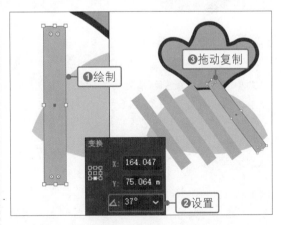

步骤06 使用"路径查找器"组合图形

❶使用"选择工具"选中 4 个矩形图形和下方的绿色图形，❷在"路径查找器"面板中单击"形状模式"选项组中的"减去顶层"按钮，剪切顶层图形，创建复合图形。

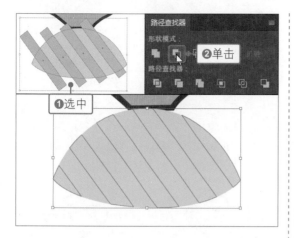

步骤 07 更改复合图形的填充颜色

❶双击工具箱中的"填色"按钮，打开"拾色器"对话框，❷在对话框中输入颜色值为 R138、G216、B117，更改复合图形的填充颜色。

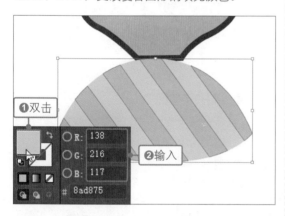

步骤 08 绘制并旋转矩形

设置填充颜色为 R138、G216、B117，❶使用"矩形工具"绘制一个矩形，❷在"属性"面板中设置"旋转"值为 38.5°，❸按住 Alt 键单击并拖动矩形，复制出 5 个同等大小的矩形。

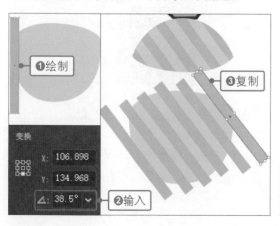

步骤 09 使用"路径查找器"组合图形

❶使用"选择工具"选中 6 个矩形图形和下方的绿色图形，❷在"路径查找器"面板的"形状模式"选项组中单击"减去顶层"按钮，剪切顶层图形，再次创建复合图形。

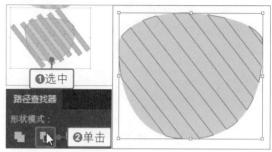

步骤 10 更改复合图形的填充颜色

❶双击工具箱中的"填色"按钮，打开"拾色器"对话框，❷在对话框中输入颜色值为 R138、G216、B117，更改复合图形的填充颜色。

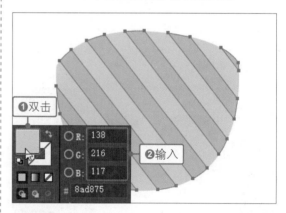

步骤 11 选择并复制图形

❶使用"选择工具"选中两个绿色图形，按快捷键 Ctrl+C 复制图形，❷执行"编辑 > 就地粘贴"菜单命令，在原位置粘贴复制的图形。

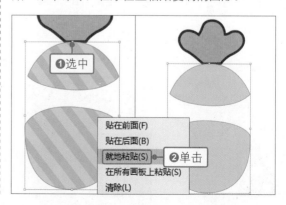

步骤 12 设置描边效果

❶单击工具箱中的"无"按钮，去除复制图形的填充颜色，❷双击"描边"按钮，打开"拾色器"对话框，❸在对话框中输入描边颜色值为R105、G61、B22，❹在"描边"面板中设置描边"粗细"为 4 pt，❺单击"圆头端点"按钮，更改端点形状，为图形添加描边效果。

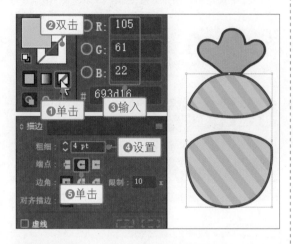

技巧提示　删除对象的描边效果

使用"选择工具"选中画板中的对象，然后单击工具箱中的"描边"按钮，再单击下方的"无"按钮，即可删除所选对象的描边效果。

步骤 13 继续绘制图形并添加文字

使用绘图工具绘制出更多的图形，并为其设置不同的填充颜色和描边样式，最后使用"文字工具"在绘制好的标志图形下方输入文字，完成标志的制作。

步骤 14 执行"导出为"命令

先存储文件，再执行"文件 > 导出 > 导出为"菜单命令，打开"导出"对话框，❶在对话框中选择导出文件的存储位置，❷输入文件名为"巧克力品牌标志"，❸选择导出格式为"Photoshop（*.PSD）"，❹单击"导出"按钮。

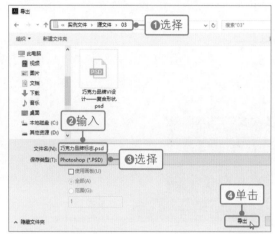

步骤 15 设置导出选项

弹出"Photoshop 导出选项"对话框，❶在对话框中单击"写入图层"单选按钮，❷勾选"保留文本可编辑性"和"最大可编辑性"复选框，❸单击"确定"按钮，导出标志。

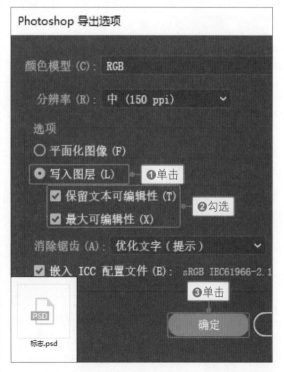

2．在Photoshop中导入并应用标志

在 Illustrator 中完成标志的绘制后，接下来要在 Photoshop 中应用该标志，将其添加到产品包装盒、手提袋、名片等图像上，具体操作步骤如下。

步骤 01 设置并填充前景色

在 Photoshop 中新建文件，❶设置前景色为 R254、G212、B187，❷按快捷键 Alt+Delete，用设置的前景色填充"背景"图层。

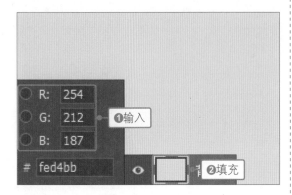

步骤 02 绘制不同颜色的矩形

❶新建"名片"图层组，❷用"矩形工具"在画板中绘制矩形，作为名片的背景，❸设置矩形填充颜色为 R102、G54、B0，❹按快捷键 Ctrl+J，复制图层，并向下移动到适当位置，❺设置复制矩形的填充颜色为 R206、G224、B18。

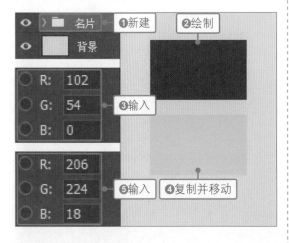

步骤 03 打开并复制标志

打开"巧克力品牌标志 .psd"文件，❶选中"图层 1"图层组，将图层组中的所有对象复制到咖啡色矩形上，再调整至合适的大小，❷按快捷键 Ctrl+J，复制得到"图层 1 拷贝"图层组，调整复制的标志图形至合适的大小，再将其移到绿色矩形上。

步骤 04 载入选区并填充颜色

删除多余图层，用"橡皮擦工具"擦除剩余图层中多余的对象，❶按住 Ctrl 键不放，单击图层缩览图，载入选区，单击"设置前景色"按钮，打开"拾色器（前景色）"对话框，❷设置颜色值为 R206、G224、B18，❸按快捷键 Alt+Delete，填充选区。

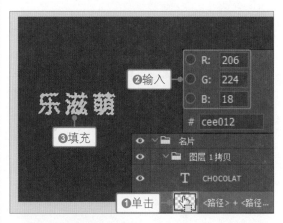

步骤 05 更改文本颜色

❶选中文本图层，选择工具箱中的"横排文字工具"，❷单击选项栏中的颜色块，打开"拾色器（文本颜色）"对话框，❸在对话框中设置颜色值为 R206、G224、B18，更改文本颜色。

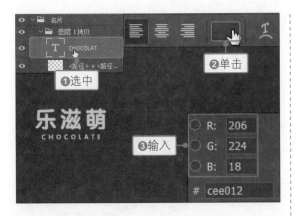

步骤06 添加线条和文字

用"直线段工具"在品牌文字右侧绘制一条填充颜色为R206、G224、B18的竖线，用"横排文字工具"在竖线右侧输入企业信息文字。

步骤07 盖印并隐藏图层

❶选中"矩形1拷贝"和"图层1"图层，按快捷键Ctrl+Alt+E，盖印图层，得到"图层1（合并）"图层，❷选中"矩形1"和"图层1拷贝"图层，按快捷键Ctrl+Alt+E，盖印图层，得到"图层1拷贝（合并）"图层，❸单击"矩形1""图层1""矩形1拷贝""图层1拷贝"图层前方的"指示图层可见性"图标 👁，隐藏图层。

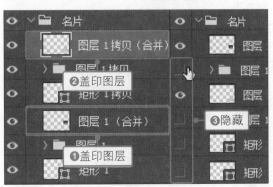

步骤08 旋转图像

选中"图层1（合并）"图层，按快捷键Ctrl+T，打开自由变换编辑框，在编辑框右下角外侧拖动鼠标，旋转名片图像。

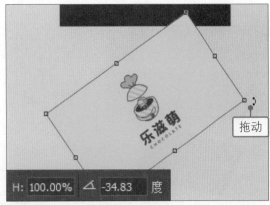

步骤09 执行"斜切"操作

❶右击编辑框中的图像，❷在弹出的快捷菜单中执行"斜切"命令，将鼠标指针移到编辑框左下角的控制点上，❸单击并向右拖动。

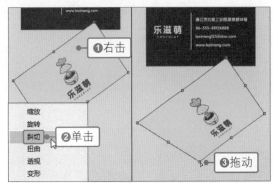

步骤10 调整并应用变换效果

用同样方法拖动编辑框右下角的控制点，调整图像外形，按Enter键应用变换效果。

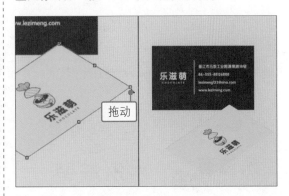

步骤11 添加投影效果

继续使用相同的方法，对另一名片图像进行变换调整。双击名片图像图层的缩览图，打开"图层样式"对话框，在对话框中设置"投影"选项，为名片图像添加投影。

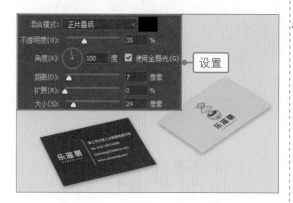

步骤12 复制手提袋图像并调整颜色

❶新建"手提袋"图层组，❷执行"文件 > 置入嵌入对象"菜单命令，置入"01.png"手提袋素材，复制置入的手提袋图像，利用调整图层调整颜色，使其与名片、标志的配色更为统一。

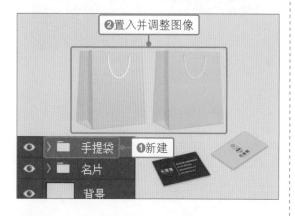

步骤13 在手提袋上添加标志

执行"文件 > 置入嵌入对象"菜单命令，将"巧克力品牌标志.psd"置入手提袋图像上方，按快捷键Ctrl+T打开自由变换编辑框，将其调至合适大小。

步骤14 调整"透视"效果

执行"编辑 > 变换 > 透视"菜单命令，显示透视变换编辑框，将鼠标指针移到编辑框右下角的控制点上，单击并向右侧拖动，调整标志图形的透视角度，按Enter键应用透视调整。

步骤15 复制标志并置入包装盒

❶按快捷键Ctrl+J，复制标志图形，将其移到绿色手提袋上方，❷新建"包装盒"图层组，❸执行"文件 > 置入嵌入对象"菜单命令，置入"02.png"包装盒素材。

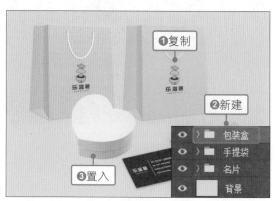

步骤16 更改包装盒的颜色

为了统一设计风格，应用调整图层调整包装盒图像的颜色。在盒子上方置入标志图形，然后置入"03.png"巧克力图像，为其添加投影效果，完成本案例的制作。

3.3.3 | 知识扩展

使用 Illustrator 中的"路径查找器"可以组合对象，即将两个或两个以上的图形以不同的方式组合成新的图形。

启动 Illustrator 后，在"属性"面板中会默认显示"路径查找器"选项组，此选项组中会显示部分选项。若要显示更多选项，可以单击"更多选项"按钮，也可以执行"窗口 > 路径查找器"菜单命令，打开"路径查找器"面板，如右图所示。

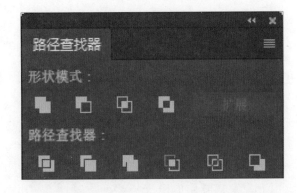

1. 形状模式

"路径查找器"面板中的"形状模式"选项组包含"联集""减去顶层""交集""差集""扩展"按钮，如下图所示。下面分别介绍这些按钮的具体功能。

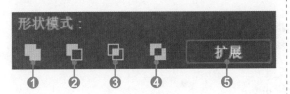

❶ 联集：描摹所有对象的轮廓，就如同它们是单一、合并的对象。得到的结果形状会采用顶层对象的上色属性。下左图为原始图形效果，下右图为应用"联集"创建的图形效果。

❷ 减去顶层：从最后面的对象中减去最前面的对象。应用此按钮可以通过调整堆叠顺序来删除图稿的某些区域，如右图所示。

❸ 交集：描摹被所有对象重叠的区域轮廓，如下左图所示。

❹ 差集：描摹所有对象未被重叠的区域，并使重叠区域透明，如下右图所示。

❺ 扩展：按住 Alt 键单击任一形状模式按钮，即可生成复合形状，此时将激活"扩展"按钮，单击该按钮后，复合形状被分割为若干个对象，这些对象共同组成形状的外观。需要注意的是，扩展复合形状后，将不能再选择其中的单个图形。

2. 路径查找器

应用"路径查找器"面板中的"路径查找器"选项组（见下图）可以通过重叠对象创建新的形状。只要单击某个按钮，就能创建相应的最终形状组合，下面分别介绍每个按钮的具体功能。

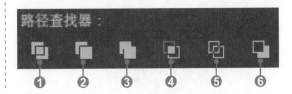

❶ 分割：将一份图稿分割成由组件填充的表面，如下左图所示。

❷ 修边：删除已填充对象被隐藏的部分。删除所有描边，且不合并相同颜色的对象，如下右图所示。

❸ 合并：删除已填充对象被隐藏的部分，删除所有描边，并且合并具有相同颜色的相邻或重叠的对象，如右图所示。

❹ 裁剪：将图稿分割成由组件填充的表面，然后删除图稿中所有落在最上方对象边界之外的部分，并且删除所有描边，如右图所示。

❺ 轮廓：将对象分割为其组件线段或边缘，如下左图所示。

❻ 减去后方对象：从最前面的对象中减去后面的对象，如下右图所示。

3.4 服饰品牌VI系统设计——创建文字轮廓

原始文件	随书资源 \ 案例文件 \03\ 素材 \04.jpg
最终文件	随书资源 \ 案例文件 \03\ 源文件 \ 服饰品牌 VI 系统设计——创建文字轮廓 .psd

3.4.1 | 案例分析

设计任务：为某服饰品牌设计 VI 系统。

设计关键点：由于该品牌服饰的主要客户群体是男性，所以在设计时应从男性审美的角度来考虑使用的图形元素和配色，要让作品能够展现出典雅而稳重的效果。

设计思路：根据设计关键点，选用驾着马车的男士形象作为标志的造型，这样既能体现品牌的主要客户群体，又能契合高贵、绅士的品牌形象。同时采用比较纤细且规整的字体设计，富有力度，与标志图形结合起来，给人以简洁爽朗的现代感。

配色推荐：黑色 + 白色 + 灰色的色彩搭配方式。黑色给人以神秘、庄重之感；白色给人以明亮、干净之感；灰色则给人以高雅、宁静之感。经典的黑、白、灰配色方式，正好能体现该品牌服饰的特点，同时也符合大多数男性的审美。

软件应用要点：主要利用 Illustrator 的"钢笔工具"绘制标志图形，应用"文字工具"在标志图形下输入文字，并利用"创建轮廓"的方式变形文字；在 Photoshop 中主要应用滤镜创建纹理背景，利用"颜色填充"填充图层改变标志颜色，将标志应用于信纸、服饰、钱包等元素中。

3.4.2 | 操作流程

在本案例的制作过程中，先在 Illustrator 中绘制出标志图形，并在图形下方创建品牌标准字，使标志形象更加完整，然后在 Photoshop 中将标志应用到 VI 系统的各项元素中。

1. 在Illustrator中绘制标志图形

在 Illustrator 中使用"钢笔工具"等绘制标志图形，然后使用"文字工具"输入文字，利用"创建轮廓"命令将文字转换为图形，并结合路径编辑工具变形文字，具体操作步骤如下。

步骤01 绘制图形并设置颜色

创建新文件，❶在工具箱中单击"钢笔工具"按钮，❷在画板中绘制图形，打开"颜色"面板，❸单击面板中的黑色色块，设置填充颜色为黑色，❹单击"描边"按钮，❺单击"无"按钮，去除描边效果。

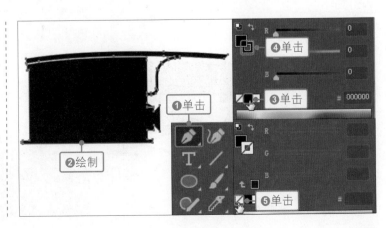

55

步骤 02 应用"路径查找器"编辑路径

❶选择"钢笔工具"，在黑色图形中绘制两个白色图形，❷使用"选择工具"选中两个白色图形和下方的黑色图形，❸在"属性"面板中的"路径查找器"选项组中单击"减去顶层"按钮，减去顶层的白色图形。

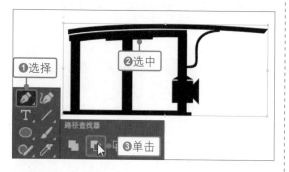

步骤 03 绘制更多图形

使用相同的方法在下方绘制更多图形，结合"路径查找器"编辑路径，绘制出马车车身部分。

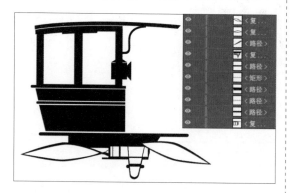

步骤 04 应用"直线段工具"绘制线条

接下来绘制车轮部分，❶选择工具箱中的"直线段工具"，❷在车身图形下方单击并拖动，绘制一根线条，❸在"属性"面板的"外观"选项组中设置描边颜色为黑色、描边粗细为 2 pt，更改线条的描边效果。

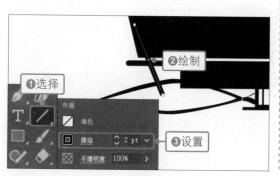

步骤 05 设置"变换效果"选项

执行"效果 > 扭曲和变换 > 变换"菜单命令，打开"变换效果"对话框，❶输入"角度"值为 24°，❷输入"副本"为 15，❸将旋转的中心点设置为右下角，单击"确定"按钮。

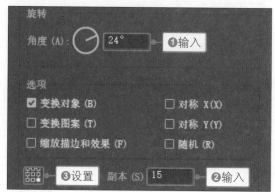

步骤 06 对线条应用变换效果

软件会根据输入的数值旋转线条并创建副本效果，此时在画板中可查看变换后的线条效果。

步骤 07 复制线条并更改描边选项

❶按快捷键 Ctrl+C，复制线条，再执行"编辑 > 就地粘贴"菜单命令，粘贴线条，❷在"属性"面板的"外观"选项组中设置描边颜色为白色，❸输入描边粗细为 3.5 pt，更改线条的描边效果。

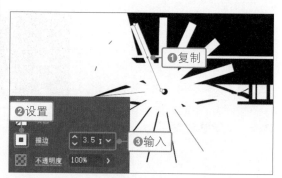

步骤08 调整对象堆叠顺序

使用"选择工具"选中白色线条，右击鼠标，在弹出的快捷菜单中执行"排列>后移一层"命令，将白色线条移到黑色线条下方。

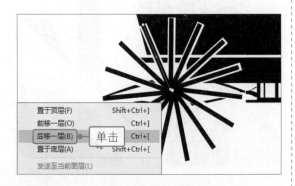

步骤09 应用"椭圆工具"绘制圆形

①选择工具箱中的"椭圆工具"，按住 Shift 键不放，在画板中单击并拖动鼠标，绘制一个圆形，②在"属性"面板的"外观"选项组中设置描边颜色为白色，③设置描边粗细为 3.5 pt。

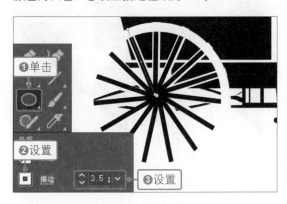

步骤10 复制图形并编组

按快捷键 Ctrl+C 和 Ctrl+Shift+V，复制粘贴得到更多的圆形图形，调整图形的外观和堆叠顺序后，选中并右击图形，在弹出的快捷菜单中执行"编组"命令，将图形编组，完成马车后轮的制作。

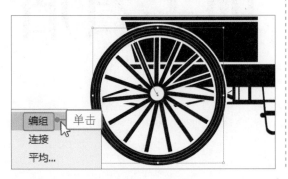

步骤11 绘制更多的图形

使用相同的方法绘制出马车前轮、人物和马匹等图形，并对这些图形进行编组，完成标志图形的绘制。

步骤12 设置并输入文字

①在工具箱中单击"文字工具"按钮，②在"属性"面板的"字符"选项组中设置字体为"方正姚体"，③设置字体大小为 94 pt，④设置字符间距为 -250，在绘制的标志图形下方单击，⑤输入文字"锦华名店"。

步骤13 执行"创建轮廓"命令

选中文字对象，执行"文字 > 创建轮廓"菜单命令，或按快捷键 Ctrl+Shift+O，将文字转换为图形。

步骤 14 使用"刻刀工具"分割对象

❶单击工具箱中的"刻刀工具"按钮，❷将鼠标指针移到文字"华"上方，按住 Alt 键不放，单击并拖动鼠标，分割图形。

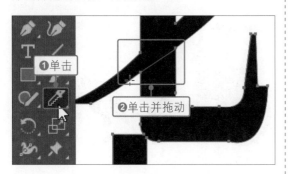

步骤 15 使用"直接选择工具"调整锚点

❶单击工具箱中的"直接选择工具"按钮，❷按住 Shift 键不放，依次单击选中分割出来的下方的两个路径锚点，按键盘中的↓键，调整锚点的位置，继续使用"直接选择工具"选中上方的路径锚点，调整锚点位置。

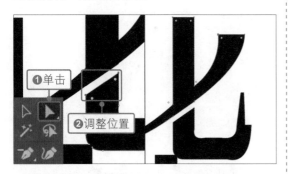

步骤 16 应用"锚点工具"转换锚点类型

❶单击工具箱中的"锚点工具"按钮，❷将鼠标指针移到需要转换的锚点上单击，转换锚点类型。

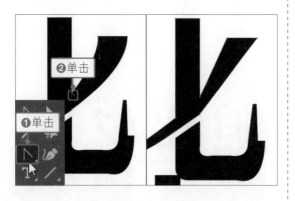

步骤 17 使用"删除锚点工具"删除锚点

❶单击工具箱中的"删除锚点工具"按钮，❷在路径锚点上单击，删除多余的锚点。

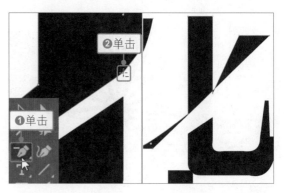

步骤 18 使用"直接选择工具"编辑锚点

❶选择工具箱中的"直接选择工具"，❷单击选中路径锚点，❸向上拖动该锚点，更改图形外观。

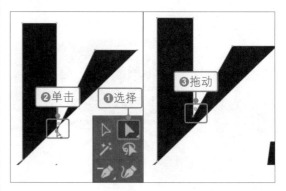

步骤 19 继续变形文字

使用同样的方法对其他文字图形进行变形处理，完成标志主体文字的设计。

锦华名店

步骤 20 输入并设置文字属性

选择"文字工具"，在主体文字下方输入英文"JINHUAMINGDIAN"和"EST.2000"，在"属性"面板中分别调整文字的字体、大小等。

步骤 21 使用"直线段工具"绘制线条

❶单击工具箱中的"直线段工具"按钮，❷按住 Shift 键不放，单击并拖动鼠标，在文字"JINHUAMINGDIAN"上下分别绘制一条横线，❸在"属性"面板的"外观"选项组中设置描边颜色为黑色，❹设置描边粗细为 2 pt，为线条添加描边效果。

步骤 22 为线条设置"渐变"颜色

❶单击工具箱中的"描边"按钮，❷再单击下方的"渐变"按钮，❸在打开的"渐变"面板中添加色标，设置渐变颜色，创建渐隐的线条效果，完成标志的制作。

步骤 23 保存文件

执行"文件 > 存储为"菜单命令，打开"存储为"对话框，❶在对话框中选择文件存储位置，❷输入文件名为"服饰品牌标志"，❸单击"保存"按钮，保存文件。

2. 在Photoshop中置入并应用标志

在 Illustrator 中完成标志的绘制后，接下来将在 VI 系统中应用该标志。首先使用 Photoshop 制作木纹材质的背景，然后使用绘图工具绘制信封、服饰、钱包等图像，再将制作好的标志应用到这些图像中，具体操作步骤如下。

步骤 01 创建图层并渲染云彩

启动 Photoshop，创建新文件，设置前景色为白色、背景色为黑色，❶新建"背景"图层组和"图层 1"图层，按快捷键 Alt+Delete，将图层填充为白色，再将图层转换为智能图层，❷执行"滤镜 > 渲染 > 云彩"菜单命令，渲染云彩效果。

步骤 02 设置"添加杂色"滤镜

执行"滤镜 > 杂色 > 添加杂色"菜单命令，打开"添加杂色"对话框，❶在对话框中将"数量"滑块拖动至 47.7%，❷单击"平均分布"单选按钮，❸勾选"单色"复选框，单击"确定"按钮，添加杂色。

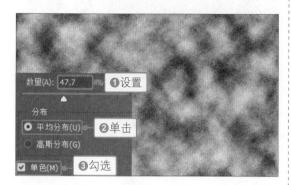

步骤 03 设置"动感模糊"滤镜

执行"滤镜 > 模糊 > 动感模糊"菜单命令，打开"动感模糊"对话框，❶在对话框中设置"角度"为 0°，❷输入"距离"为 2000 像素，单击"确定"按钮，模糊图像。

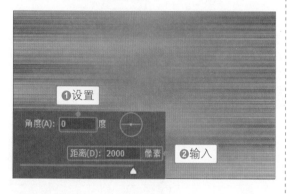

步骤 04 重复应用"动感模糊"滤镜

连续按两次快捷键 Ctrl+Alt+F，为图像重复应用"动感模糊"滤镜，得到更加模糊的图像效果。

步骤 05 设置"高斯模糊"滤镜

执行"滤镜 > 模糊 > 高斯模糊"菜单命令，打开"高斯模糊"对话框，在对话框中设置"半径"为 2.0 像素，单击"确定"按钮，模糊图像。

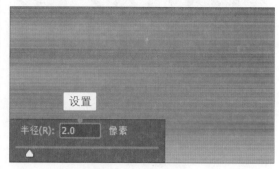

步骤 06 设置"铬黄渐变"滤镜

执行"滤镜 > 滤镜库"菜单命令，打开"滤镜库"对话框，❶在对话框中单击"素描"滤镜组下的"铬黄渐变"滤镜，❷输入"细节"为 10、"平滑度"为 8，❸单击"确定"按钮，应用滤镜。

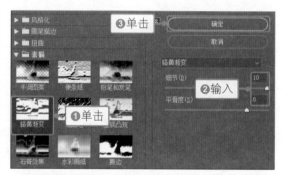

步骤 07 设置"智能锐化"滤镜

执行"滤镜 > 锐化 > 智能锐化"菜单命令，打开"智能锐化"对话框，❶在对话框中输入"数量"为 300%、"半径"为 3.0 像素、"减少杂色"为 23%，❷设置后单击"确定"按钮，应用滤镜锐化图像。

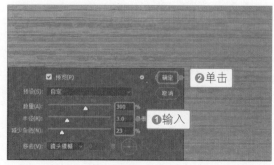

步骤 08 创建"色相/饱和度"调整图层

新建"色相/饱和度 1"调整图层,打开"属性"面板,❶勾选"着色"复选框,❷输入"色相"为 30、"饱和度"为 30、"明度"为 +5,为黑白图像着色。

步骤 09 绘制矩形图形

❶新建"信封和信纸"图层组,❷单击工具箱中的"矩形工具"按钮,❸在选项栏中选择"形状"工具模式,❹设置填充颜色为 R33、G33、B33,❺在画板中单击并拖动,绘制矩形图形。

步骤 10 设置"投影"样式

双击"矩形 1"图层名右侧空白处,在"图层样式"对话框中选择"投影"样式,❶输入"不透明度"为 48%,❷"角度"为 40°,❸"距离"为 14 像素,❹"大小"为 13 像素,单击"确定"按钮。

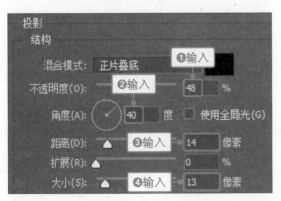

步骤 11 复制图形并调整大小和位置

❶在"图层"面板中选中"矩形 1"图层,连续按快捷键 Ctrl+J,复制出多个矩形图形,❷分别调整各个矩形的位置和大小等。

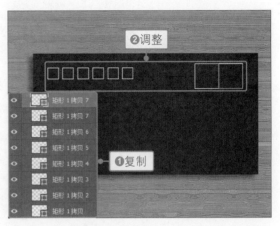

步骤 12 绘制圆角矩形图形

❶单击工具箱中的"圆角矩形工具"按钮,❷在选项栏中选择"形状"工具模式,❸设置填充颜色为白色,❹输入"半径"为 10 像素,❺在画板中单击并拖动,绘制圆角矩形。

步骤 13 绘制直线并添加文字

❶选择"直线段工具",在圆角矩形中间绘制两条直线段,❷应用"横排文字工具"在右侧输入信封上的文字内容。

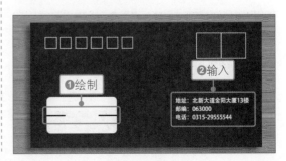

步骤14 绘制更多图形

使用同样的方法新建"服饰""CD""钱包""饰针" "iPad"图层组，并应用绘图工具绘制出相应的图形。

步骤15 置入标志

新建"标志应用"图层组，执行"文件 > 置入嵌入对象"菜单命令，打开"置入嵌入的对象"对话框，❶在对话框中选中需要置入的标志文件，❷单击"置入"按钮。

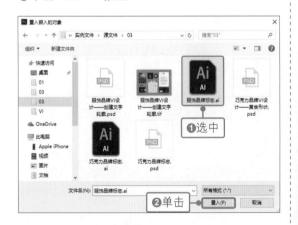

步骤16 调整置入图像的大小

置入"服饰品牌标志"图像后，将图像缩放到合适的大小，按 Enter 键确认置入。

步骤17 复制标志

连续按快捷键 Ctrl+J，复制多个标志，将复制的标志分别移到相应的位置，并缩放到合适的大小。

步骤18 载入图层选区

按住 Ctrl 键不放，单击"服饰品牌标志 拷贝3"图层缩览图，载入 CD 上方的标志选区。

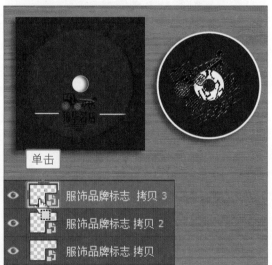

步骤19 设置填充颜色

执行"图层 > 新建填充图层 > 纯色"菜单命令，❶新建"颜色填充1"填充图层，打开"拾色器（纯色）"对话框，❷在对话框中输入颜色值为 R255、G255、B255，❸单击"确定"按钮。

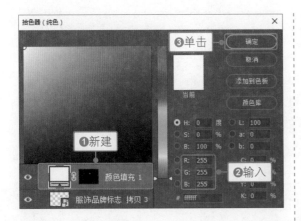

步骤 20 载入图层选区

此时标志图形由黑色转换为白色,突出 CD 盘面上的标志应用效果。按住 Ctrl 键不放,单击"图层"面板中的"服饰品牌标志 拷贝4"图层缩览图,载入选区。

步骤 21 创建"颜色填充 2"填充图层

❶单击"图层"面板底部的"创建新的填充或调整图层"按钮,❷在展开的列表中单击"纯色"选项,❸新建"颜色填充 2"填充图层,❹在打开的"拾色器(纯色)"对话框中设置填充颜色为白色。

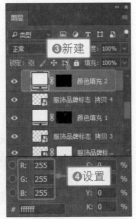

技巧提示 更改填充图层的填充颜色

创建"颜色填充"填充图层后,可以双击"图层"面板中的图层缩览图,在打开的"拾色器(纯色)"对话框中可以重新设置填充颜色。

步骤 22 继续调整其他标志颜色

此时衣服图像上的标志被更改为白色。使用相同的方法,更改其他标志的颜色,构建象征企业和品牌特质的标准色。

步骤 23 打开模特素材

执行"文件 > 打开"菜单命令,打开"打开"对话框,❶在对话框中选中"04.jpg"模特素材,❷单击"打开"按钮,打开图像。

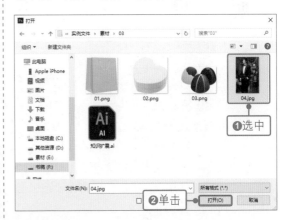

步骤 24 复制图像并创建剪贴蒙版

❶将打开的素材图像复制到 iPad 图像上方,得到"图层 3"图层,将图像缩放至合适的大小,❷执行"图层 > 创建剪贴蒙版"菜单命令,创建剪贴蒙版。

步骤 25 创建"黑白"调整图层

❶按住 Ctrl 键不放，单击"矩形 8"图层缩览图，载入选区，❷单击"调整"面板中的"黑白"按钮，❸在"图层 3"图层上方创建"黑白 1"调整图层，将选区中的模特图像转换为黑白效果，完成本案例的制作。

3.4.3 知识扩展

在 Illustrator 中，可以应用"创建轮廓"命令将文字转换为一组复合路径或轮廓，并且可以对其进行进一步的编辑和处理。将文字转换为轮廓对更改文字的外观非常有用。创建文本轮廓时，字符会在其当前位置转换，并保留所有的图形格式，如描边和填色。

使用"选择工具"选中需要转换的文字对象，选中的对象边缘会显示定界框，如下左图所示。此时执行"文字 > 创建轮廓"菜单命令，如下中图所示，或按快捷键 Ctrl+Shift+O，即可将文字转换为轮廓，效果如下右图所示。

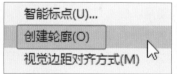

确保文字图形为选中状态，单击工具箱中的"直接选择工具"按钮，可以显示路径和路径上的锚点，如下图所示。

对于创建的文字轮廓，可以使用"钢笔工具"组中的"添加锚点工具""删除锚点工具""锚点工具"等工具（见下图）进行编辑，改变路径形状，得到更具艺术感的文字。

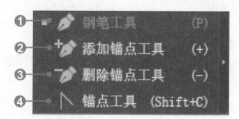

❶ 钢笔工具：用于绘制直线和曲线来创建对象。如下图所示，默认情况下，将"钢笔工具"定位到所选路径上方时，鼠标指针会变为🖊₊，即"添加锚点工具"；将"钢笔工具"定位到锚点上方时，鼠标指针会变为🖊₋，即"删除锚点工具"。

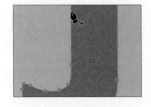 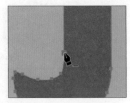

❷ 添加锚点工具：用于将锚点添加到路径。选择此工具后，将鼠标指针置于路径段上单击，即可在单击处添加锚点。

❸ 删除锚点工具：用于从路径中删除锚点。选择此工具后，将鼠标指针置于锚点上单击，即可删除单击处的锚点。

❹ 锚点工具：用于平滑点与角点的相互转换。选择该工具后，将鼠标指针置于要转换的锚点上。如果要将角点转换为平滑点，将方向点拖出角点，如下左图所示；如果要将平滑点转换成没有方向线的角点，则直接单击平滑点，如下右图所示。

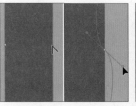 

需要注意的是，在 Illustrator 中必须转换一个文字对象中的所有文字，而不能只转换一个文字对象中的单个文字。要将单个文字转换为轮廓，则应先创建一个只包含该文字的单独文字对象，再进行转换。应用路径编辑工具对文字进行变形后，得到的图稿效果如下图所示。

3.5 课后练习

通过 VI 系统设计，企业将其自身的文化精神以视觉元素的形式传达给每一位受众。VI 系统应用的范围比较广泛，所以在制作时，不但需要考虑单个元素的设计，也需要协调各元素的应用效果，使其风格更统一，才能加深企业在大众心目中的印象。下面通过习题巩固本章所学。

习题1：花卉产业全新品牌形象设计

	原始文件	随书资源 \ 课后练习 \03\ 素材 \01.png、02.jpg、03.png
	最终文件	随书资源 \ 课后练习 \03\ 源文件 \ 花卉产业全新品牌形象设计 .psd

VI 系统需要根据企业的服务内容和服务对象进行设计。本习题是为花卉产业设计 VI 系统，所以应用了各种形状和颜色的花朵进行组合设计，将企业的性质和服务内容等直观地表现出来，同时，鲜艳的色彩也更容易获得目标客户的认可。

●在 Illustrator 中绘制标志图形；

●在 Photoshop 打开标志图形，应用"颜色填充"填充图层对企业辅助色进行设计；

●创建图层组，添加花卉素材，并应用修复类工具去除素材中的杂物，将处理好的标志图形和企业辅助色应用于户外广告、旗帜广告。

习题2：金融理财企业VI系统设计

	原始文件	无
	最终文件	随书资源 \ 课后练习 \03\ 源文件 \ 金融理财企业 VI 系统设计 .psd

本习题要为某金融理财企业设计 VI 系统。金融理财企业的使命是在保护客户资金安全的同时，帮助客户获得一定的收益，所以选择展翅飞翔的雄鹰形象作为企业标志。雄鹰是胜利的象征，能体现勇猛、热情、奋进的企业精神，展翅飞翔的姿态又暗喻着企业能够让客户资金安全、快速地增值。

● 在 Illustrator 中利用"钢笔工具"绘制出标志图形；

● 使用"文字工具"在图形下方添加标志文字，通过"创建轮廓"的方式将文字转换为图形后，填充所需渐变颜色；

● 结合"钢笔工具""直线段工具"等绘制出名片、手提袋、水杯等办公用品形状，将制作好的标志图形应用于这些物品中；

● 在 Photoshop 中打开图像，添加图层样式，表现不同的物品质感。

第4章
广告设计

广告是向公众介绍商品、服务、活动等信息的一种宣传方式。广告设计需要根据宣传目的、目标人群和地域、投放渠道等进行构思，才能创作出深入人心的广告作品。

本章介绍的两个案例均属于平面广告设计，它是平面设计的重要组成部分。第一个案例是为某品牌化妆品设计的促销广告，使用造型各异的植物来突出该品牌化妆品纯植物提取、无刺激性等特点；第二个案例是为某品牌女鞋设计的广告，采用较密集的图形进行创作，用于表现女鞋穿着舒适的特点。

4.1 广告的分类

随着时代的发展，广告的形式不断增加，广告的分类标准也越来越多。下面就从不同的角度对广告进行分类。

1. 按照广告性质划分

按照广告的性质，可以将广告划分为商业广告、公益广告和半公益广告。其中商业广告以实现经济效益为目的，公益广告以宣传、解决大众问题为目的，半公益广告则是介于两者之间，如下图所示。

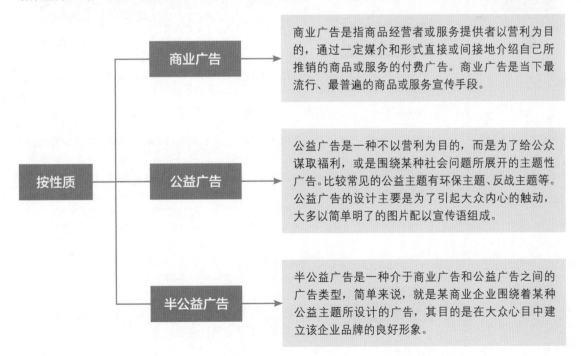

商业广告

商业广告是指商品经营者或服务提供者以营利为目的，通过一定媒介和形式直接或间接地介绍自己所推销的商品或服务的付费广告。商业广告是当下最流行、最普遍的商品或服务宣传手段。

按性质

公益广告

公益广告是一种不以营利为目的，而是为了给公众谋取福利，或是围绕某种社会问题所展开的主题性广告。比较常见的公益主题有环保主题、反战主题等。公益广告的设计主要是为了引起大众内心的触动，大多以简单明了的图片配以宣传语组成。

半公益广告

半公益广告是一种介于商业广告和公益广告之间的广告类型，简单来说，就是某商业企业围绕着某种公益主题所设计的广告，其目的是在大众心目中建立该企业品牌的良好形象。

2．按照传播媒介划分

广告设计中的传播媒介，就是指传播广告信息的载体。使用不同的媒介，广告就具有不同的特点。在我们的生活中，常见的广告媒介有电子媒介、户外媒介、印刷媒介等，因此，按照广告媒介来划分广告类型，可以将其划分为电子广告、户外广告、直邮广告、印刷广告、POP 广告和数字互联网广告7 个种类，如下图所示。

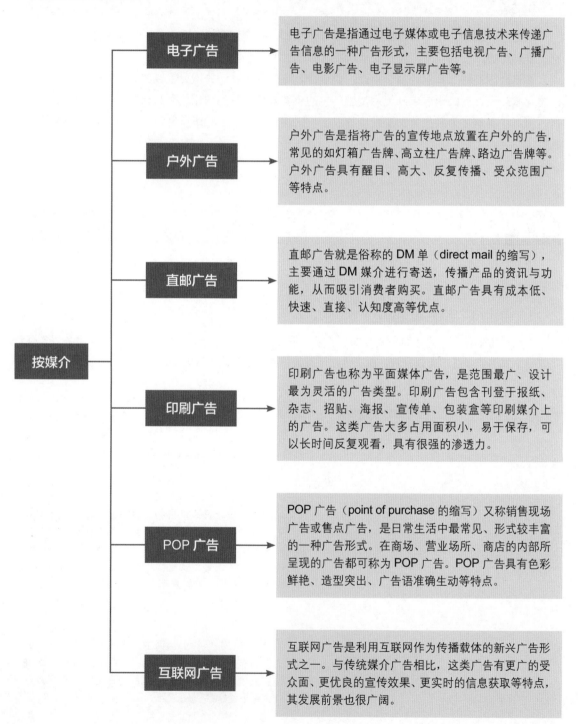

电子广告

电子广告是指通过电子媒体或电子信息技术来传递广告信息的一种广告形式，主要包括电视广告、广播广告、电影广告、电子显示屏广告等。

户外广告

户外广告是指将广告的宣传地点放置在户外的广告，常见的如灯箱广告牌、高立柱广告牌、路边广告牌等。户外广告具有醒目、高大、反复传播、受众范围广等特点。

直邮广告

直邮广告就是俗称的 DM 单（direct mail 的缩写），主要通过 DM 媒介进行寄送，传播产品的资讯与功能，从而吸引消费者购买。直邮广告具有成本低、快速、直接、认知度高等优点。

按媒介

印刷广告

印刷广告也称为平面媒体广告，是范围最广、设计最为灵活的广告类型。印刷广告包含刊登于报纸、杂志、招贴、海报、宣传单、包装盒等印刷媒介上的广告。这类广告大多占用面积小，易于保存，可以长时间反复观看，具有很强的渗透力。

POP 广告

POP 广告（point of purchase 的缩写）又称销售现场广告或售点广告，是日常生活中最常见、形式较丰富的一种广告形式。在商场、营业场所、商店的内部所呈现的广告都可称为 POP 广告。POP 广告具有色彩鲜艳、造型突出、广告语准确生动等特点。

互联网广告

互联网广告是利用互联网作为传播载体的新兴广告形式之一。与传统媒介广告相比，这类广告有更广的受众面、更优良的宣传效果、更实时的信息获取等特点，其发展前景也很广阔。

4.2 商业广告设计的基本原则

　　想要设计出既符合大众消费心理，又能展示商品优点的商业广告，就必须掌握广告设计的几大基本原则，包括实效性、目标性、原创性、简洁性、通俗性、差异性等，如下图所示。

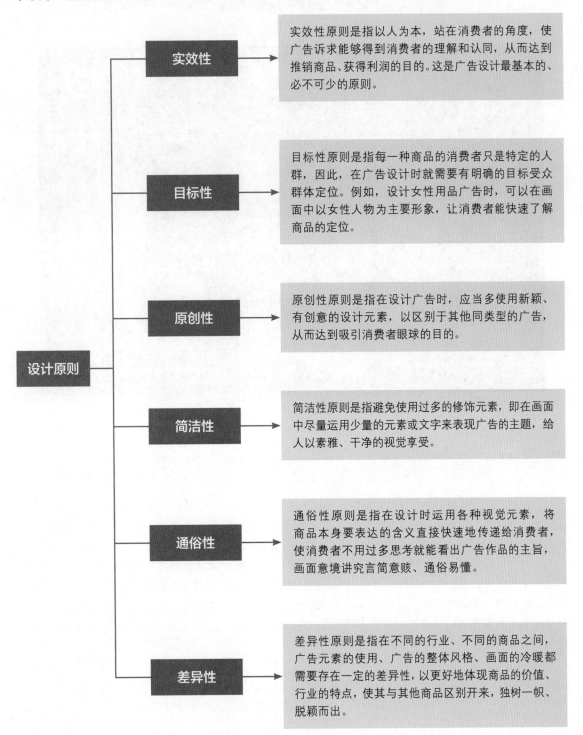

实效性原则是指以人为本，站在消费者的角度，使广告诉求能够得到消费者的理解和认同，从而达到推销商品、获得利润的目的。这是广告设计最基本的、必不可少的原则。

目标性原则是指每一种商品的消费者只是特定的人群，因此，在广告设计时就需要有明确的目标受众群体定位。例如，设计女性用品广告时，可以在画面中以女性人物为主要形象，让消费者能快速了解商品的定位。

原创性原则是指在设计广告时，应当多使用新颖、有创意的设计元素，以区别于其他同类型的广告，从而达到吸引消费者眼球的目的。

简洁性原则是指避免使用过多的修饰元素，即在画面中尽量运用少量的元素或文字来表现广告的主题，给人以素雅、干净的视觉享受。

通俗性原则是指在设计时运用各种视觉元素，将商品本身要表达的含义直接快速地传递给消费者，使消费者不用过多思考就能看出广告作品的主旨，画面意境讲究言简意赅、通俗易懂。

差异性原则是指在不同的行业、不同的商品之间，广告元素的使用、广告的整体风格、画面的冷暖都需要存在一定的差异性，以更好地体现商品的价值、行业的特点，使其与其他商品区别开来，独树一帜、脱颖而出。

4.3 | 化妆品促销广告设计——钢笔工具

原始文件	随书资源 \ 案例文件 \04\ 素材 \01.jpg ～ 05.jpg
最终文件	随书资源 \ 案例文件 \04\ 源文件 \ 化妆品促销广告设计——钢笔工具 .psd

4.3.1 | 案例分析

　　设计任务：为某网店设计化妆品促销广告。

　　设计关键点：由于化妆品主要针对的客户群体大多是女性，所以在设计时需要从女性消费者的角度出发，运用适当的设计元素和配色方式抓住女性消费者的眼球，同时也要在作品中体现化妆品的特征。

　　设计思路：根据设计关键点，在创作广告作品时，为了吸引女性消费者的注意，根据女性消费者的视觉审美选择配色方案；同时为了突出产品纯植物提取的特点，在背景中绘制出各种植物加以表现。

　　配色推荐：洋红色＋青灰绿色＋深蓝色的色彩搭配方式。洋红色给人以柔美、妩媚的感受，满足女性消费者的视觉偏好；深蓝色与洋红色形成一定的视觉反差，让作品的视觉冲击力更加强烈；青灰绿色用于表现化妆品是纯植物提取这一特点。

　　软件应用要点：主要利用 Illustrator 中的"钢笔工具"绘制不同外观形态的植物图形，使用"渐变工具"为绘制的图形填充渐变颜色；在 Photoshop 中使用"钢笔工具"沿商品图像边缘绘制工作路径，创建矢量蒙版将商品以外的背景图像隐藏，应用图层样式为商品图像添加投影，增强立体感。

4.3.2 操作流程

在本案例的制作过程中，先在 Illustrator 中使用"矩形工具""钢笔工具"等绘制出广告背景图，然后在 Photoshop 中打开绘制的背景图，将商品图像添加到画面中，利用矢量蒙版拼合图像，再添加文字，完成广告的制作。

1. 在Illustrator中绘制广告背景图

先使用"矩形工具"绘制一个矩形，并为其填充上合适的渐变颜色，再利用"钢笔工具"在矩形中绘制更多的图形效果，具体操作步骤如下。

步骤01 绘制矩形并填充渐变颜色

启动 Illustrator，创建新文件，❶选择工具箱中的"矩形工具"，❷单击工具箱中的"渐变"按钮，然后打开"渐变"面板，❸在面板中选择"径向"渐变类型，❹设置从 R18、G49、B109 到 R8、G13、B27 的渐变颜色，❺绘制矩形并去除描边颜色。

步骤02 设置渐变并绘制图形

❶单击工具箱中的"钢笔工具"按钮，❷在"渐变"面板中选择渐变类型为"线性"，❸设置从 R21、G32、B67 到 R165、G55、B103 的渐变颜色，❹应用"钢笔工具"在画板中绘制图形。

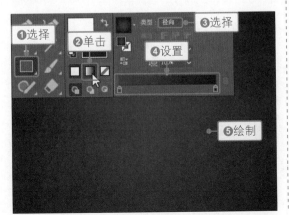

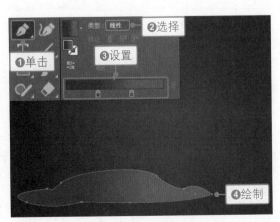

步骤 03 添加投影效果

❶执行"效果 > 风格化 > 投影"菜单命令，打开"投影"对话框，应用对话框中默认的设置，❷单击"确定"按钮，为图形添加投影效果。

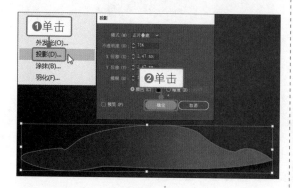

步骤 04 设置渐变并绘制图形

❶选择"钢笔工具"，❷在"渐变"面板中选择"线性"渐变类型，❸设置从 R27、G80、B119 到 R0、G134、B129 的渐变颜色，❹输入"角度"为 90°，❺绘制另一个图形。

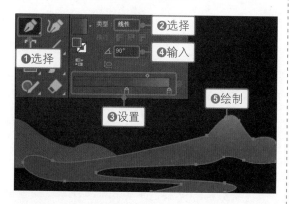

步骤 05 添加投影效果

❶执行"效果 > 风格化 > 投影"菜单命令，打开"投影"对话框，应用默认的设置，❷单击"确定"按钮，为图形添加投影效果。

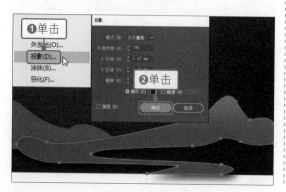

步骤 06 设置渐变并绘制图形

❶选择"钢笔工具"，❷在"渐变"面板中选择"线性"渐变类型，❸设置从 R159、G183、B122 到 R83、G149、B149 的渐变颜色，❹输入"角度"为 -93.3°，❺绘制另一个图形。

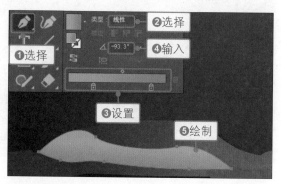

步骤 07 设置"投影"参数

执行"效果 > 风格化 > 投影"菜单命令，打开"投影"对话框，❶输入"不透明度"为 50%、"X位移"为 2 mm、"Y 位移"为 2 mm、"模糊"为 1 mm，❷单击"确定"按钮。

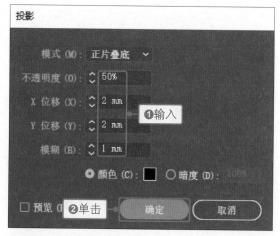

步骤 08 查看投影效果

在画板中查看添加投影后的图形效果。

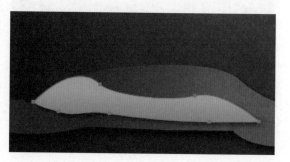

步骤 09 设置填充颜色并绘制图形

❶选择"钢笔工具"，❷双击工具箱中的"填充"按钮，打开"拾色器"对话框，❸输入颜色值为R14、G20、B42，❹应用"钢笔工具"在矩形左上角位置绘制图形。

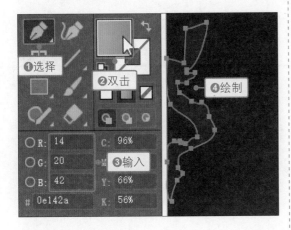

步骤 10 继续绘制图形

❶分别将图形填充颜色设置为R11、G21、B51和R8、G30、B73，❷使用"钢笔工具"在画板左上角位置绘制两个图形。

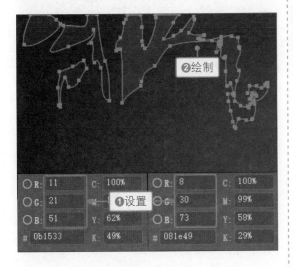

步骤 11 添加外发光效果

应用相同的方法绘制更多图形，❶使用"选择工具"选中其中一个图形，执行"效果 > 风格化 > 外发光"菜单命令，打开"外发光"对话框，❷设置模式为"滤色"，❸颜色为R81、G16、B119，❹"不透明度"为40%，❺"模糊"为2 mm，❻单击"确定"按钮，添加外发光效果。

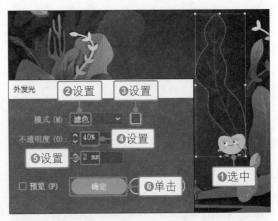

步骤 12 绘制圆形

❶选择"椭圆工具"，❷在"渐变"面板中选择"线性"渐变类型，❸设置从R34、G97、B160到R14、G30、B73的渐变颜色，❹输入"角度"为 -38.7°，❺按住 Shift 键单击并拖动，绘制圆形。

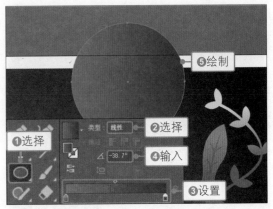

步骤 13 绘制矩形

❶选择"矩形工具"，❷在圆形上方单击并拖动，绘制一个与圆形颜色相同的矩形。

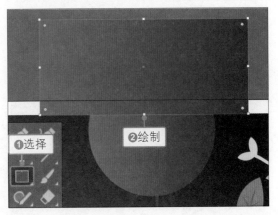

步骤 14 创建复合图形

❶选择工具箱中的"选择工具"，同时选中圆形和矩形，❷在"属性"面板中单击"路径查找器"选项组中的"减去顶层"按钮，创建复合图形。

步骤 15 设置"不透明度"

在"透明度"面板中设置"不透明度"为57%，降低不透明度效果。

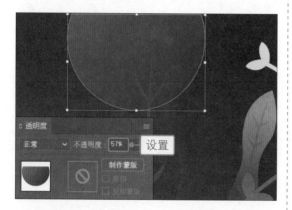

步骤 16 复制叶子图形

❶选择"椭圆工具"，❷按住 Shift 键不放，在叶子图形上绘制一个圆形，❸使用"选择工具"选中右半边的叶子图形，按快捷键 Ctrl+C，复制图形。

步骤 17 创建复合图形

❶执行"编辑＞就地粘贴"菜单命令，粘贴图形，使用"选择工具"同时选中圆形和复制的叶子图形，❷在"属性"面板中单击"路径查找器"选项组中的"交集"按钮，创建复合图形。

步骤 18 更改图形填充颜色

❶双击工具箱中的"填色"按钮，打开"拾色器"对话框，❷在对话框中输入填充颜色为 R220、G199、B31，单击"确定"按钮，填充图形。

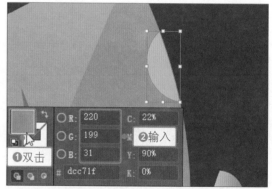

步骤 19 绘制圆形并编组对象

打开"颜色"面板，❶输入填充颜色为R237、G241、B121，❷使用"椭圆工具"绘制一个更小的圆形，同时选中圆形和下方的叶子图形，❸按快捷键 Ctrl+G，将图形编组。

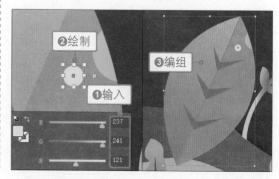

步骤20 绘制更多图形

使用"椭圆工具"在画板中绘制更多的图形，并根据情况，对画板中的图形分别进行编组。

步骤21 置入"雏菊"符号

执行"窗口>符号库>花朵"菜单命令，打开"花朵"符号库，❶单击选中"雏菊"符号，❷将选中的符号拖动到画板中的适当位置。

步骤22 断开符号链接并取消编组

❶右击置入的雏菊符号，在弹出的快捷菜单中执行"断开符号链接"命令，断开符号链接，❷再次右击符号，在弹出的快捷菜单中执行"取消编组"命令。

步骤23 复制并旋转图形

❶使用"选择工具"单击选中其中一个花瓣图形，按住 Alt 键不放并拖动，复制图形，❷将鼠标指针移到复制的图形右上角位置，当指针变为↰形时，拖动鼠标，旋转图形。

步骤24 绘制更多图形

使用同样的方法，❶复制更多的花瓣图形，将图形移到合适的位置上，并对其进行旋转，得到更完整的花朵图像，❷使用"选择工具"选中花蕊部分，❸打开"颜色"面板，在面板中输入填充颜色为 R237、G241、B121。

步骤25 调整颜色并复制图形

继续使用相同的方法，调整花朵其他部分的颜色，调整颜色后重新将图形编组，然后复制花朵图形，移到合适的位置上。

步骤 26 设置导出选项

按快捷键 Ctrl+S，存储文件。执行"文件 > 导出 > 导出为"菜单命令，打开"导出"对话框，❶选择导出文件的位置，❷输入文件名，❸选择保存类型为"Photoshop（*.PSD）"，❹单击"导出"按钮。

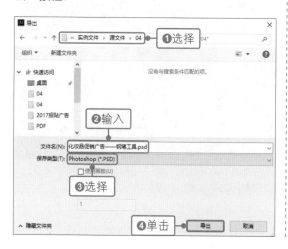

步骤 27 设置选项并导出文件

打开"Photoshop 导出选项"对话框，❶单击"写入图层"单选按钮，❷勾选"最大可编辑性"复选框，❸单击"确定"按钮，导出文件。

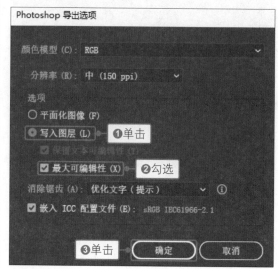

2. 在Photoshop中添加位图与文字

在 Illustrator 中制作好背景图后，接下来需要在 Photoshop 中添加商品图像。将商品素材置入到背景中，使用"钢笔工具"沿商品图像边缘绘制路径，创建矢量蒙版，抠出商品图像，再调整商品图像的颜色，最后添加上所需的文字，具体操作步骤如下。

步骤 01 打开文件并裁剪图像

启动 Photoshop，执行"文件 > 打开"菜单命令，打开导出的 PSD 文件，❶重命名"图层 1"图层组为"背景"图层组，选择工具箱中的"裁剪工具"，❷取消勾选选项栏中的"删除裁剪的像素"复选框，❸在图像上单击并拖动，绘制裁剪框，❹在选项栏中单击"提交当前裁剪操作"按钮，裁剪掉图像边缘的透明像素。

步骤 02 置入图像并绘制工作路径

❶新建"商品"图层组，执行"文件 > 置入嵌入对象"菜单命令，❷置入"01.jpg"化妆品图像，得到"01"智能对象图层，选择"钢笔工具"，❸在选项栏中选择"路径"工具模式，❹沿化妆品图像边缘绘制工作路径。

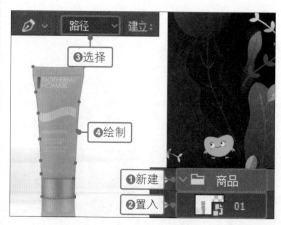

步骤03 创建矢量蒙版

执行"图层>矢量蒙版>当前路径"菜单命令，根据当前绘制的路径轮廓创建矢量蒙版，隐藏路径外的背景图像。

步骤04 添加"投影"样式

执行"图层>图层样式>投影"菜单命令，打开"图层样式"对话框，❶取消勾选"使用全局光"复选框，❷输入投影"不透明度"为90%，❸"距离"为11像素，❹"大小"为27像素，单击"确定"按钮，添加投影效果。

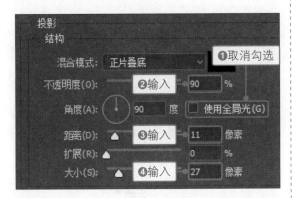

步骤05 应用"色阶"调整

❶单击"调整"面板中的"色阶"按钮，新建"色阶1"调整图层，打开"属性"面板，❷在面板中输入色阶值为68、0.63、212，调整图像的亮度，❸按快捷键Ctrl+Alt+G，创建剪贴蒙版，对化妆品图像应用"色阶"调整。

步骤06 应用"色彩平衡"调整

❶单击"调整"面板中的"色彩平衡"按钮，创建"色彩平衡1"调整图层，打开"属性"面板，❷输入颜色值为-32、+6、+26，❸按快捷键Ctrl+Alt+G，创建剪贴蒙版，对化妆品图像应用"色彩平衡"调整。

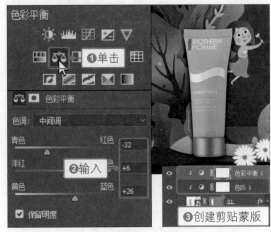

步骤07 置入图像并隐藏背景

执行"文件>置入嵌入对象"菜单命令，置入"02.jpg"化妆品图像，将图像调整至合适的大小，❶使用"钢笔工具"沿化妆品图像边缘绘制工作路径，❷执行"图层>矢量蒙版>当前路径"菜单命令，创建矢量蒙版，隐藏白色的背景。

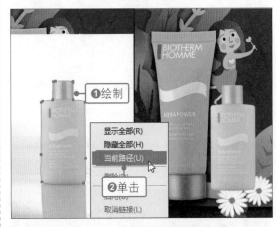

步骤08 添加"投影"样式

执行"图层>图层样式>投影"菜单命令，打开"图层样式"对话框，❶输入"不透明度"为19%，❷"角度"为103°，❸"距离"为19像素，❹"大小"为10像素。

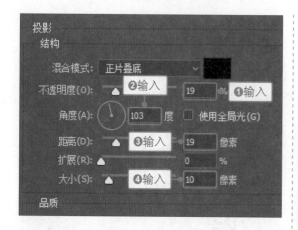

步骤 09 应用"色阶"调整

❶单击"调整"面板中的"色阶"按钮，新建"色阶2"调整图层，打开"属性"面板，❷输入色阶值为86、0.55、232，调整图像的亮度，❸按快捷键 Ctrl+Alt+G，创建剪贴蒙版，对化妆品图像应用"色阶"调整。

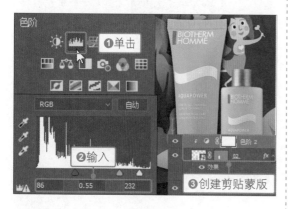

步骤 10 应用"色彩平衡"调整

❶单击"调整"面板中的"色彩平衡"按钮，创建"色彩平衡2"调整图层，打开"属性"面板，❷输入颜色值为-32、-15、+26，❸按快捷键 Ctrl+Alt+G，创建剪贴蒙版，对化妆品图像应用"色彩平衡"调整。

步骤 11 置入并编辑图像

使用同样的方法，置入"03.jpg ~ 05.jpg"素材图像，利用剪贴蒙版、图层样式和调整图层编辑图像，完善画面效果。

步骤 12 创建图层组并设置字体属性

❶在"图层"面板中新建"文案"图层组，选择"横排文字工具"，打开"字符"面板，❷设置字体为"方正粗活意简体"，❸输入字体大小为131点，❹基线偏移值为9点，❺单击"仿粗体"按钮。

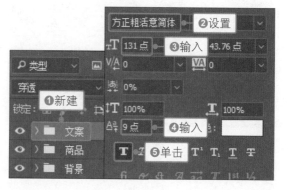

步骤 13 输入文字

在图像上方单击，输入数字"5"，在"图层"面板中生成对应的文本图层，双击文本图层。

步骤 14 设置"渐变叠加"样式

打开"图层样式"对话框，①在对话框中单击"渐变叠加"样式，②设置从R237、G221、B231到R243、G203、B206的渐变颜色，③勾选"反向"复选框，其他参数不变。

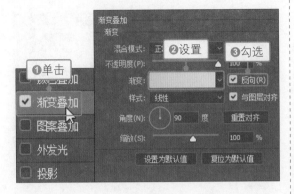

步骤 15 设置"投影"样式

①单击"投影"样式，②设置混合模式为"正常"，颜色为R221、G68、B101，③输入"不透明度"为100%、"角度"为125°、"距离"为8像素，设置好后单击"确定"按钮。

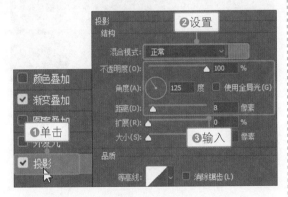

步骤 16 输入文字并应用样式

应用设置为文字添加"渐变叠加"和"投影"样式，使用"横排文字工具"在旁边输入其他文字，并为其添加相同的样式效果。

步骤 17 盖印图层并添加图层样式

①同时选中"5""折""封""顶"文本图层，②按快捷键Ctrl+Alt+E，盖印图层，得到"顶（合并）"图层，双击图层，打开"图层样式"对话框，选择"投影"样式，③设置混合模式为"正片叠底"、颜色为黑色、"不透明度"为50%、"距离"为13像素、"大小"为18像素，单击"确定"按钮。

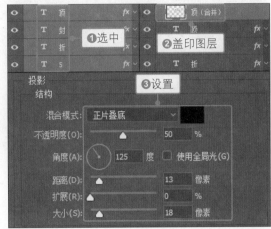

步骤 18 输入文字并添加图层样式

为盖印的文字添加投影效果，结合"横排文字工具"和"字符"面板在图像上输入更多文字，并为其添加合适的样式。

步骤 19 设置选项并绘制图形

选择"钢笔工具"，①在选项栏中选择"形状"工具模式，设置填充颜色为"无"，描边颜色为R223、G11、B56，描边粗细为6像素，②在文字"6.18"下方绘制图形。

步骤 20 设置选项并绘制圆角矩形

选择"圆角矩形工具"，❶在选项栏中选择"形状"工具模式，设置填充颜色为R223、G11、B56，输入"半径"为4像素，❷在文字"尖峰抢购"上方绘制圆角矩形。

步骤 21 继续绘制圆角矩形

选择"圆角矩形工具"，❶在选项栏中选择"形状"工具模式，设置填充颜色为无，描边颜色为R247、G160、B218，描边粗细为4像素，❷输入"半径"为20像素，❸在"爆款单品第2件半价"文字上方绘制圆角矩形。

步骤 22 复制图层

在"图层"面板中选中"圆角矩形2"图层，❶按快捷键Ctrl+J，复制图层，得到"圆角矩形2拷贝"图层，❷将图层中的图形移到右侧合适的位置上。

步骤 23 设置选项并绘制直线段

选择"直线工具"，❶在选项栏中选择"形状"工具模式，设置填充颜色为R242、G252、B253，❷"粗细"为2像素，❸在文字"限量抢半价"左侧单击并拖动，绘制直线段。

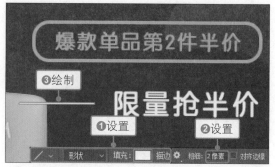

步骤 24 编辑图层蒙版

❶选中"形状3"图层，添加图层蒙版，选择"渐变工具"，❷在选项栏中选择"黑，白渐变"，❸从直线左侧向右侧拖动，创建渐隐的线条效果。

步骤 25 使用"自定形状工具"绘制图形

选择"自定形状工具"，❶在选项栏中选择"形状"工具模式，❷设置填充颜色为R242、G252、B253，打开"自定形状"拾色器，❸单击选择"花6"，❹在线条右侧绘制花朵形状。

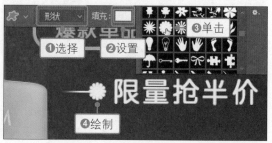

步骤 26 复制图层

❶选中"形状 3"和"形状 4"图层，按快捷键 Ctrl+J，复制图层，得到"形状 3 拷贝"和"形状 4 拷贝"图层，❷将图层中的花朵和线条图形向右移到合适的位置上。

步骤 27 调整图层顺序

选中"背景"图层组中的人物图形，连续按快捷键 Ctrl+[，将人物图形移到化妆品图像上方。

步骤 28 继续调整图层顺序

使用同样的方法，将"背景"图层组中的其他装饰元素移到化妆品图像上方，完成本案例的制作。

4.3.3 | 知识扩展

在 Illustrator 和 Photoshop 中，都可以使用"钢笔工具"轻松绘制直线段和曲线，并且可以将这些直线段与曲线组合，得到各种图形。下面以 Illustrator 中的"钢笔工具"为例进行讲解。

1. 绘制直线段

使用"钢笔工具"可以绘制的最简单路径是直线段，方法是通过单击创建两个锚点，再连续单击可创建由角点连接的直线段组成的路径。

选择工具箱中的"钢笔工具"，将鼠标指针定位到所需的直线段起点并单击，以定义第一个锚点，切记不要拖动，然后单击希望直线段结束的位置，继续单击以为其他直线段设置锚点，如下图所示。

设置更多的锚点后，如果要闭合路径，则将鼠标指针定位在第一个锚点上，此时鼠标指针将变为 ♦。形，单击或拖动可闭合路径，如下图所示。

如果要保持路径的开放状态，可以按住 Ctrl 键并单击所有对象以外的任意位置，或者选择工具箱中的其他工具，如下图所示。

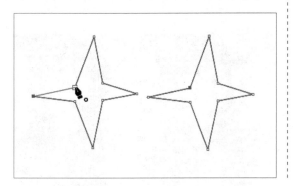

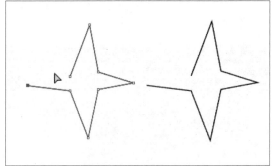

2. 绘制曲线

使用"钢笔工具"不但可以绘制简单的直线段，还可以绘制曲线。应用"钢笔工具"绘制曲线时，在曲线改变方向的位置添加一个锚点，然后拖动构成曲线形状的方向线。方向线的长度和斜度决定了曲线的形状。要注意的是，添加过多的锚点容易在曲线中造成不必要的凸起，因此使用尽可能少的锚点拖动曲线，不仅能让曲线的编辑变得更容易，而且能提高软件显示和打印曲线的速度。

选择"钢笔工具"，将鼠标指针定位到曲线的起点，并按住鼠标左键，此时会出现第一个锚点，同时鼠标指针变为一个箭头，拖动以设置要创建的曲线的斜度，如下图所示，然后松开鼠标。一般而言，将方向线向计划绘制的下一个锚点延长约三分之一的距离，也可以根据图形调整方向线的一端或两端。

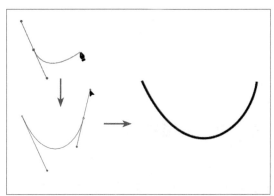

若要创建 S 形曲线，则向前一条方向线的相同方向拖动，然后松开鼠标，如下图所示。

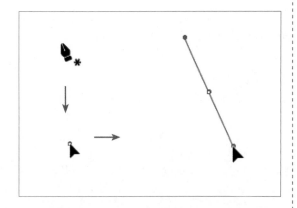

将鼠标指针定位到希望曲线结束的位置，若要创建 C 形曲线，则向前一条方向线的相反方向拖动，然后松开鼠标，如下图所示。

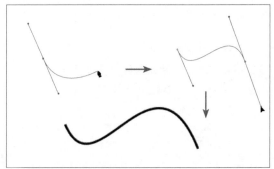

继续在不同的位置拖动以创建一系列平滑曲线，然后将鼠标指针定位在第一个锚点上，单击并拖动，即可连接曲线形成封闭的图形，如右图所示。

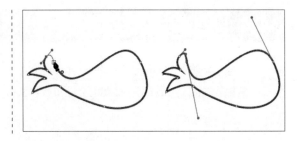

3. 直线段与曲线的结合

应用"钢笔工具"不但可以绘制单独的直线段或曲线，还可将两者结合起来，完成更精细图形的绘制。使用"钢笔工具"可以轻松绘制出连接在一起的直线段和曲线。

若要先绘制直线段，再绘制与其连接的曲线，使用"钢笔工具"单击两个位置的角点以创建直线段，然后将鼠标指针定位在一个锚点上，鼠标指针将变为 形状，若要设置将要创建的下一条曲线的斜度，单击锚点并拖动显示的方向线，如下图所示。

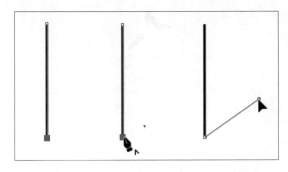

将鼠标指针定位到所需的下一个锚点位置，然后单击（在需要时还可拖动）这个新锚点以完成曲线的绘制，如下图所示。

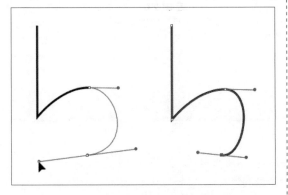

若要先绘制曲线，再绘制与其连接的直线段，使用"钢笔工具"拖动以创建曲线的第一个平滑

点，释放鼠标，然后在需要曲线结束的位置单击并拖动鼠标调整曲线的形状，如下图所示。

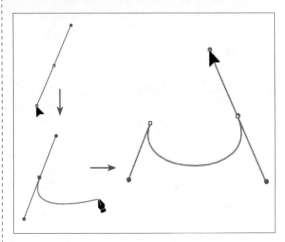

将鼠标指针定位在第二个平滑点上，此时鼠标指针会变为 形状，单击即可将平滑点转换为角点，然后将鼠标指针重新定位到所需的直线段终点，单击即可完成直线段的绘制，如下图所示。

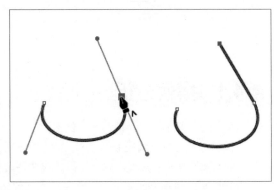

4.4 创意女鞋广告设计——直线段工具

原始文件	随书资源 \ 案例文件 \04\ 素材 \06.jpg、07.jpg
最终文件	随书资源 \ 案例文件 \04\ 源文件 \ 创意女鞋广告设计——直线段工具 .psd

4.4.1 案例分析

设计任务：为某品牌女鞋设计广告图。

设计关键点：由于女鞋商品众多，简单地在广告中展示商品本身，宣传效果并不一定好，所以在设计时应当重点突出品牌及品牌定位，其次才是展示商品的特点。

设计思路：根据设计关键点，首先考虑使用插画的方式，通过大面积的单色调场景来烘托女鞋同时适合商务与休闲的特色；然后采用相同的插画设计风格添加该品牌女鞋的宣传广告语，提升品牌知名度，突出品牌文化；对商品本身及设计主体采用彩色的图像，与单色调的背景形成对比，对商品进行强调；最后，背景图案可以有一些简单的含义。

　　配色推荐：灰色＋蓝色＋黄色的配色方式。灰色用于烘托单调、乏味的工作时间；加入蓝色和黄色等其他少量的颜色，使其成为整个画面的视觉焦点，突出要表现的商品。

　　软件应用要点：主要用 Illustrator 中的"直线段工具"绘制线条，用"弧形工具"绘制曲线，用"螺旋线工具"绘制螺旋状线条；在 Photoshop 中使用"色彩范围"选择并隐藏图像，使用"画笔工具"编辑图层蒙版。

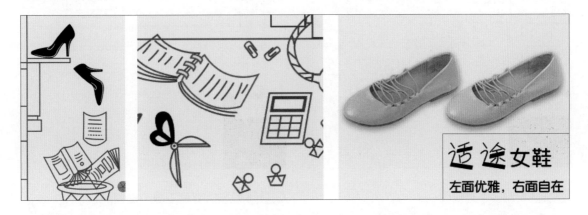

4.4.2 　操作流程

　　在本案例的制作过程中，先在 Illustrator 中绘制出广告背景图，然后在 Photoshop 中添加模特图像和女鞋图像，输入简单的文字完善广告效果。

1. 在Illustrator中绘制背景图像

　　广告中的背景图像直接影响广告的整体效果，本案例将使用"钢笔工具"和"直线段工具"组中的工具绘制线条、曲线等路径，组合成背景图像，具体操作步骤如下。

步骤01 绘制矩形

　　启动 Illustrator，新建文件，❶单击工具箱中的"矩形工具"按钮，❷在"颜色"面板中输入填充颜色为 R242、G242、B242，❸应用"矩形工具"绘制与画板同等大小的矩形，并去除矩形的描边颜色。

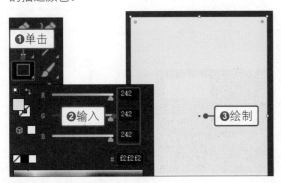

步骤02 运用"钢笔工具"绘制图形

　　❶选择"钢笔工具"，❷单击工具箱中的"无"按钮，去除填充颜色，❸在"颜色"面板中单击"描边"按钮，❹单击"黑色"色块，❺选择"灰度"模式，设置颜色百分比为 60%，❻在画板中间连续单击，绘制图形。

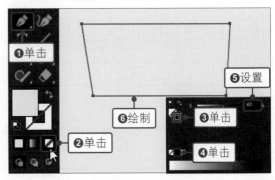

步骤 03 绘制更多图形

❶继续使用"钢笔工具"绘制其他图形，❷选择"矩形工具"，❸在画板中连续单击并拖动，绘制出多个不同大小的矩形。

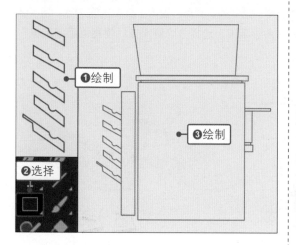

步骤 04 绘制多条直线段

❶选择工具箱中的"直线段工具"，❷按住 Shift 键不放，单击并拖动，绘制出多条水平和垂直的直线段。

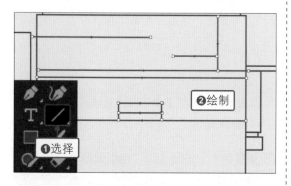

步骤 05 编组并复制对象

❶使用"选择工具"同时选中多条直线段，按快捷键 Ctrl+G，将其编组，选中编组对象，❷按住 Alt 键并向下拖动，复制出多个相同的图形。

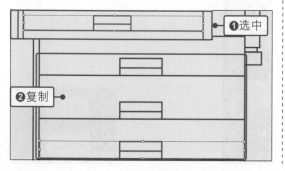

步骤 06 绘制圆形

❶选择工具箱中的"椭圆工具"，❷按住 Shift 键不放，单击并拖动鼠标，绘制多个圆形，得到简单的复印机图像。

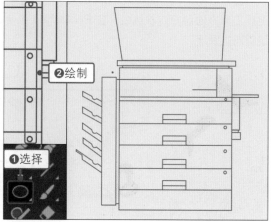

步骤 07 设置"弧形工具"选项

❶双击"弧形工具"按钮，打开"弧线段工具选项"对话框，❷设置"斜率"为 50，其他参数不变，❸单击"确定"按钮。

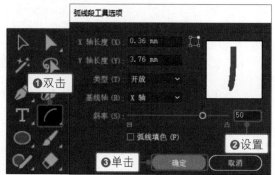

步骤 08 绘制弧线段

❶应用"弧形工具"在画板中单击并拖动，绘制两条弧线段，展开"属性"面板，❷在"外观"选项组中设置描边粗细为 1.5 pt。

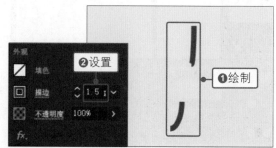

步骤 09 用"椭圆工具"和"钢笔工具"绘制图形

❶使用"椭圆工具"在画板中绘制多个不同大小的圆形，然后根据画面需要编组图形，❷选择"钢笔工具"，❸在画板中绘制一个不规则的图形。

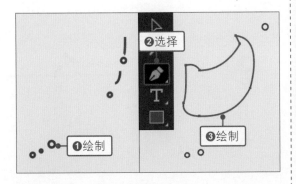

步骤 10 设置"弧形工具"选项

❶双击工具箱中的"弧形工具"按钮，打开"弧线段工具选项"对话框，❷选择"基线轴"为"Y轴"，❸设置"斜率"为-40，其他参数不变，❹单击"确定"按钮。

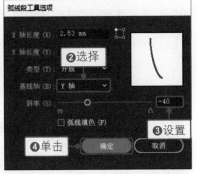

步骤 11 绘制并旋转弧线段

❶使用"弧形工具"在画板中绘制一条弧线段，使用"选择工具"选中弧线段，❷将鼠标指针移到定界框左上角，拖动鼠标，旋转弧线段。

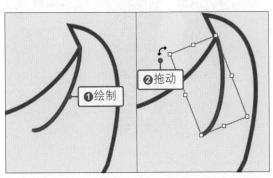

步骤 12 绘制更多弧线段

继续使用"弧形工具"在画板中绘制更多不同长度的弧线段，然后单击工具箱中的"螺旋线工具"按钮，在画板中单击。

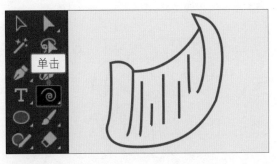

步骤 13 绘制螺旋线

打开"螺旋线"对话框，❶在对话框中输入"段数"为7，其他参数保持不变，❷单击"确定"按钮，选中并删除自动绘制的螺旋线，❸应用"螺旋线工具"在画板中单击并拖动，绘制螺旋线。

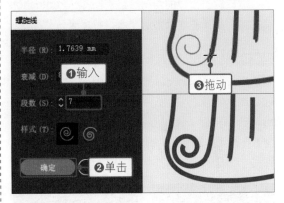

步骤 14 继续绘制螺旋线

用"螺旋线工具"在画板中单击，打开"螺旋线"对话框，❶输入"段数"为9，❷单击"确定"按钮，删除自动创建的螺旋线，❸绘制另一条螺旋线。

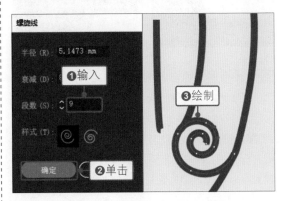

步骤 15 编组对象并存储文件

　　使用"选择工具"选中绘制的弧线段和螺旋线等，按快捷键 Ctrl+G，将其编组。继续使用绘图工具完成更多图形的绘制，执行"文件 > 存储为"菜单命令，存储文件。

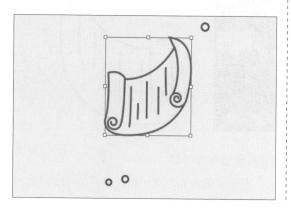

2．在Photoshop中添加图像

　　完成背景图像的绘制后，接下来在 Photoshop 中添加人物和女鞋图像，结合"色彩范围"命令和"画笔工具"编辑并设置图层蒙版，将多余背景隐藏起来，具体操作步骤如下。

步骤 01 复制图层并添加图层蒙版

　　运行 Photoshop，打开"06.jpg"素材图像，❶复制"背景"图层，得到"背景拷贝"图层，❷单击"图层"面板中的"添加图层蒙版"按钮，为"背景拷贝"图层添加图层蒙版，❸隐藏"背景"图层，❹双击蒙版缩览图。

步骤 01 设置"色彩范围"选项

　　打开"属性"面板，❶单击面板中的"颜色范围"按钮，打开"色彩范围"对话框，❷输入"颜色容差"为 18，❸勾选"反相"复选框，❹单击"添加到取样"按钮，❺在人物旁边的背景位置连续单击，设置取样颜色，❻设置好后单击"确定"按钮。

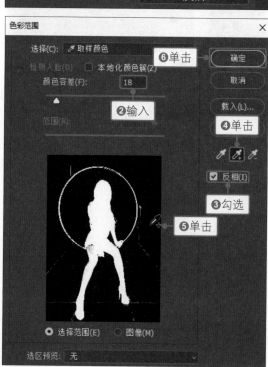

步骤 03 编辑图层蒙版

软件会根据指定颜色范围，隐藏背景图像。选择工具箱中的"画笔工具"，设置前景色为黑色，涂抹背景和人物区域，调整蒙版显示效果。

步骤 04 置入背景图像

选中"背景拷贝"图层中的人物图像，❶按快捷键 Ctrl+T，打开自由变换编辑框，调整图像至合适大小，❷执行"文件 > 置入链接的智能对象"菜单命令，置入编辑好的背景图像。

步骤 05 置入图像并隐藏背景

使用相同的方法，置入"07.jpg"女鞋图像，创建图层蒙版并调整颜色范围，隐藏背景图像。

步骤 06 添加"投影"图层样式

执行"图层 > 图层样式 > 投影"菜单命令，打开"图层样式"对话框，❶输入"不透明度"为 28%，❷"角度"为 106°，❸"距离"为 4 像素，❹"大小"为 9 像素，单击"确定"按钮，添加投影效果。

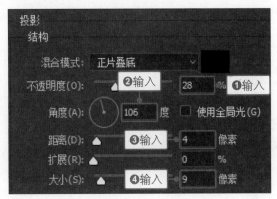

步骤 07 创建"曲线"调整图层

新建"曲线 1"调整图层，打开"属性"面板，选择"较亮（RGB）"选项，提亮女鞋图像。

步骤 08 盖印图层

❶选中"07"和"曲线 1"图层，❷按快捷键 Ctrl+Alt+E，盖印图层，得到"曲线 1（合并）"图层，❸适当调整合并图层中女鞋图像的位置。

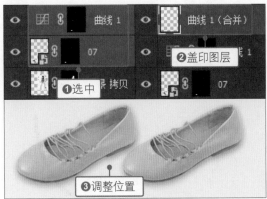

步骤09 新建"选取颜色1"调整图层

新建"选取颜色1"调整图层，打开"属性"面板，❶选择"黄色"选项，❷设置颜色比为 -100、+66、-48、-25，❸单击"绝对"单选按钮，调整女鞋图像的颜色，完成本案例的制作。

4.4.3 知识扩展

Illustrator 提供了多种快速创建基本图形的工具，包括"直线段工具""弧形工具""螺旋线工具""矩形网格工具""极坐标网格工具"。选择工具后，只需要在画板中单击并拖动，就可以绘制图形。Illustrator 还为每个工具提供了选项设置对话框，能辅助绘制出更加精准的图形。下面详细介绍这些工具的使用方法。

1. 直线段工具

当需要绘制直线段时就可以使用"直线段工具"。选择"直线段工具"后，在线段开始的位置单击，然后拖动到希望线段终止的地方，释放鼠标，即可绘制一条直线段，如下图所示。如果要绘制一条完全水平或垂直的直线段，则需要在绘制的过程中按住 Shift 键。

2. 弧形工具

使用"弧形工具"可以绘制弧线段。选择工具后，将鼠标指针定位到希望弧线段开始的地方，然后拖动到希望弧线段终止的地方，即可完成弧线段的绘制，如下图所示。

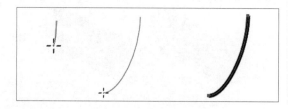

选择"弧形工具"，单击希望弧线段开始的位置，或者双击工具箱中的"弧形工具"按钮，即可打开"弧线段工具选项"对话框，对话框中的选项用于控制所绘制弧线段的方向、斜率等，如下图所示。

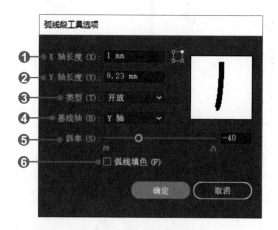

❶ X 轴长度：指定弧线段的宽度。

❷ Y 轴长度：指定弧线段的高度。

❸ 类型：指定希望绘制的对象为开放路径还是封闭路径。

❹ 基线轴：确定沿"X 轴"还是"Y 轴"绘制弧线段基线，以确定弧线段方向。

❺ 斜率：指定弧线段的弧度。输入负值创建凹入曲线，输入正值创建凸起曲线，斜率为 0 则

创建直线。

❻ 弧线填色：以当前填充颜色为弧线段填色。

3．螺旋线工具

使用"螺旋线工具"可以绘制出各种螺旋形状的线条。使用此工具在画板中拖动，直到螺旋线达到所需大小后释放鼠标，即可得到螺旋线，如下图所示。

选择"螺旋线工具"，单击希望螺旋线开始的地方，即可打开"螺旋线"对话框，如下图所示，在对话框中可以调整选项，控制绘制的螺旋线效果。

❶ 半径：指定从中心到螺旋线最外点的距离。

❷ 衰减：指定螺旋线的每一螺旋相对于上一螺旋应减少的量。

❸ 段数：指定螺旋线具有的线段数，螺旋线的每一完整螺旋由 4 条线段组成。

❹ 样式：单击右侧的按钮可以指定螺旋线的方向。

4．矩形网格工具

使用"矩形网格工具"可以创建具有指定大小和指定数量分隔线的矩形网格。选择"矩形网格工具"，在画板中拖动直到网格达到所需大小后，释放鼠标即可，如下图所示。

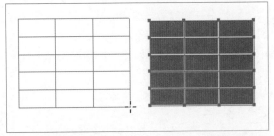

双击"矩形网格工具"按钮，或者在希望设置为网格起始点的位置单击，将打开"矩形网格工具选项"对话框，在对话框中可以指定网格的分隔线的数量等，如下图所示。

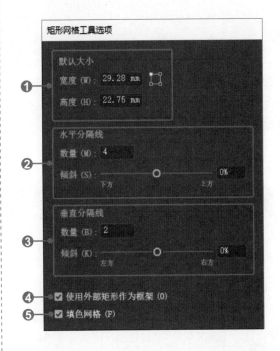

❶ 默认大小：指定整个网格的宽度和高度。

❷ 水平分隔线：指定希望在网格顶部和底部之间出现的水平分隔线数量。"倾斜"值决定水平分隔线倾向于网格顶部或底部的方式。

❸ 垂直分隔线：指定希望在网格左侧和右侧之间出现的垂直分隔线数量。"倾斜"值决定垂直分隔线倾向于网格左侧或右侧的方式。

❹ 使用外部矩形作为框架：以单独矩形对象替换顶部、底部、左侧和右侧线段。

❺ 填色网格：以当前填充颜色填充网格。

5．极坐标网格工具

使用"极坐标网格工具"可以创建具有指定大小和指定数量分隔线的同心圆。选择"极坐标网格工具"，在画板中拖动直到网格达到所需大小。如果要绘制正圆形网格，则需在拖动的同时按住 Shift 键，如下图所示。

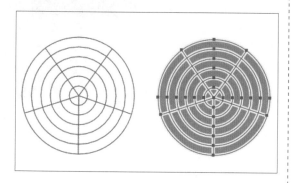

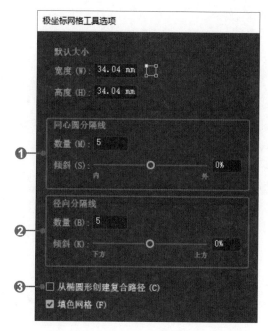

双击"极坐标网格工具"按钮，或者在绘图窗口中任意位置单击，都可以打开"极坐标网格工具选项"对话框，在对话框中同样可以指定工具选项，如下图所示。

❶ 同心圆分隔线：指定希望出现在网格中的同心圆分隔线数量。"倾斜"值决定同心圆分隔线倾向于网格内侧或外侧的方式。

❷ 径向分隔线：指定希望在网格中心和外围之间出现的径向分隔线数量。"倾斜"值决定径向分隔线倾向于网格逆时针或顺时针的方式。

❸ 从椭圆形创建复合路径：将同心圆转换为独立复合路径并每隔一个圆填色。

4.5 课后练习

进行广告设计时，需要合理结合背景图像和商品图像，才能完成出色的广告作品。下面通过习题巩固本章所学。

习题1：品牌运动鞋广告设计

原始文件	随书资源 \ 课后练习 \04\ 素材 \01.jpg
最终文件	随书资源 \ 课后练习 \04\ 源文件 \ 品牌运动鞋广告设计 .ai

运动鞋不仅需要舒适、美观，更需要能够避免运动伤害和增强运动功能。本习题是为某品牌运动鞋设计广告，采用简洁的设计风格，利用不同形状的图形组合，赋予画面一定的动感。

- 在 Photoshop 中应用"钢笔工具"抠取运动鞋图像；
- 结合"调整"和"属性"面板，调整运动鞋图像的明暗和色彩；
- 使用"钢笔工具"绘制出所需图形，使用"网格工具"设置渐变网格；
- 将处理好的运动鞋图像导入到 Illustrator 中，调整堆叠顺序，最后添加文字。

习题2：地产广告设计

原始文件	随书资源 \ 课后练习 \04\ 素材 \02.jpg
最终文件	随书资源 \ 课后练习 \04\ 源文件 \ 地产广告设计 .ai

地产广告是房地产开发企业、房地产权利人或房地产中介机构发布的房地产项目预售、预租、出售、出租等信息的广告。本习题要为某地产项目设计广告，设计中利用丰富的文字内容说明项目的特点、具体位置、联系方式，搭配简约的图形设计，便于有意向的受众更好地了解项目，达到精准的推广效果。

● 在 Photoshop 中，结合"调整"面板和"属性"面板对楼盘照片进行调色，将图像转换为双色调效果；

● 将图像导入到 Illustrator 中，使用剪切蒙版裁剪图像后，应用"钢笔工具"绘制出楼盘的剪影，并填充所需的颜色；

● 应用"钢笔工具"绘制地产企业标志，最后用"文字工具"输入文字，完善画面效果。

第5章
招贴设计

　　招贴是指张贴在街道、商业区、机场、车站等公共场所，以达到宣传目的的文字和图画。大多数人所熟知的海报就是一种招贴，其用于宣传戏剧、电影等演出或球赛等活动。招贴设计大多采用鲜明夺目的色彩、概括有力的图形符号、号召力强的文字、构思新奇的创意进行表现。相对于其他的广告形式而言，招贴的画面篇幅普遍较大，视觉冲击力也较强。

　　本章将介绍两种内容的招贴设计案例。第一个案例是为某音乐活动设计的招贴，使用动感的线条和绚丽的颜色来渲染热闹的氛围；第二个案例是为某电影设计的海报，根据电影的内容，选取有代表性的电影场景为基础进行创作。

5.1 招贴的分类

　　招贴设计作为现在视觉艺术设计的主流，涵盖了不同的地域文化，具有强大的艺术感染力。按照内容、性质、功能的不同，招贴可以分为商业招贴、公益招贴、文化招贴、电影海报，如下图所示。其中，商业招贴和电影海报属于营利性招贴，公益招贴和文化招贴属于非营利性招贴。

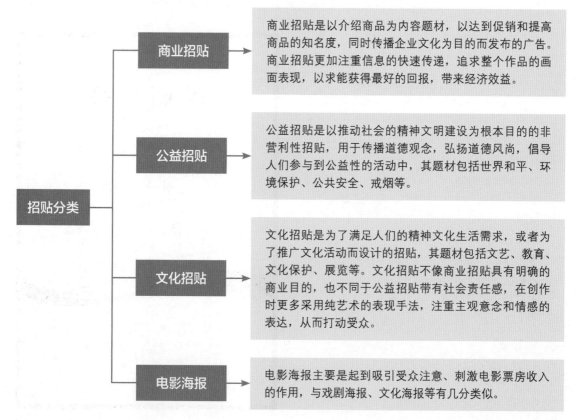

招贴分类

商业招贴 → 商业招贴是以介绍商品为内容题材，以达到促销和提高商品的知名度，同时传播企业文化为目的而发布的广告。商业招贴更加注重信息的快速传递，追求整个作品的画面表现，以求能获得最好的回报，带来经济效益。

公益招贴 → 公益招贴是以推动社会的精神文明建设为根本目的的非营利性招贴，用于传播道德观念，弘扬道德风尚，倡导人们参与到公益性的活动中，其题材包括世界和平、环境保护、公共安全、戒烟等。

文化招贴 → 文化招贴是为了满足人们的精神文化生活需求，或者为了推广文化活动而设计的招贴，其题材包括文艺、教育、文化保护、展览等。文化招贴不像商业招贴具有明确的商业目的，也不同于公益招贴带有社会责任感，在创作时更多采用纯艺术的表现手法，注重主观意念和情感的表达，从而打动受众。

电影海报 → 电影海报主要是起到吸引受众注意、刺激电影票房收入的作用，与戏剧海报、文化海报等有几分类似。

5.2 招贴的特点与设计原则

　　由于招贴是张贴在公共场所的，所以相对于其他的广告媒体，它具有画面尺寸大、视觉冲击力强、艺术性高等特点，如下图所示。

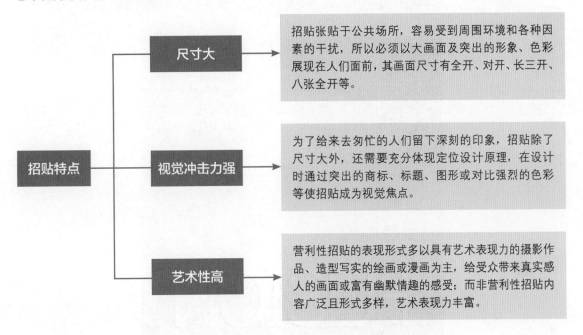

　　招贴是视觉传达的重要表现形式，通过将图形、文字、色彩等元素进行适当组合，能够将设计者的思想准确表达出来并传递给受众。在设计招贴时，需要遵循一目了然、以少胜多、突出主题等原则，如下图所示。

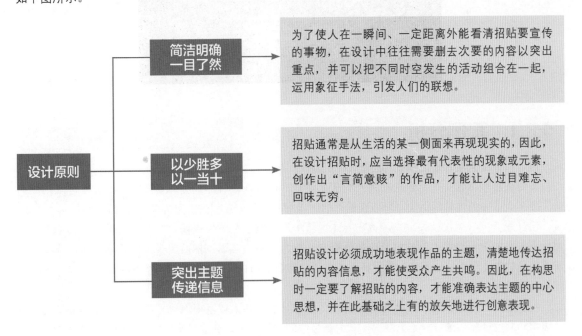

5.3 音乐活动招贴设计——混合对象

原始文件	随书资源 \ 案例文件 \05\ 素材 \01.jpg
最终文件	随书资源 \ 案例文件 \05\ 源文件 \ 音乐活动招贴设计——混合对象 .psd

5.3.1 | 案例分析

　　设计任务：为某音乐活动设计招贴。

　　设计关键点：首先，音乐活动是一种艺术活动，所以在设计时需要体现艺术性；其次，本招贴是为了吸引大家去关注音乐活动，所以在设计的时候需要将与音乐相关的元素体现在画面中。

　　设计思路：根据设计关键点，首先要体现艺术性，所以在背景中使用抽象的几何线条和图形，并用绚丽的色彩进行修饰，制作出具有较强视觉冲击力的背景画面；然后为了突出音乐元素，选择了拿着麦克风的时尚少女素材图像；最后在画面中添加醒目的白色文字，补充说明音乐活动的主题和内容，完善画面效果。

　　配色推荐：浓蓝紫色＋暗紫色的配色方式。浓蓝紫色给人以浓厚而稳重的印象，显得十分庄重，将它与暗紫色搭配，通过一定的渐变形式为画板中的对象上色，突显出音乐活动的时尚艺术气息。

　　软件应用要点：主要利用 Illustrator 中的"钢笔工具"绘制线条，用"混合工具"混合绘制的线条；在 Photoshop 中用混合模式融合图像，利用"横排文字工具"添加文字。

 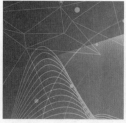 

5.3.2 操作流程

在本案例的制作过程中，最重要的编辑内容就是在 Illustrator 中绘制背景图形，以及在 Photoshop 中添加人物图像和文字效果。

1. 在Illustrator中绘制背景

制作招贴时，首先需要绘制与主题相符的背景。下面使用"矩形工具"和"椭圆工具"在画板中绘制图形，填充合适的渐变颜色，应用"钢笔工具"绘制曲线，结合"混合工具"创建混合的线条效果，具体操作步骤如下。

步骤 01 使用"矩形工具"绘制矩形

启动 Illustrator，创建一个 A4 大小的文件，❶选择"矩形工具"，绘制一个与页面同等大小的矩形，❷单击"渐变"按钮，打开"渐变"面板，❸在面板中选择"径向"渐变类型，❹设置渐变颜色，❺输入"长宽比"为 108.5%，为矩形填充渐变颜色。

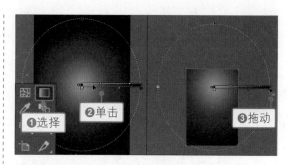

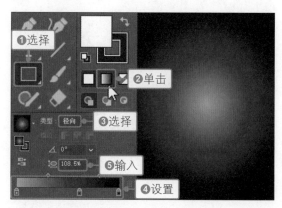

步骤 02 调整渐变颜色

❶选择工具箱中的"渐变工具"，❷在填充渐变的矩形上单击，显示渐变控制条，❸单击并拖动鼠标，更改渐变中心点，然后调整渐变控制条的长度，控制渐变的应用效果。

步骤 03 使用"椭圆工具"绘制圆形

❶选择工具箱中的"椭圆工具"，❷在"渐变"面板中选择"径向"渐变类型，❸设置渐变颜色，❹单击"描边"按钮，启用描边选项，❺单击"无"按钮，去除描边颜色，❻在画板中拖动绘制一个填充了渐变颜色的圆形。

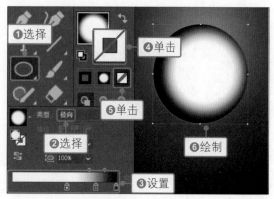

步骤 04 复制圆形并创建复合图形

❶使用"选择工具"选择并复制圆形，将圆形缩小至合适的大小，❷同时选中两个圆形，❸在"属性"面板中单击"路径查找器"选项组中的"差集"按钮，创建复合图形。

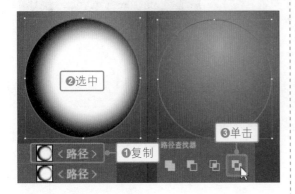

步骤 05 设置混合模式

打开"透明度"面板，在面板中选择混合模式为"颜色减淡"，混合图像。使用相同的方法，再绘制几个圆环，并将其编组。

步骤 06 绘制更多圆形

❶选择"椭圆工具"绘制多个不同大小的白色圆形，❷用"选择工具"选中这些圆形，按快捷键 Ctrl+G，将圆形编组，❸在"透明度"面板中选择混合模式为"叠加"，混合图像。

步骤 07 使用"钢笔工具"绘制线条

❶选择工具箱中的"钢笔工具"，❷在画板中连续单击，绘制多条直线路径，❸去除填充颜色，设置描边颜色为白色，❹在"属性"面板的"外观"选项组中设置描边粗细为 0.75 pt，为线条应用描边效果。

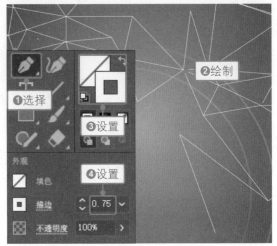

步骤 08 更改混合模式

使用"选择工具"选中所有线条对象，❶按快捷键 Ctrl+G，将选中的对象编组，❷在"透明度"面板中选择混合模式为"柔光"，混合图像。

步骤 09 绘制矩形并设置渐变效果

❶选择"矩形工具"，在画板中绘制两个矩形，❷在"渐变"面板中选择"径向"渐变类型，输入"角度"为 -3.7°、"长宽比"为 37.7%，设置渐变颜色，❸选择"渐变工具"，❹单击并拖动渐变控制条，调整渐变效果。

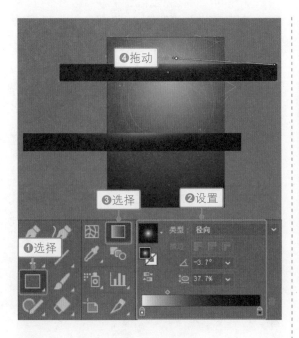

步骤 10 旋转矩形并设置混合模式

选中两个矩形，❶在"属性"面板的"变换"选项组下输入"旋转"值为17.54°，旋转矩形，❷在"透明度"面板中选择混合模式为"颜色减淡"，混合图像。

步骤 11 使用"钢笔工具"绘制曲线

❶选择工具箱中的"钢笔工具"，❷在画板中绘制两条曲线路径，❸在"属性"面板的"外观"选项组中设置描边颜色为白色、描边粗细为1 pt，对曲线应用描边效果。

步骤 12 设置"混合选项"

❶双击工具箱中的"混合工具"按钮，打开"混合选项"对话框，❷在对话框中选择间距方式为"指定的步数"，❸输入步数为16，❹单击"确定"按钮。

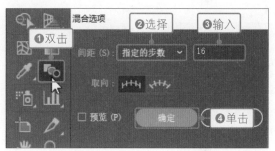

步骤 13 创建混合图形

❶分别单击两条曲线上的任意锚点，创建混合的线条效果，❷在"透明度"面板中选择混合模式为"叠加"，混合图像。

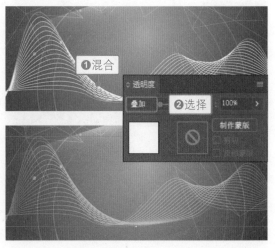

步骤 14 使用"钢笔工具"绘制曲线

❶选择工具箱中的"钢笔工具"，❷在画板中再绘制两条曲线路径，❸选择工具箱中的"混合工具"，❹分别单击两条曲线上的锚点，创建混合的线条效果。

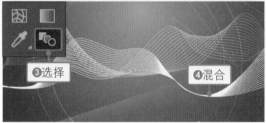

步骤 15 调整图形混合效果

选中应用混合效果的曲线，❶双击工具箱中的"混合工具"按钮，打开"混合选项"对话框，❷输入步数为 20，❸单击"确定"按钮，更改混合效果。

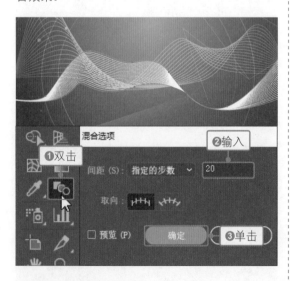

步骤 16 设置混合模式

在"透明度"面板中选择混合模式为"叠加"，混合图像。使用相同的方法绘制更多线条，并创建混合效果。

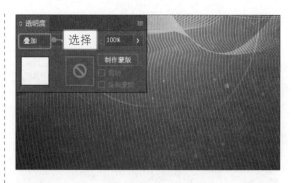

步骤 17 使用"矩形工具"绘制矩形

❶选择"矩形工具"，❷在画板中绘制一个矩形，❸在"渐变"面板中选择"线性"渐变类型，❹输入"角度"为 -90°，❺设置从白色到黑色的渐变颜色，填充矩形。

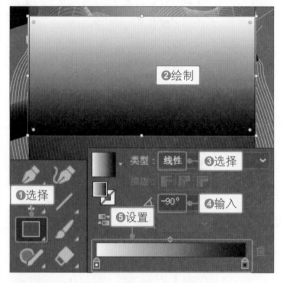

步骤 18 建立不透明蒙版

❶同时选中线条和矩形，❷单击"透明度"面板右上角的扩展按钮，❸在展开的面板菜单中执行"建立不透明蒙版"命令。

步骤 19　查看效果

在画板中查看应用不透明蒙版制作的渐隐的线条效果。

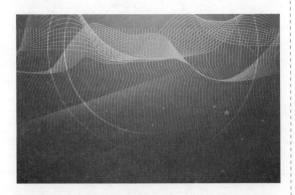

步骤 20　绘制矩形并更改混合模式

❶选择"矩形工具"，在画板中单击并拖动，绘制一个白色矩形，❷在"透明度"面板中选择混合模式为"柔光"，❸输入"不透明度"为70%。

步骤 21　绘制更多图形

使用"椭圆工具"绘制更多椭圆形，结合"渐变"和"透明度"面板，为椭圆形填充颜色并调整混合模式。选中除最下层矩形外的所有图形，按快捷键 Ctrl+G，将其编组。

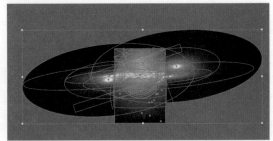

步骤 22　应用剪切蒙版裁剪图形

使用"矩形工具"绘制一个与页面同等大小的矩形，同时选中矩形和下方编组的图形，执行"对象 > 剪切蒙版 > 建立"菜单命令，创建剪切蒙版，裁剪多余的对象，完成招贴背景图的设计。

2．在Photoshop中添加位图与文字

应用 Illustrator 制作好招贴背景图后，接下来将在 Photoshop 中添加图像和文字。先将人物素材置入到背景中，创建图层蒙版，使用"矩形选框工具"创建选区，将人物图像融合到背景中，再使用"横排文字工具"添加所需的文字，具体操作步骤如下。

步骤 01　打开文件并调整图像大小

启动 Photoshop，执行"文件 > 打开"菜单命令，打开编辑好的背景图像，执行"图像 > 图像大小"菜单命令，打开"图像大小"对话框，❶在对话框中输入"宽度"为1500，其他参数不变，❷单击"确定"按钮，更改图像大小。

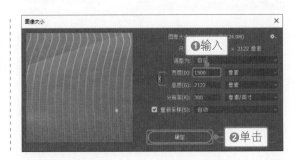

步骤02 置入图像并更改混合模式

执行"文件 > 置入嵌入对象"菜单命令，❶置入"01.jpg"人物图像，在"图层"面板中得到"01"智能对象图层，❷选择图层混合模式为"滤色"，混合图像效果。

步骤03 使用"矩形选框工具"创建选区

确保"01"图层为选中状态，❶单击"添加图层蒙版"按钮，添加图层蒙版，选择"矩形选框工具"，❷在选项栏中输入"羽化"值为220像素，❸在图像中单击并拖动，创建选区，❹按快捷键 Ctrl+Shift+I，反选选区。

步骤04 编辑图层蒙版

❶单击"01"图层蒙版缩览图，❷设置前景色为黑色，❸连续按两次快捷键 Alt+Delete，将蒙版选区填充为黑色。

步骤05 复制图层并更改混合模式

❶选中"01"图层，按快捷键 Ctrl+J，复制图层，得到"01 拷贝"图层，❷输入图层的"不透明度"为 50%，降低不透明度效果。

步骤06 设置文字属性

创建"文案"图层组，❶选择工具箱中的"横排文字工具"，❷在"字符"面板中设置字体为"方正兰亭细黑简体"、"大小"为 72 点、"字符间距"为 -50、"垂直缩放值"为 115%，❸单击"全部大写字母"按钮。

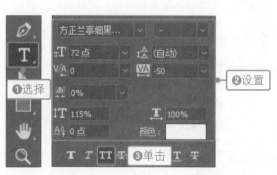

步骤 07　输入文字并转换为形状

在图像编辑窗口的适当位置单击并输入"fusion"，得到"fusion"文本图层，❶按快捷键 Ctrl+J，复制文本图层，得到"fusion 拷贝"图层，❷执行"文字>转换为形状"菜单命令，将文字转换为图形，使用路径编辑工具对文字进行变形操作，❸单击"fusion"文本图层前的"指示图层可见性"图标，隐藏该图层，在图像编辑窗口中查看变形后的文字效果。

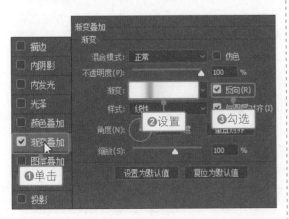

步骤 08　设置"渐变叠加"样式

双击形状图层，打开"图层样式"对话框，❶在对话框中单击"渐变叠加"样式，❷设置渐变颜色，❸勾选"反向"复选框，其他选项不变。

步骤 09　设置"投影"样式

❶单击"投影"样式，❷取消勾选"使用全局光"复选框，输入"不透明度"为 100%、"角度"为 153°、"距离"为 14 像素，设置完毕后单击"确定"按钮。

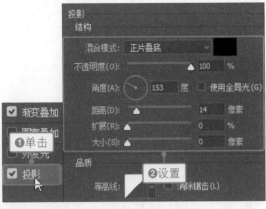

步骤 10　查看应用样式的效果

对选中图形应用设置的"渐变叠加"和"投影"样式，得到更有立体感的标题文字效果。

步骤 11　复制并更改图层样式

结合"横排文字工具"和"字符"面板，在合适的位置输入"Music Beats"，❶将前面设置的图层样式复制到新创建的"Music Beats"文本图层上，双击图层，打开"图层样式"对话框，❷设置投影"距离"为 7 像素，其他选项不变。

步骤 **12** 添加文字和线条修饰

　　选择"横排文字工具"，在适当的位置单击，输入所需的文本，然后结合"字符"面板和"属性"面板，调整文字及段落属性，最后使用"直线工具"在文字中间绘制一条横线和两条竖线，完成本案例的制作。

技巧提示　绘制水平或垂直的线段

　　在 Photoshop 中，应用"直线工具"绘制线段时，按住 Shift 键单击并拖动，可以绘制出水平或垂直的线段。

5.3.3 | 知识扩展

　　利用 Illustrator 中的混合功能可以在对象之间创建平滑的过渡效果。在对象之间创建了混合效果之后，会将混合对象作为一个对象看待，如果原始对象有改动，混合对象也会随之变化。

1. 创建混合

　　在 Illustrator 中，可以使用"混合工具"和"对象 > 混合 > 建立"命令来创建混合，使两个或多个选定对象之间出现颜色及形状的过渡效果。

　　如果要用"混合工具"创建混合效果，需选择工具箱中的"混合工具"。若要不带旋转地按顺序混合对象，则要避开锚点，单击对象的任意位置；若要混合对象上的特定锚点，则单击对象上的锚点，当指针移近锚点时，指针形状会从白色方块变为黑色，混合前后的效果如下图所示。

　　如果要通过菜单命令创建混合效果，则需先选中要混合的对象，然后执行"对象 > 混合 > 建立"菜单命令即可，混合前后的效果如下图所示。

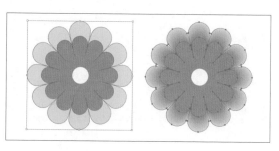

2. 指定混合选项

　　默认情况下，Illustrator 会计算创建一个平滑颜色过渡所需的最适宜的步骤数。若要控制步骤数或步骤之间的距离，则可以双击"混合工具"按钮或执行"对象 > 混合 > 混合选项"菜单命令，打开"混合选项"对话框，设置混合选项，如下图所示。

① 间距：指定要添加到混合的步骤数。默认选择"平滑颜色"选项，此时 Illustrator 自动计算混合的步骤数。如下面两幅图所示，选择"指定的步数"选项，可指定在混合开始与结束之间的步骤数；选择"指定的距离"选项，可以指定混合步骤之间的距离，即从一个对象边缘起到下一个对象边缘之间的距离。

3．更改混合对象的轴

混合轴是混合对象中各步骤对齐的路径。混合轴默认是一条直线。如果要调整混合轴的形状，选取工具箱中的"直接选择工具"，单击混合对象，显示混合轴，然后使用编辑路径的方法调整显示的混合轴，即在混合轴上添加锚点、转换锚点、拖动锚点或路径段等，如下面两幅图所示。

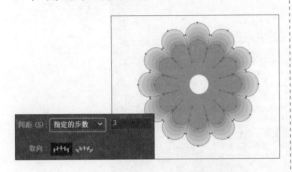

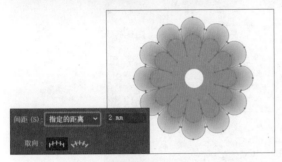

② 取向：指定混合对象的方向。"对齐页面"按钮可使混合垂直于页面的 X 轴，"对齐路径"按钮可使混合垂直于路径，如下面两幅图所示。

如果要使用其他路径替换混合轴，则先绘制一个对象作为新的混合轴，然后选择混合轴对象和混合对象，执行"对象 > 混合 > 替换混合轴"菜单命令即可。

5.4　复古风格电影海报设计——调整图层

原始文件	随书资源 \ 案例文件 \05\ 素材 \02.jpg、03.jpg
最终文件	随书资源 \ 案例文件 \05\ 源文件 \ 复古风格电影海报设计——调整图层 .ai

5.4.1 | 案例分析

设计任务：设计一张电影海报。

设计关键点：在电影海报展示的空间中，受众往往首先看到海报的画面，其次才是文字，所以设计时要尽可能利用有限的画面将电影的主题和内容清楚地表现出来。

设计思路：根据设计关键点，首先选用与电影主题相符的城市建筑图像作为海报的背景，将图像调整为复古色调，给受众留下或惊悚、或悬疑的心理感受，再添加排列工整的文字，说明电影名、导演、上映时间、主要故事情节，完善画面效果。

配色推荐：蓝铁色＋茜色的配色方式。蓝铁色给人以神秘、冷漠的感觉，用在此电影海报中正好符合电影的主题。茜色与蓝铁色形成了鲜明的对比，进一步增强了画面的视觉冲击力。

软件应用要点：主要利用Photoshop中的"色相/饱和度"调整图层创建单色调画面，使用"色彩平衡"调整图层加深青色和蓝色，使用"色阶"调整图层加强颜色反差；在Illustrator中绘制图形，应用混合模式融合图形与背景图像。

5.4.2 操作流程

在本案例的制作过程中,先在 Photoshop 中调整图像的颜色,通过更改图像色调来渲染电影海报的氛围,然后在 Illustrator 中绘制修饰的形状,并添加所需文字。

1. 在Photoshop中调整背景图像

先使用"矩形选框工具"选择图像,创建填充和调整图层,调整图像的颜色,再应用调整图层修饰整个图像的颜色,渲染艺术氛围。

步骤 01 反选选区

启动 Photoshop,打开"02.jpg"素材图像,❶选择工具箱中的"矩形选框工具",❷在选项栏中输入"羽化"值为 200 像素,❸在图像中间单击并拖动,创建选区,❹执行"选择 > 反选"菜单命令,或按快捷键 Ctrl+Shift+I,反选选区。

步骤 02 创建"颜色填充 1"填充图层

❶单击"图层"面板底部的"创建新的填充或调整图层"按钮,❷在展开的菜单中执行"纯色"命令,打开"拾色器(纯色)"对话框,❸输入颜色值为 R9、G33、B46,单击"确定"按钮,

❹创建"颜色填充 1"填充图层,应用设置的填充颜色填充图像。

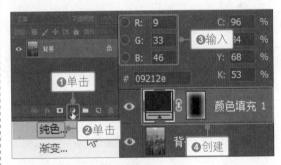

步骤 03 设置图层混合模式

❶在"图层"面板中选中"颜色填充 1"填充图层,❷设置图层混合模式为"柔光",应用混合模式融合图像。

步骤04 编辑图层蒙版

①按快捷键 Ctrl+J，复制"颜色填充 1"填充图层，得到"颜色填充 1 拷贝"图层，②设置复制图层的混合模式为"正片叠底"，单击其蒙版缩览图，选择"画笔工具"，③设置前景色为黑色，④在选项栏中输入"不透明度"和"流量"为 35%，在图像下方涂抹，隐藏填充颜色。

步骤05 创建"色相/饱和度 1"调整图层

①单击"调整"面板中的"色相/饱和度"按钮，创建"色相/饱和度 1"调整图层，②在打开的"属性"面板中勾选"着色"复选框，③输入"色相"为 198、"饱和度"为 22、"明度"为 -9，调整图像颜色。

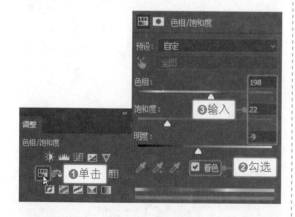

步骤06 创建"色彩平衡 1"调整图层

创建"色彩平衡 1"调整图层，打开"属性"面板，①选择"阴影"色调，②输入颜色值为 -4、0、+12，③选择"中间调"色调，④输入颜色值为 -15、0、-3。

步骤07 应用"色阶"调整

①单击"调整"面板中的"色阶"按钮，创建"色阶 1"调整图层，②在打开的"属性"面板中选择"增加对比度 1"预设，快速提高图像的颜色对比度。

步骤08 创建并羽化选区

①选择"矩形选框工具"，②在图像下方单击并拖动，创建矩形选区，执行"选择 > 修改 > 羽化"菜单命令，打开"羽化选区"对话框，③输入"羽化半径"为 180 像素，④单击"确定"按钮，羽化选区。

步骤09 调整图像亮度

❶创建"色阶 2"调整图层，❷在打开的"属性"面板中输入色阶值为 0、1.00、173，调整选区内的图像亮度。

步骤10 创建"色相/饱和度 2"调整图层

❶创建"色相/饱和度 2"调整图层，❷在打开的"属性"面板中勾选"着色"复选框，❸输入"色相"为 35、"饱和度"为 25，进一步对图像进行着色。再设置图层混合模式为"柔光"。

步骤11 应用滤镜并存储文件

❶按快捷键 Ctrl+Shift+Alt+E，盖印图层，得到"图层 1"图层，将图层转换为智能对象，执行"滤镜>锐化>智能锐化"菜单命令，打开"智能锐化"对话框，❷在对话框中输入"数量"为 200%、"半径"为 4.0 像素、"减少杂色"为 20%，单击"确定"按钮。执行"文件>存储"菜单命令，将图像存储为 PSD 格式文件。

2. 在Illustrator中添加修饰图形和文字

完成位图图像的处理后，接下来在 Illustrator 中添加修饰图形和文字。首先使用"钢笔工具""椭圆工具""直线段工具"在图像上绘制图形并填充不同的颜色，然后通过"变换"效果创建出更多的线条副本，最后结合"字符"面板和"文字工具"在海报中添加相关的文字内容，具体操作步骤如下。

步骤 01 使用"钢笔工具"绘制图形

运行 Illustrator，打开存储的 PSD 文件，❶选择工具箱中的"钢笔工具"，❷在"渐变"面板中设置渐变颜色，❸然后运用"钢笔工具"绘制图形。

步骤 02 更改混合模式和不透明度

使用"选择工具"选中绘制的图形，打开"透明度"面板，❶在面板中设置混合模式为"混色"，❷输入"不透明度"为 60%，混合颜色。

步骤 03 使用"钢笔工具"绘制图形

使用"钢笔工具"绘制更多图形，为其填充渐变颜色，并更改混合效果，❶在工具箱中设置填充颜色为黑色，❷使用"钢笔工具"再绘制出另外几个图形。

步骤 04 混合对象

使用"选择工具"同时选中新绘制的图形，打开"透明度"面板，❶设置混合模式为"叠加"，❷输入"不透明度"为 50%，混合对象。

步骤 05 绘制圆形

❶单击工具箱中的"无"按钮，去除填充颜色，❷双击"描边"按钮，打开"拾色器"对话框，❸在对话框中输入颜色值为 R159、G188、B206，选择"椭圆工具"，按住 Shift 键不放，在图像中间位置绘制圆形。

步骤 06 更改混合模式

❶在"属性"面板中的"外观"选项组中输入描边粗细为 5 pt、"不透明度"为 50%，❷在"透明度"面板中选择混合模式为"滤色"。

步骤07 绘制圆形并设置混合模式

使用"椭圆工具"绘制一个稍小一点的圆形，❶设置圆形的填充颜色为 R37、G65、B80，并去除描边颜色，❷在"透明度"面板中设置混合模式为"正片叠底"，❸输入"不透明度"为 80%。

步骤08 绘制直线段

❶选择工具箱中的"直线段工具"，按住 Shift 键不放，单击并拖动，绘制直线段，❷在"属性"面板的"外观"选项组中设置描边颜色为 R159、G188、B206，描边粗细为 5 pt，对直线段应用描边效果。

步骤09 应用变换效果

执行"效果 > 扭曲和变换 > 变换"菜单命令，❶在打开的"变换效果"对话框中输入"水平"为 2 mm、"垂直"为 1.5 mm，❷"副本"为

143，设置后单击"确定"按钮，应用变换效果。

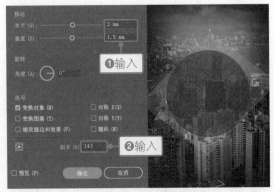

步骤10 创建剪切蒙版裁剪图像

复制并就地粘贴圆形图形，❶使用"选择工具"同时选中圆形和变换后的直线对象，❷执行"对象 > 剪切蒙版 > 建立"菜单命令，创建剪切蒙版，隐藏圆形外的直线对象。

步骤11 设置混合模式

打开"透明度"面板，❶设置混合模式为"叠加"，❷输入"不透明度"为 50%，混合图像。

步骤 12 输入文字并设置属性

❶选择工具箱中的"文字工具"，在画板中输入文字，❷设置文字填充颜色为白色，❸在"字符"面板中选择字体为"方正综艺简体"，❹设置字体大小为 181 pt、行距为 200 pt、垂直缩放为 110%、字符间距为 25。

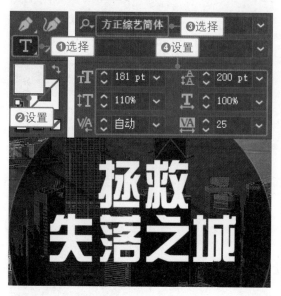

步骤 13 添加更多文字与符号

结合"文字工具"、"字符"面板和绘图工具，完成更多文字的添加与设置。打开"网页图标"面板，❶选中"视频"符号，❷将其拖动到画板中的合适位置。

步骤 14 断开符号链接

右击置入的"视频"符号，❶在弹出的快捷菜单中执行"断开符号链接"命令，断开符号链接，❷在"颜色"面板中更改填充颜色为白色。

步骤 15 置入二维码图像

按住 Alt 键不放，单击并向右拖动，复制多个"视频"符号，并将其移到合适的位置上。执行"文件 > 置入"菜单命令，将"03.jpg"二维码素材置入到合适的位置，完成本案例的制作。

5.4.3 | 知识扩展

Photoshop 中的"图层 > 新建调整图层"菜单组和"调整"面板包含多种调整命令，通过它们可以轻松地创建调整图层，调整图像的颜色和影调，并且不会改变原有图像中的像素。利用调整图层调整图像时，颜色或影调的更改都位于调整图层中，并且对下方的单个或多个图层产生影响。每个调整图层自带一个图层蒙版，可以通过编辑蒙版对图像实现更精细的调整。

1. 利用菜单命令创建调整图层

执行"图层 > 新建调整图层"菜单命令，在打开的级联菜单中可以看到能够创建的多种调整图层，如下图所示。

在级联菜单中执行某个菜单命令，将打开"新建图层"对话框，在对话框中可以指定新建调整图层的名称、颜色和混合模式等，单击"确定"按钮，就能在"图层"面板中生成对应的调整图层，如下图所示。

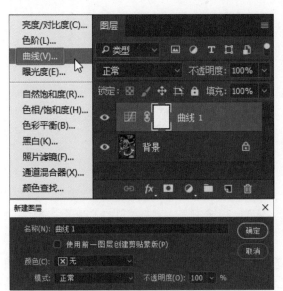

2. 利用"调整"面板创建调整图层

在 Photoshop 中，也可以使用"调整"面板创建调整图层。默认情况下，"调整"面板位于图像编辑窗口右侧，可以执行"窗口 > 调整"菜单命令来显示或隐藏"调整"面板。在"调整"面板中单击任意一个按钮，就可以快速地创建相应的调整图层，如下图所示。

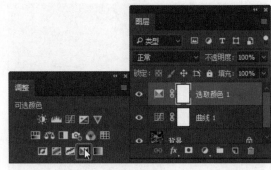

此外，也可以单击"调整"面板右上角的扩展按钮，展开的面板菜单包含所有调整图层命令，如下图所示，单击某个命令即可创建对应的调整图层。

技巧提示 | 创建无蒙版的调整图层

如果需要创建无蒙版的调整图层，单击"调整"面板右上角的扩展按钮，在展开的面板菜单中取消"默认情况下添加蒙版"选项的选中状态即可。

3．设置调整选项

创建调整图层时，将自动打开"属性"面板，该面板中会显示对应的调整选项，通过设置这些选项可改变画面的颜色或影调。对于已经编辑过的调整图层，如果要更改调整选项，则可双击"图层"面板中对应的图层缩览图来打开"属性"面板，如下图所示。

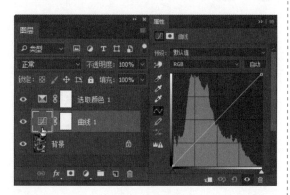

在"属性"面板中设置选项时，通过图像编辑窗口可以即时查看设置后的效果，如下图所示。通过反复调整"属性"面板中的各选项，可使图像达到最理想的状态。

4．编辑调整图层的蒙版

调整图层默认自动带有图层蒙版，由图层缩览图右边的蒙版图标表示。可以通过编辑调整图层的蒙版来控制图层在图像上产生的效果。

在"图层"面板中选中要编辑其蒙版的调整图层，单击蒙版缩览图，然后选择任一编辑或绘画工具在图像编辑窗口中涂抹，即可编辑蒙版。被涂抹成白色的蒙版区域对应的图层内容完全可见，调整图层的蒙版默认全部填充白色，因此所有图层内容均可见；被涂抹成黑色的蒙版区域对应的图层内容被完全隐藏；若要使图层内容部分可见，则用灰色涂抹蒙版，灰色越深，图层内容越透明，灰色越浅，图层内容越不透明。下面两幅图所示为用"画笔工具"编辑蒙版的操作过程。

5.5 课后练习

由于招贴尺寸通常较大，所以在设计时需要注意画面中的图像、图形与文字的合理搭配。下面通过习题巩固本章所学。

习题1：儿童节活动招贴设计

原始文件	随书资源 \ 课后练习 \05\ 素材 \01.jpg、02.jpg	
最终文件	随书资源 \ 课后练习 \05\ 源文件 \ 儿童节活动招贴设计 .ai	

设计儿童节活动招贴时，可以使用较为稚嫩和圆润的字体，同时搭配清新阳光的背景，并利用童趣十足的图形进行修饰，增强画面感染力。

● 在 Photoshop 中应用图层蒙版将图像拼合在一起；

● 结合"调整"面板和"属性"面板创建调整图层，调整图像的色彩和影调；

● 将编辑好的背景图像置入 Illustrator 中，使用形状工具绘制出所需的图形；

● 应用"文字工具"在画面中输入文字，完善招贴效果。

习题2：汽车促销招贴设计

原始文件	随书资源 \ 课后练习 \05\ 素材 \03.jpg	
最终文件	随书资源 \ 课后练习 \05\ 源文件 \ 汽车促销招贴设计 .psd	

汽车促销招贴是以促进汽车销售为目的而设计的招贴，因此在设计的过程中利用丰富的背景色彩烘托中间的汽车对象，利用详细的文字补充说明汽车的优点及促销活动的内容，刺激消费者产生进一步了解并购买的欲望。

● 在 Illustrator 中应用形状工具绘制出背景中的图形，并为图形填充合适的颜色；

● 结合"文字工具"和"区域文字工具"在绘制的图形上方输入文字，并添加描边和投影等样式；

● 将制作好的背景图置入 Photoshop 中，添加并复制汽车图像素材；

● 应用"钢笔工具"抠出汽车图像，并调整图像颜色，统一画面色调。

第6章
插画设计

　　插画又称插图，是最直接和最具表现力的艺术形式之一。插画以形式多样且风格鲜明的视觉表达手段将个人理念和图像表达结合起来，达到传递信息及劝说、告知、教育和娱乐大众的目的。插画设计是把文字信息、艺术家的感性与理性认识、美学观念等转化为视觉作品的一个过程。

　　本章将介绍两种类型的插画设计案例。第一个案例是商业插画设计，围绕"旅行"的主题，用房屋、草地、森林等旅途中的常见事物进行表现；第二个案例是时尚人物插画设计，以造型时尚的少女作为创作原型，将其转换为具有艺术气息的插画作品。

6.1　插画的分类与设计特点

　　插画艺术有着悠久的历史，旧石器时代的岩画即可视为插画的雏形。随着经济和文化的日益发展与繁荣，插画与商业、文化紧密结合，从形式、内容到运用范围都在不断发生变化，并且已经深入到生活的方方面面。时至今日，插画大体可以分为书刊类插画和商业类插画，下面分别进行介绍。

1．书刊类插画

　　书刊类插画是应用在书刊等出版物中的插画，主要类型如下图所示。

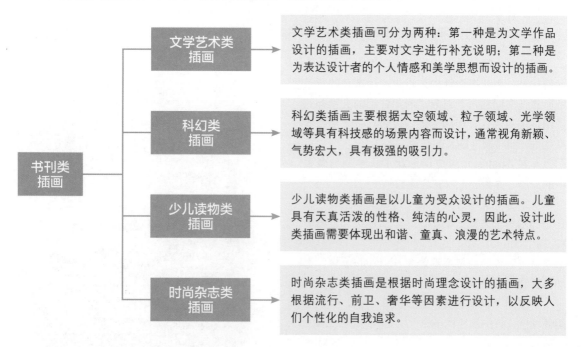

- 文学艺术类插画 → 文学艺术类插画可分为两种：第一种是为文学作品设计的插画，主要对文字进行补充说明；第二种是为表达设计者的个人情感和美学思想而设计的插画。
- 科幻类插画 → 科幻类插画主要根据太空领域、粒子领域、光学领域等具有科技感的场景内容而设计，通常视角新颖、气势宏大，具有极强的吸引力。
- 少儿读物类插画 → 少儿读物类插画是以儿童为受众设计的插画。儿童具有天真活泼的性格、纯洁的心灵，因此，设计此类插画需要体现出和谐、童真、浪漫的艺术特点。
- 时尚杂志类插画 → 时尚杂志类插画是根据时尚理念设计的插画，大多根据流行、前卫、奢华等因素进行设计，以反映人们个性化的自我追求。

（书刊类插画）

2. 商业类插画

商业类插画是以商业宣传为目的，作为一种视觉形象来触发人们关注商业信息，具有很强的商业属性。商业类插画的主要类型如下图所示。

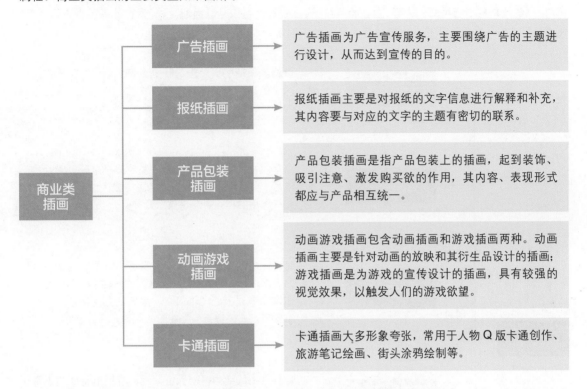

了解了插画的分类，接下来谈谈插画设计的特点。插画是对美的再现与传达，它与现代商业结合之后，具有了实用性、直观性、审美性、创造性等诸多特点，如下图所示。

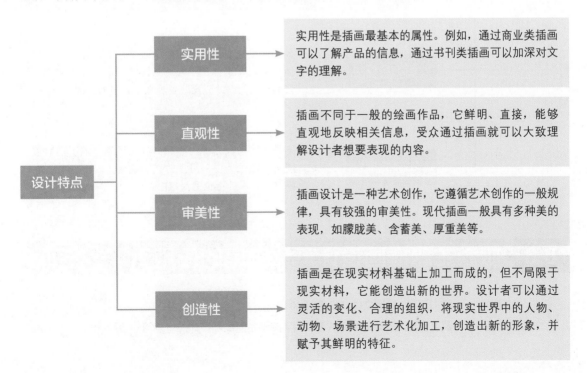

6.2 插画的风格定位

　　风格是艺术创作中表现出来的一种综合性的整体特点，插画的风格就是插画所表现出来的整体特点。插画的风格应当与插画的内容、主旨相互统一，在设计时可以从画面配色、元素设计等多个方面入手，使作品拥有鲜明的设计风格。主要的插画风格如下图所示。

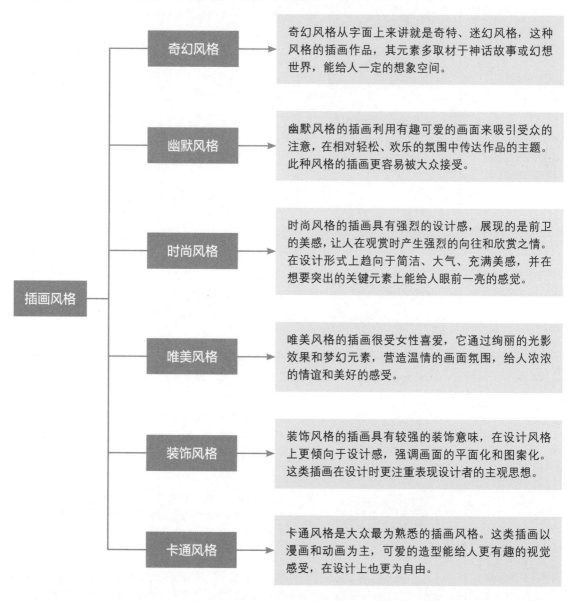

6.3 旅游主题插画设计——画笔的应用

原始文件	随书资源 \ 案例文件 \06\ 素材 \01.jpg、02.jpg
最终文件	随书资源 \ 案例文件 \06\ 源文件 \ 旅游主题插画设计——画笔的应用 .psd

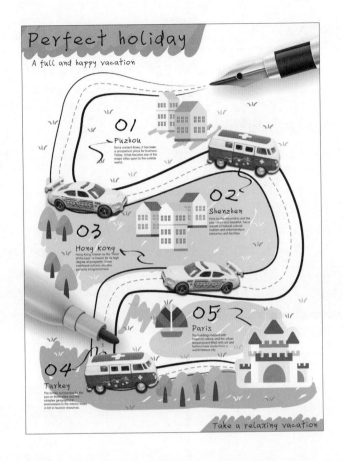

6.3.1 案例分析

设计任务：设计一幅以旅游为主题的商业类插画。

设计关键点：由于是以旅游为主题的商业类插画，所以在设计时，既要表现旅游行程安排的主要内容，还要通过元素和配色来表现旅途中美丽的风景、轻松愉悦的心情。

设计思路：根据设计关键点，一方面，为了表现"旅游"这个主题，以旅游行程为创作原型，以流程图的方式将旅途中的主要城市串联起来，如此既能让受众了解行程安排，也具有较强的视觉导向性；另一方面，为了营造出愉快的氛围，画面采用较清新、自然的色彩搭配方式，将途中的房屋、草地、森林等美景用可爱的卡通形象展示出来。

配色推荐：鲜黄色＋嫩绿色的配色方式。鲜嫩的黄色和绿色都能给人清新、愉悦、轻松的感受，用于表现旅途中美丽的景色和快乐的心情。

软件应用要点：主要利用 Illustrator 中的"画笔工具"绘制湖泊、森林、草地等元素，用"钢笔工具"绘制旅行路线；在 Photoshop 中利用矢量蒙版功能抠出汽车图像，结合调整图层和"属性"面板进行调色。

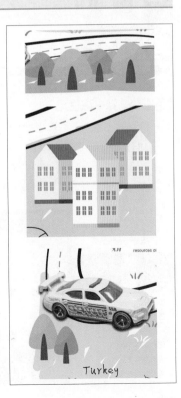

6.3.2 | 操作流程

在本案例的制作过程中，先在 Illustrator 中绘制出抽象的公路、森林、草地等形象，然后在 Photoshop 中添加汽车图像，复制汽车图像并将其移动到合适的位置。

1. 在Illustrator中绘制图形

首先绘制画面中的矢量元素。结合"画笔工具"和画笔库绘制图形，利用"钢笔工具"绘制公路和小草等，然后使用"文字工具"添加文字，具体操作步骤如下。

步骤 01 使用"矩形工具"绘制矩形

启动 Illustrator，创建一个新文件，❶选择工具箱中的"矩形工具"，绘制与页面同等大小的白色矩形，❷单击"描边"按钮，启用描边选项，❸单击下方的"无"按钮，去除描边效果。

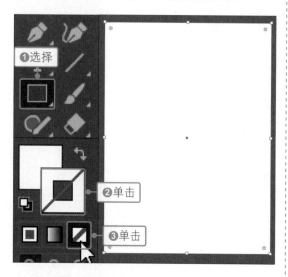

步骤 02 选择书法画笔

❶单击"图层"面板中的"创建新图层"按钮，新建"图层 2"图层，❷执行"窗口>画笔库>艺术效果>艺术效果_书法"菜单命令，打开"艺术效果_书法"面板，❸单击"10 点圆形"画笔。

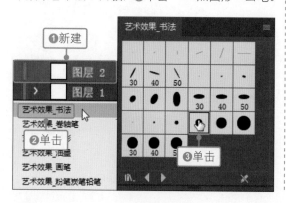

步骤 03 应用画笔绘制图形

❶打开"颜色"面板，在面板中输入描边颜色为 R195、G245、B69，❷单击工具箱中的"画笔工具"按钮，❸按键盘中的 [键，缩小画笔笔触，在画面中涂抹，绘制抽象的草丛图形。

步骤 04 继续绘制图形

按键盘中的] 键，放大画笔笔触，使用"画笔工具"在画板中绘制另一个抽象的草丛图形。

步骤05 更多颜色绘制图形

❶在"颜色"面板中输入描边颜色为R152、G219、B26，❷调整画笔笔触大小，继续使用"画笔工具"在画板中涂抹，绘制图形。

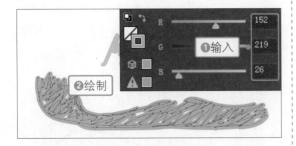

步骤06 绘制渐变描边效果的图形

❶单击工具箱中的"渐变"按钮，❷在"渐变"面板中选择渐变类型为"径向"，❸设置渐变颜色从R224、G255、B84到R252、G252、B2，❹使用"画笔工具"涂抹绘制图形。

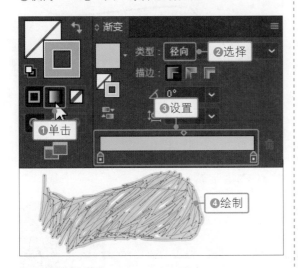

步骤07 绘制更多图形

❶结合"画笔工具"和"颜色"面板，在画板中绘制更多图形，❷选择工具箱中的"矩形工具"，❸绘制一个与页面同等大小的白色矩形。

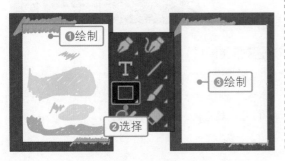

步骤08 创建剪切蒙版裁剪对象

应用"选择工具"选取矩形和画板底部边缘的图形，按快捷键Ctrl+7，创建剪切蒙版，裁剪超出画板边缘的图形。选择"钢笔工具"，在画板中绘制一条曲线路径。

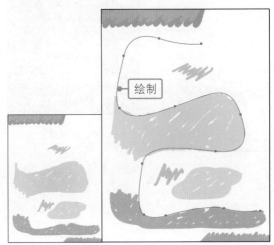

步骤09 设置描边选项

打开"描边"面板，❶在面板中设置描边"粗细"为3 pt，❷在"配置文件"下拉列表框中选择合适的描边样式，打开"颜色"面板，❸输入描边颜色为R38、G31、B28。

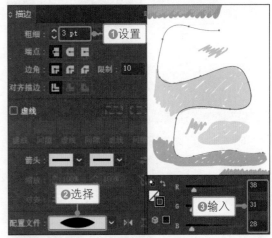

步骤10 绘制曲线并设置描边效果

❶使用"钢笔工具"再绘制一条曲线路径，❷在"描边"面板中设置描边"粗细"为4 pt，❸在"配置文件"下拉列表框中重新选择一种描边样式，更改路径描边效果。

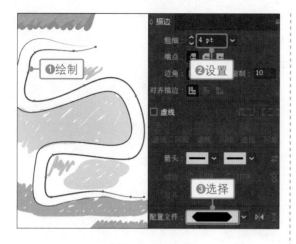

步骤 11 绘制曲线并设置描边效果

❶使用"钢笔工具"在两条曲线路径中间绘制一条曲线路径，并更改其描边颜色，❷在"描边"面板中设置描边"粗细"为 1.5 pt，❸勾选"虚线"复选框，设置"虚线"为 8 pt、"间隙"为 5 pt。

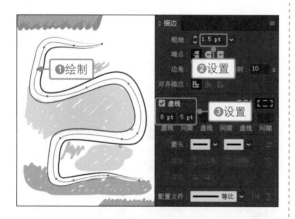

步骤 12 使用书法画笔绘制图形

❶单击"艺术效果-书法"面板中的"3点扁平"画笔，❷在"颜色"面板中输入描边颜色为 R38、G31、B28，❸应用"画笔工具"在画板中绘制图形。

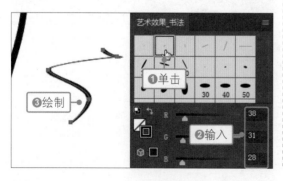

技巧提示 **切换画笔库**

在 Illustrator 中打开一个画笔库后，单击画笔库面板底部的"加载上一画笔库"按钮◀或"加载下一画笔库"按钮▶，可在各类画笔库之间快速切换。

步骤 13 绘制更多曲线

使用"画笔工具"继续在画板中的其他位置绘制几条曲线路径，并对路径应用相同的描边设置。

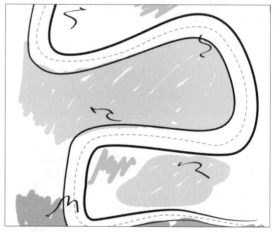

步骤 14 使用"钢笔工具"绘制图形

❶选择"钢笔工具"，❷在"颜色"面板中输入填充颜色为 R162、G217、B100，❸使用"钢笔工具"在画板中绘制图形。

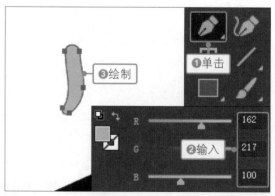

步骤 15 将图形编组

继续使用"钢笔工具"绘制另外两个图形，使用"选择工具"选中三个图形，按快捷键 Ctrl+G，将图形编组成小草图形。

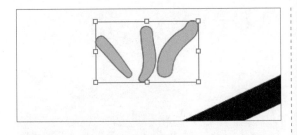

步骤 16 绘制并选择图形

使用更多形状工具在画板中绘制其他所需图形，并将图形分别编组，应用"选择工具"选中左下角的水彩笔图形。

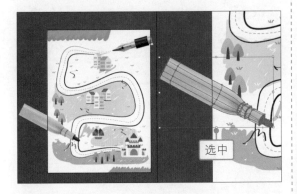

步骤 17 设置"投影"效果

执行"效果 > 风格化 > 投影"菜单命令，打开"投影"对话框，❶输入"不透明度"为40%、"X位移"为3 mm、"Y位移"为5 mm、"模糊"为5 mm，❷单击"确定"按钮。

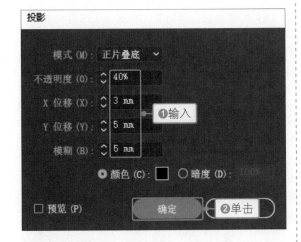

步骤 18 选中对象

在画板中查看对所选图形应用的"投影"效果。应用"选择工具"选中右上角的钢笔图形，执行"效果 > 风格化 > 投影"菜单命令。

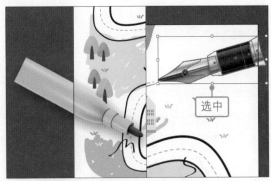

步骤 19 设置"投影"效果

打开"投影"对话框，❶输入"不透明度"为30%、"X位移"为3 mm、"Y位移"为3 mm、"模糊"为5 mm，❷单击"确定"按钮。

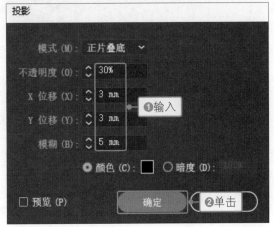

步骤 20 创建剪切蒙版裁剪图像

选择"矩形工具"，绘制一个与画板同等大小的矩形，应用"选择工具"选中矩形、水彩笔、钢笔图形，按快捷键Ctrl+7，创建剪切蒙版，裁剪图像。

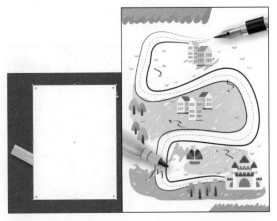

步骤 21 使用"文字工具"输入序号

❶选择工具箱中的"文字工具"，展开"属性"面板，❷选择字体为"方正静蕾简体"，❸设置字体大小为 72 pt、字符间距为 25，❹应用"文字工具"在画板中单击并输入"01"。

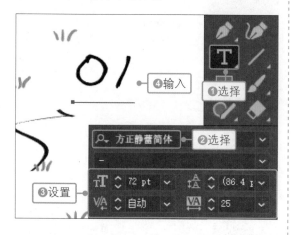

步骤 22 输入更多文字

使用"文字工具"在画板中输入更多文字，分别选择文本对象，结合"属性"面板，调整文字的字符属性，完成插画中矢量图形的绘制。执行"文件 > 存储为"菜单命令，将文件存储到指定的文件夹中。

2. 在Photoshop中添加位图与文字

绘制好矢量图形后，接下来在 Photoshop 中添加汽车位图图像，利用"钢笔工具"沿汽车图像边缘绘制路径，根据所绘路径创建矢量蒙版，抠出图像，调整图像的亮度和位置，具体操作步骤如下。

步骤 01 置入背景图像

启动 Photoshop，创建新文件，❶执行"文件 > 置入链接的智能对象"菜单命令，❷在打开的对话框中选中需要置入的图像，❸将其置入到新创建的文件中。

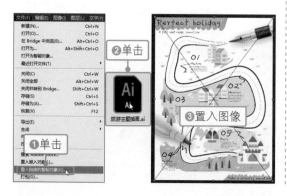

步骤 02 置入汽车图像

❶执行"文件 > 置入嵌入对象"菜单命令，❷在打开的对话框中选中"01.jpg"，❸将选中的图像置入到画面中，置入图像后即可在"图层"面板中得到对应的智能对象图层。

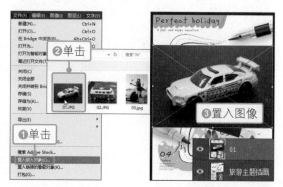

步骤 03 使用"钢笔工具"绘制路径

调整置入的汽车图像的大小和位置，并适当旋转图像，❶选择工具箱中的"钢笔工具"，❷在选项栏中选择工具模式为"路径"，❸应用"钢笔工具"沿汽车图像边缘绘制工作路径。

步骤 04 创建矢量蒙版

应用"路径选择工具"选中路径，执行"图层 > 矢量蒙版 > 当前路径"菜单命令，根据当前选中路径创建矢量蒙版，隐藏路径外的背景图像。

步骤 05 设置"阴影/高光"调整图像

选中"01"智能对象图层，执行"图像 > 调整 > 阴影/高光"菜单命令，打开"阴影/高光"对话框，❶在对话框中输入阴影"数量"为100%，❷单击"确定"按钮，提亮阴影。

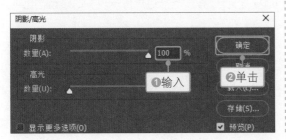

步骤 06 设置"减少杂色"滤镜去除噪点

执行"滤镜 > 杂色 > 减少杂色"菜单命令，打开"减少杂色"对话框，❶输入"强度"为10，❷"锐化细节"为80%，❸单击"确定"按钮，去除因提亮图像而产生的噪点。

步骤 07 设置"投影"样式

执行"图层 > 图层样式 > 投影"菜单命令，打开"图层样式"对话框，❶选择"混合模式"为"正常"，❷输入"不透明度"为85%，❸"角度"为112°，❹"距离"为12像素，❺"大小"为13像素，单击"确定"按钮，添加投影。

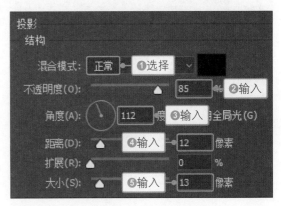

步骤 08 设置"曲线"提亮选区图像

❶按住 Ctrl 键不放，单击"01"智能对象图层缩览图，载入选区，新建"曲线 1"调整图层，❷在"属性"面板中向上拖动曲线，提亮图像。

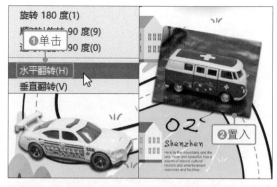

步骤 09 盖印图层并调整位置

①同时选中"01"智能对象图层和"曲线 1"调整图层，②按快捷键 Ctrl+Alt+E，盖印图层，得到"曲线 1（合并）"图层，③将图层中的汽车图像上移到所需位置。

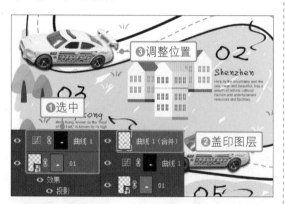

步骤 10 翻转图像

①执行"编辑 > 变换 > 水平翻转"菜单命令，水平翻转图像，②执行"文件 > 置入嵌入对象"菜单命令，置入"02.jpg"汽车图像，并将图像调整至所需大小。

步骤 11 编辑另一个汽车图像

使用与处理"01.jpg"相同的方法，抠出汽车图像并调整亮度，为其添加类似的投影效果，完成本案例的制作。

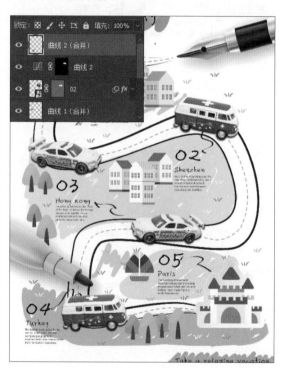

6.3.3 知识扩展

画笔可使路径的外观呈现不同的风格。在 Illustrator 中，可以将画笔描边应用于现有的路径，也可以在使用"画笔工具"绘制路径的同时应用画笔描边。

1. 画笔类型

Illustrator 的画笔库包含书法、散点、艺术、图案、毛刷等多种画笔类型。在编辑图稿时，可以应用"画笔"面板显示或隐藏画笔类型。

打开"画笔"面板，默认情况下只显示基本画笔，可以通过单击面板右上角的扩展按钮，在展开的面板菜单中查看并选择要显示的画笔类型，如下图所示。

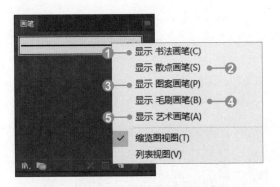

❶ **书法画笔**：书法画笔创建的描边类似于使用书法钢笔带拐角的尖绘制的描边及沿路径中心绘制的描边。下图所示为面板中显示的书法画笔及应用书法画笔绘制的路径效果。

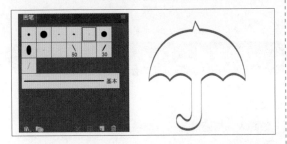

❷ **散点画笔**：散点画笔将一个对象的许多副本沿着路径分布。下图所示为面板中显示的散点画笔及应用散点画笔绘制的路径效果。

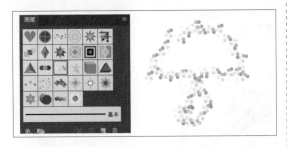

❸ **图案画笔**：图案画笔可以绘制一种图案，该图案由沿路径重复的各个拼贴组成。图案画笔最多可以包括5种拼贴，即图案的边线、内角、外角、起点、终点。下图所示为面板中显示的图案画笔及应用图案画笔绘制的路径效果。

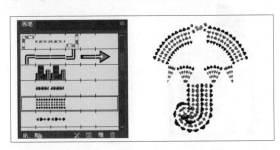

❹ **毛刷画笔**：毛刷画笔能创建具有自然画笔外观的画笔描边。下图所示为面板中显示的毛刷画笔及应用毛刷画笔绘制的路径效果。

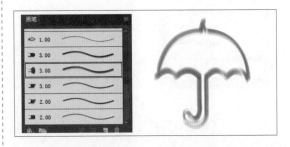

❺ **艺术画笔**：艺术画笔沿路径长度均匀拉伸画笔形状或对象形状。下图所示为面板中显示的艺术画笔及应用艺术画笔绘制的路径效果。

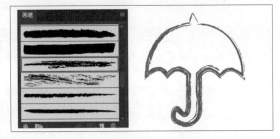

2. 应用画笔描边

如果需要在绘制路径时应用画笔描边，先在画笔库或"画笔"面板中选择一种画笔，然后选择"画笔工具"，在画板中单击并拖动，绘制路径，此时绘制的路径即应用所选的画笔描边，如下图所示。

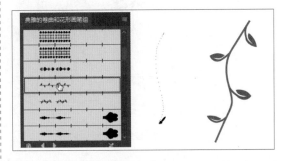

如果要将画笔描边应用于由任何绘图工具创建的路径，则需要选择路径，然后从画笔库、"画笔"面板或"控制"面板中选择一种画笔，或者直接将画笔拖到路径上。如果所选的路径已经应用了画笔描边，则新画笔将会取代旧画笔，如下图所示。

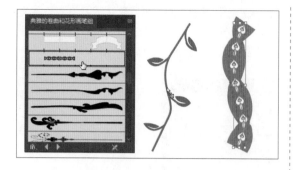

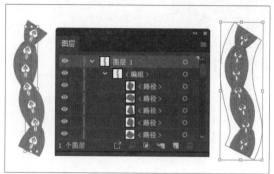

象 > 扩展外观"菜单命令，可将画笔描边转换为对象轮廓，并会将扩展路径中的对象置入一个组中，组内有一条路径和一个包含画笔描边轮廓的子组，如下图所示。

3．将画笔描边转换为轮廓

为图形应用画笔描边后，可以将该画笔描边转换为轮廓路径，以编辑用画笔绘制的路径上的各个部分。选择用画笔绘制的路径，执行"对

6.4　时尚人物插画设计——滤镜库

原始文件	随书资源 \ 案例文件 \06\ 素材 \03.jpg
最终文件	随书资源 \ 案例文件 \06\ 源文件 \ 时尚人物插画设计——滤镜库 .psd

6.4.1 | 案例分析

设计任务：设计一幅时尚人物插画。

设计关键点：由于本案例是要设计一幅时尚人物插画，所以需要以时尚元素作为作品的切入点，并且在表现插画中的人物对象时，还需要通过人物的姿态和服饰等来表现时尚这一主题。

设计思路：音乐是永远不会过时的话题，比如街头流行音乐艺术，在本案例的设计过程中，就将这一流行元素作为设计的切入点，以具象的街道作为背景，突出画面中间拿着吉他的少女；所选素材中人物的表情和着装都流露出现代的时尚气息。

配色推荐：珊瑚色＋肌色＋蓝绿色的配色方式。珊瑚色和肌色同属暖色系，能够将画面中少女甜美和聪慧的特质完美地衬托出来；点缀少量蓝绿色，增强了画面的颜色反差，使画面洋溢着活力，更具时尚感。

软件应用要点：主要利用 Illustrator 中的"画笔工具"模拟自然的艺术画笔绘制效果；在 Photoshop 中使用"钢笔工具"抠取人物图像，利用"选择并遮住"工作区处理选区边缘，使用"滤镜库"滤镜将人物图像转换为手绘效果。

6.4.2 | 操作流程

在本案例的制作过程中，先在 Illustrator 中为插画绘制背景，然后在 Photoshop 中将人物图像抠取出来并转换为手绘效果后，为其添加新绘制的背景。

1. 在Illustrator中绘制背景图形

制作插画背景时，主要使用"画笔工具"和画笔库中的画笔绘制图形，绘制时结合"透明度"面板调整画笔透明度，绘制出具有一定透明度的图形，增强画面的层次感，具体操作步骤如下。

步骤01 绘制并对齐矩形

运行 Illustrator，创建新文件，使用"矩形工具"绘制一个与画板同等大小的白色矩形，并去除矩形的描边颜色，❶在"对齐"面板中选择"对齐画板"选项，❷单击"水平左对齐"按钮，❸再单击"垂直顶对齐"按钮。

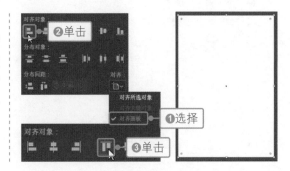

步骤 02 选择画笔

❶在"图层"面板中新建"图层 2"图层，打开"颜色"面板，❷输入描边颜色为 R207、G192、B188，执行"窗口 > 画笔库 > 艺术效果 > 艺术效果 - 水彩"菜单命令，打开"艺术效果 - 水彩"面板，❸单击选择"水彩描边 3"画笔。

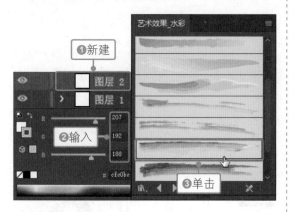

步骤 03 使用水彩画笔绘制

选择工具箱中的"画笔工具"，在画板中涂抹，应用设置对绘制的路径进行描边。

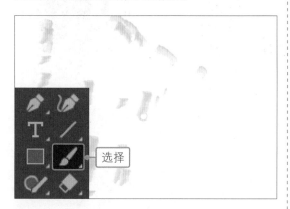

步骤 04 绘制不同颜色的图形

结合"颜色"面板更改描边颜色，使用"画笔工具"继续在画面中绘制更多图形。

步骤 05 使用毛刷画笔绘制

执行"窗口 > 画笔库 > 毛刷画笔 > 毛刷画笔库"菜单命令，打开"毛刷画笔库"面板，❶单击选择"蓬松形"画笔，❷在"颜色"面板中输入描边颜色为 R219、G113、B113，❸使用"画笔工具"绘制路径并对其应用画笔描边。

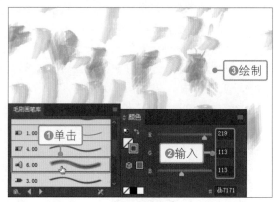

步骤 06 绘制图形并更改透明度

更改填充颜色，继续使用"画笔工具"绘制更多路径，并应用相同的毛刷画笔描边路径。应用"选择工具"选择部分路径，分别将其"不透明度"设置为 19% 和 53%，提高透明度，增强层次感。

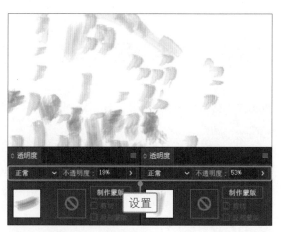

步骤 07 使用书法画笔绘制

执行"窗口 > 画笔库 > 艺术效果 > 艺术效果 - 书法"菜单命令，打开"艺术效果 - 书法"面板，❶单击"5 点椭圆"画笔，❷在"颜色"面板中输入描边颜色为 R31、G9、B10，❸新建"图层 3"图层，按键盘中的 [键，缩小画笔笔触，❹应用"画笔工具"在画板顶端位置绘制路径。

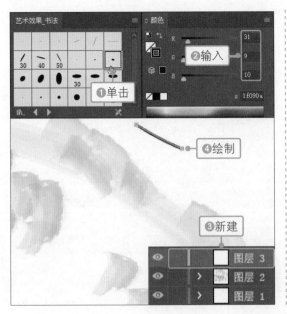

按键盘中的 [或] 键，调整画笔笔触大小，使用"画笔工具"绘制更多图形，完成后执行"文件 > 存储为"菜单命令，以 AI 格式存储文件。

2．在Photoshop中将人物图像转换为手绘效果

在 Illustrator 中制作好背景后，接下来在 Photoshop 中添加人物图像。结合"钢笔工具"和"选择并遮住"工作区抠出人物图像，对图像应用"滤镜库"中的滤镜，将图像转换为手绘效果，具体操作步骤如下。

步骤 01 使用"阴影 / 高光"命令调整图像

打开"03.jpg"素材图像，执行"图像 > 调整 > 阴影 / 高光"命令，打开"阴影 / 高光"对话框，❶在对话框中输入阴影"数量"为 60%，❷单击"确定"按钮，提亮图像阴影部分。

步骤 02 转换路径与选区

❶选择"钢笔工具"，沿着图像中的人物边缘绘制工作路径，❷按快捷键 Ctrl+Enter，将路径转换为选区，❸单击"矩形选框工具"按钮，❹单击选项栏中的"选择并遮住"按钮，进入"选择并遮住"工作区。

步骤 03 运用"调整边缘画笔工具"绘制

❶单击工具栏中的"调整边缘画笔工具"按钮，❷按键盘中的 [或] 键，将画笔调整至合适的大小，在头发边缘的位置涂抹，调整选区区域，去除多余的背景图像。

步骤 04 根据设置创建新图层

❶在右侧的"全局调整"选项组中输入"对比度"为40%，❷在"输出到"下拉列表框中选择"新建图层"选项，单击"确定"按钮，❸创建"背景拷贝"图层。

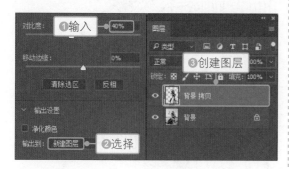

步骤 05 复制图层

❶按快捷键Ctrl+J，复制出多个图层，隐藏除"背景拷贝2"图层外的其他图层，❷选中"背景拷贝2"图层。

步骤 06 设置"阴影线"滤镜

执行"滤镜>滤镜库"菜单命令，打开"滤镜库"对话框，❶单击"画笔描边"滤镜组下的"阴影线"滤镜，❷输入"描边长度"为12、"锐化程度"为8、"强度"为1，❸单击"确定"按钮。

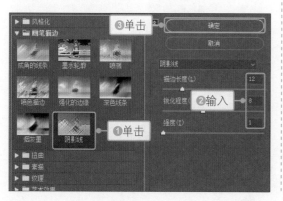

步骤 07 显示并选中图层

❶单击"背景拷贝3"图层前的"指示图层可见性"图标，显示"背景拷贝3"图层，❷单击选中该图层。

步骤 08 设置"深色线条"滤镜

执行"滤镜>滤镜库"菜单命令，打开"滤镜库"对话框，❶单击"画笔描边"滤镜组下的"深色线条"滤镜，❷输入"平衡"为7、"黑色强度"为2、"白色强度"为9，❸单击"确定"按钮。

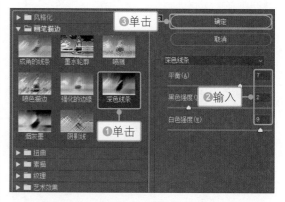

步骤 09 更改图层混合模式

❶设置"背景拷贝3"图层混合模式为"滤色"，❷显示并选中"背景拷贝4"图层，❸设置图层混合模式为"变亮"。

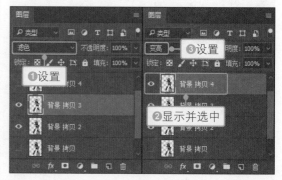

步骤 10 设置"强化的边缘"滤镜

①显示并选中"背景拷贝5"图层,执行"滤镜 > 滤镜库"菜单命令,打开"滤镜库"对话框,②单击"画笔描边"滤镜组下的"强化的边缘"滤镜,③输入"边缘宽度"为1、"边缘亮度"为5、"平滑度"为8,④单击"确定"按钮。

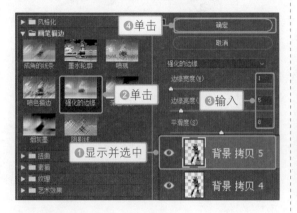

技巧提示 转换为智能滤镜

在编辑图像时,如果需要对滤镜进行调整、重新排序或删除,可对图像应用智能滤镜。执行"滤镜 > 转换为智能滤镜"菜单命令,将图层转换为智能对象图层,然后从"滤镜"菜单中选择滤镜,即可对图层中的图像应用智能滤镜。对于应用的智能滤镜,可双击图层下方的滤镜名称,打开相应的滤镜对话框修改参数。

步骤 11 合并多个图层

①设置"背景拷贝5"图层混合模式为"强光",②同时选中"背景拷贝2""背景拷贝3""背景拷贝4""背景拷贝5"图层,③按快捷键Ctrl+E,合并所选图层。

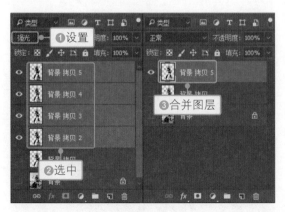

步骤 12 设置"阴影线"滤镜

①按快捷键Ctrl+J,复制图层,得到"背景拷贝6"图层,执行"滤镜 > 滤镜库"菜单命令,打开"滤镜库"对话框,②单击"画笔描边"滤镜组下的"阴影线"滤镜,③输入"描边长度"为11、"锐化程度"为5,其他参数不变,④单击"确定"按钮。

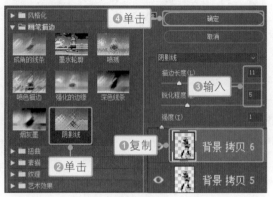

步骤 13 显示并调整图层顺序

①设置"背景拷贝6"图层混合模式为"滤色",②选中"背景拷贝"图层,③执行"图层 > 排列 > 置为顶层"菜单命令,将"背景拷贝"图层移到最上层,并显示该图层。

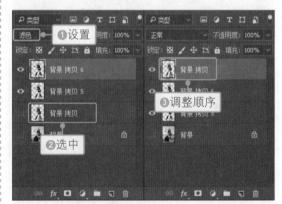

步骤 14 设置"影印"滤镜

①在工具箱中设置前景色为黑色、背景色为白色,执行"滤镜 > 滤镜库"菜单命令,打开"滤镜库"对话框,②单击"素描"滤镜组下的"影印"滤镜,③输入"细节"为1、"暗度"为6,④单击"确定"按钮。

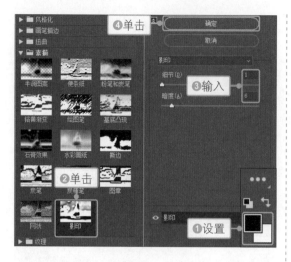

步骤 15 设置"表面模糊"滤镜

①设置"背景拷贝"图层混合模式为"线性加深"，②按快捷键 Ctrl+Shift+Alt+E，盖印图层，得到"背景拷贝（合并）"图层，执行"滤镜 > 模糊 > 表面模糊"菜单命令，打开"表面模糊"对话框，③输入"半径"为 7、"阈值"为 20，④单击"确定"按钮。

步骤 16 置入背景图像

查看"表面模糊"滤镜模糊图像的效果。执行"文件 > 置入链接的智能对象"菜单命令，将应用 Illustrator 绘制的背景置入到人物图像后方。

步骤 17 新建"色相 / 饱和度"调整图层

载入人物选区，①单击"调整"面板中的"色相 / 饱和度"按钮，创建"色相 / 饱和度 1"调整图层，打开"属性"面板，②输入"饱和度"为 -36。

步骤 18 设置颜色

①选择"红色"选项，②输入"饱和度"为 -29，③选择"蓝色"选项，④输入"色相"为 -85、"饱和度"为 -73，应用设置调整图像颜色。

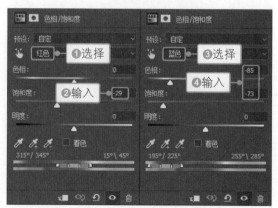

步骤 19 输入文字

使用"横排文字工具"在图像左下角输入文字，打开"字符"面板，❶在面板中选择合适的字体，❷输入文字大小为60点，❸输入"垂直缩放"为135%，❹单击"下画线"按钮，添加下画线，❺将文字颜色设置为R31、G9、B10。至此，已完成本案例的制作。

6.4.3 知识扩展

在 Photoshop 中，可以使用"滤镜库"中的滤镜对图像进行艺术化处理。"滤镜库"对话框提供了许多效果滤镜的预览，在编辑图像时可以在"滤镜库"对话框中同时应用多个滤镜、打开或关闭滤镜的效果、复位滤镜的选项及更改应用滤镜的顺序等。

1. "滤镜库"对话框

由于"滤镜库"灵活且易于使用，因此它通常是应用滤镜的最佳选择。执行"滤镜 > 滤镜库"菜单命令，即可打开"滤镜库"对话框，如下图所示。在对话框中可以编辑并查看对图像应用滤镜后的效果。"滤镜库"对话框的各个区域的功能介绍如下。

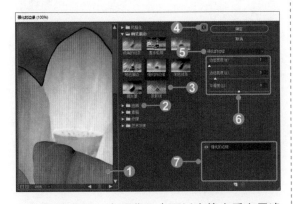

❶ 预览区：在预览区中可以直接查看应用滤镜后的图像效果，预览区下方还可以看到图像的显示比例，用户可以根据需要将预览区中的图像调整成任意比例。

❷ 滤镜类别：单击左侧的三角形按钮，可以展开不同类别的滤镜组，若再次单击该按钮，则可以折叠滤镜组。

❸ 滤镜缩览图：用于显示滤镜效果的缩览图。单击某个缩览图即选中该滤镜。

❹ 显示 / 隐藏滤镜缩览图：单击此按钮可以显示或隐藏滤镜类别及滤镜缩览图。

❺ "滤镜"下拉列表框：在此下拉列表框中可以选择滤镜库中的任意滤镜。

❻ 所选滤镜的选项：在"滤镜库"中选择不同的滤镜时，此区域中会显示不同的滤镜选项。可以通过拖动滑块或输入数值指定相应的参数值来控制滤镜效果。下图所示分别为单击"深色线条"和"喷色描边"滤镜缩览图时所显示的滤镜选项。

❼ 滤镜编辑区：在该区中可以查看已对当前图像应用的滤镜的列表，通过编辑，可以打开或关闭滤镜，还可以添加和删除滤镜。

2. 滤镜库中的滤镜

滤镜库中集成了多种滤镜，并将这些滤镜划分到"风格化""画笔描边""扭曲""素描""纹理""艺术效果"6个滤镜组中，如下图所示。通过单击滤镜组前的三角形按钮，可以在展开的滤镜组中选择并应用滤镜。

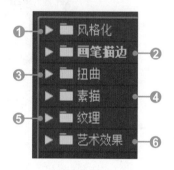

❶ 风格化："风格化"滤镜组包含一个"照亮边缘"滤镜，此滤镜标识颜色的边缘并向其中添加像霓虹灯一样的发光效果，如下图所示。用户可以设置边缘宽度、边缘亮度及平滑度。

❷ 画笔描边："画笔描边"滤镜组包含"成角的线条""墨水轮廓""喷溅""喷色描边""强化的边缘""深色线条""烟灰墨""阴影线"8个滤镜，这些滤镜使用不同的画笔和油墨描边效果创造出绘画效果的外观。

❸ 扭曲："扭曲"滤镜组包含"玻璃""海洋波纹""扩散亮光"3个滤镜，如下图所示，主要用于图像的扭曲变形处理。"玻璃"滤镜通过扭曲图像，使图像看上去像是透过不同类型的玻璃来观看的；"海洋波纹"滤镜将随机分隔的波纹添加到图像表面，使图像看上去像是在水中；"扩散亮光"滤镜将图像渲染成像是透过一个柔和的扩散滤镜来观看的。

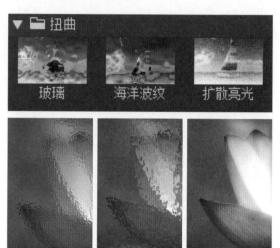

❹ 素描："素描"滤镜组包含"半调图案""便条纸""粉笔和炭笔"等14个滤镜，这些滤镜可简化图像中的色彩，并将纹理添加到图像上，创建素描或速写绘画效果。

❺ 纹理："纹理"滤镜组包含"龟裂缝""颗粒""马赛克拼贴""拼缀图""染色玻璃""纹理化"6个滤镜，使用这些滤镜可以模拟多种纹理或材质效果。

❻ 艺术效果："艺术效果"滤镜组包含"壁画""彩色铅笔""粗糙蜡笔"等15个滤镜，这些滤镜可模拟在传统介质上绘画的效果，可帮助美术或商业项目制作绘画效果或艺术效果。

技巧提示 添加/删除滤镜

在"滤镜库"对话框中单击"新建效果图层"按钮，可以为图像添加多种滤镜效果；选择滤镜编辑区中的滤镜，单击"删除效果图层"按钮，则可以删除所选的滤镜效果。

6.5 课后练习

插画是世界通用的图画语言，由于插画具有多种风格，因此在设计插画作品时，首先需要根据要表现的内容确定作品的设计风格，然后根据不同的侧重点进行绘制。下面通过习题巩固本章所学。

习题1：潮流广告插画设计

原始文件	随书资源 \ 课后练习 \06\ 素材 \01.jpg、02.jpg
最终文件	随书资源 \ 课后练习 \06\ 源文件 \ 潮流广告插画设计 .ai

广告插画以特定的商品作为宣传对象进行创作设计。本习题是为某品牌墨镜设计广告插画，画面中以佩戴该品牌墨镜的模特为主要表现对象，采用花朵、蝴蝶等矢量图形作为修饰，搭配出一幅时尚且个性化的插画作品。

● 在 Photoshop 中应用滤镜编辑图像，将人物图像转换为手绘素描画效果；

● 用"钢笔工具"抠取墨镜图像，创建"黑白"调整图层，去除图像颜色；

● 将处理好的人物图像置入到 Illustrator 中，使用"钢笔工具"绘制出所需的装饰图形；

● 添加墨镜图像，并使用"文字工具"输入所需文字，完善插画效果。

习题2：可爱的儿童插画设计

原始文件	随书资源 \ 课后练习 \06\ 素材 \03.jpg ～ 05.jpg
最终文件	随书资源 \ 课后练习 \06\ 源文件 \ 可爱的儿童插画设计 .psd

儿童插画充满奇想和创意，每个人都可尽情发挥自己的想象进行创作。本习题要设计一幅儿童插画作品，为了表现出儿童的天真和稚嫩，使用布艺元素，并通过大量不同内容的布块图形填充设计元素，营造出一种返璞归真、自然真实的氛围。

● 在 Illustrator 中使用"椭圆工具"绘制圆形，利用"变换"效果变换图形，填满背景区域；

● 使用"文字工具"在画面中输入文字，将文字转换为图形后，应用 Vonster 图案样式填充文字图形；

● 在 Photoshop 中打开文字图形并添加人物图像，使用图层蒙版拼合图像；

● 创建调整图层，调整图像颜色。

第7章
包装设计

包装设计是品牌理念、产品特性、消费心理的综合反映，它直接影响消费者的购买欲。产品包装设计需要考虑的因素有很多，包括产品类型与特点、包装材料的选择、包装外形的设计等，只有策略定位准确且符合消费者心理的产品包装设计，才能帮助产品在竞争中脱颖而出。

本章将介绍两种材质的产品包装设计案例——以金属为材质的化妆品包装设计、以纸为材质的食品包装设计。这两个案例分别以不同的设计思路和表现形式来塑造产品形象，以满足人们对产品的视觉需求和使用需求。

7.1 包装设计的要点

产品包装设计指选用合适的包装材料，针对产品本身的特性及受众的喜好，运用巧妙的工艺制作手段，为产品进行的容器结构造型和包装美化装饰设计。包装设计涵盖产品容器设计、产品内外包装设计、吊牌和标签设计、运输包装设计、礼品包装设计及拎袋设计等。优秀的包装设计，不仅在卖场会吸引顾客的注意，还会进一步提升产品形象。产品包装设计需要注意以下三个要点。

1. 包装标签

包装标签是指附着或系挂在产品包装上的文字、图形、雕刻及印制的说明。标签可以是附着在产品上的简易签条，也可以是精心设计的作为包装的一部分的图案。标签上可能仅标有产品名，也可能载有许多信息，能用来识别和检验内装产品，同时也可以起到促销作用。产品标签上的信息通常包括制造者或销售者的名称和地址、产品名称、质检号、生产日期和有效期等。

2. 包装标志

包装标志是指在运输包装的外层印制的图形、文字和数字及它们的组合。包装标志主要有运输标志、指示性标志、警告性标志三种。运输标志又称为唛头（mark），是指印制在产品外包装上的几何图形、特定字母、数字和简短的文字等，以反映收货人和发货人、目的地或中转地、件号、批号、产地等内容。指示性标志是根据产品的特性，对一些容易破碎、残损、变质的产品，用醒目的图形和简单的文字做出的标示，常见的有"此端向上""易碎""小心轻放"等。警告性标志是指在易燃品、易爆品和腐蚀性物品等危险品的运输包装上印制的以示警告的特殊文字，常见的有"爆炸品""易燃品""有毒品"等。

3. 构思

构思是设计的灵魂。在设计创作中很难制定固定的构思方法和构思程序之类的公式。设计的构思核心在于考虑"表现什么"和"如何表现"两个问题。要解决这两个问题，就要从表现重点、表现角度、表现手法和表现形式四个方向入手。如同作战一样，重点是攻击目标，角度是突破口，手法是战术，形式则是武器，其中任何一个环节处理不好都会前功尽弃。

7.2 产品包装设计三大构成要素

包装是产品品牌最直接也最有效的广告载体，是品牌与消费者面对面交流的桥梁。针对不同的消费群体，需要用不同的设计手段来创造视觉效果，达到吸引消费者的目的。产品包装设计主要由外形、构图和材料三个要素构成。

1. 外形要素

外形要素就是商品包装展示面的外形，包括包装展示面的大小、尺寸和形状。它是以一定的方法、法则构成的千变万化的形态。包装的形态主要有圆柱体类、长方体类、圆锥体类等。

在考虑包装设计的外形要素时，设计者必须熟悉外形要素本身的特性，将它作为表现形式美的素材去认识，并按照包装设计的形式美法则，结合产品自身的特点，将各种元素按照一定的方式结合起来，以获得完美统一的设计形象。

2. 构图要素

构图要素是指构成包装整体效果的要素，主要包含商品包装展示面中的商标、图形、色彩和文字四个方面，如下图所示。只有将这四个要素通过适当且美观的方式组合在一起，才能获得比较优秀的包装设计作品。

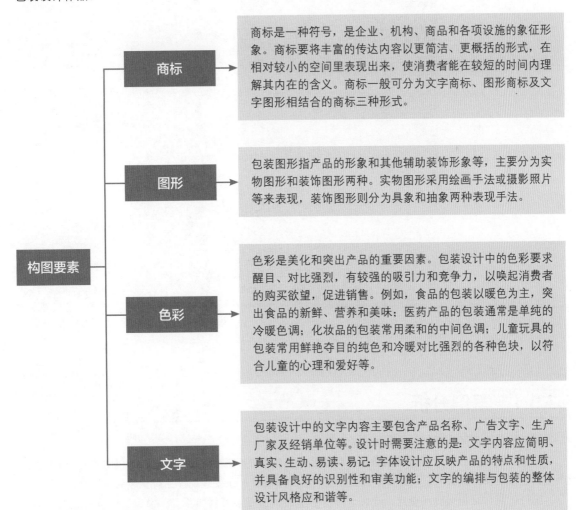

商标是一种符号，是企业、机构、商品和各项设施的象征形象。商标要将丰富的传达内容以更简洁、更概括的形式，在相对较小的空间里表现出来，使消费者能在较短的时间内理解其内在的含义。商标一般可分为文字商标、图形商标及文字图形相结合的商标三种形式。

包装图形指产品的形象和其他辅助装饰形象等，主要分为实物图形和装饰图形两种。实物图形采用绘画手法或摄影照片等来表现，装饰图形则分为具象和抽象两种表现手法。

色彩是美化和突出产品的重要因素。包装设计中的色彩要求醒目、对比强烈，有较强的吸引力和竞争力，以唤起消费者的购买欲望，促进销售。例如，食品的包装以暖色为主，突出食品的新鲜、营养和美味；医药产品的包装通常是单纯的冷暖色调；化妆品的包装常用柔和的中间色调；儿童玩具的包装常用鲜艳夺目的纯色和冷暖对比强烈的各种色块，以符合儿童的心理和爱好等。

包装设计中的文字内容主要包含产品名称、广告文字、生产厂家及经销单位等。设计时需要注意的是：文字内容应简明、真实、生动、易读、易记；字体设计应反映产品的特点和性质，并具备良好的识别性和审美功能；文字的编排与包装的整体设计风格应和谐等。

3．材料要素

材料要素是指包装所使用的材料，这些材料表面的纹理和质感是影响包装视觉效果的重要因素。利用不同材料的表面变化或表面形状可以达到理想的包装效果。比较常用的包装材料有纸、塑料、玻璃、金属等，选择不同的包装材料能够体现不同的质感。包装材料的选择除了要考虑产品功能与实用性，还要考虑经济成本、生产加工方式及包装废弃物的回收处理等多方面的问题。

7.3 时尚化妆品包装设计——渐变网格

原始文件	无
最终文件	随书资源 \ 案例文件 \07\ 源文件 \ 时尚化妆品包装设计——渐变网格 .psd

7.3.1 案例分析

设计任务：为某品牌化妆品设计瓶身造型。

设计关键点：作为一种时尚消费品，化妆品需要优质的包装材料来提升身价，所以首先就要考虑产品的包装材料；其次，包装图案不但要体现一定的审美性，还要表现该品牌化妆品的特性。

设计思路：根据设计关键点，在创作瓶身造型时，选择金属材料作为包装设计的创作材料，通过金属材质透射出的光泽感给人以一种心理暗示——用了这种化妆品后就能光彩照人。另外，在瓶身上添加花纹图案，如此既能体现该品牌产品纯植物提取的特性，又能起到很好的装饰作用。

　　配色推荐：瓷绿色＋浅天色的配色方式。浅天色色调清澈明丽，具有蓝色的知性特质，能展现出无限魅力，使人更容易将它与化妆品品牌联系起来；再用瓷绿色中和色彩，色调和谐统一，通过明度的变化，给人以清澈、舒爽的感觉。

　　软件应用要点：主要利用 Illustrator 中的"钢笔工具"绘制出不同的化妆品瓶身造型，用"网格工具"创建渐变网格；在 Photoshop 中使用"自定形状工具"在瓶身上绘制图形，添加装饰效果。

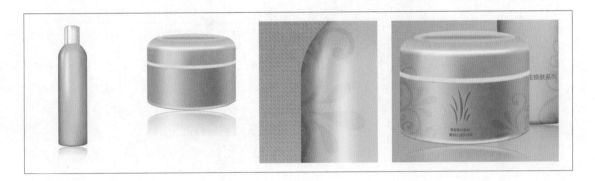

7.3.2 ｜ 操作流程

　　在本案例的制作过程中，先在 Illustrator 中使用渐变网格创建逼真的化妆品瓶子效果，然后在 Photoshop 中为瓶子添加适当的修饰图形和文字，完善整体效果。

1. 在Illustrator中绘制瓶子

　　在 Illustrator 中对化妆品瓶子进行造型设计时，主要使用"钢笔工具"绘制出瓶子的外形轮廓，结合"网格工具"和"直接选择工具"对瓶子进行上色，赋予瓶子光泽质感，具体操作步骤如下。

步骤01 使用"钢笔工具"绘制图形

　　启动Illustrator，新建文件，❶选择"钢笔工具"，❷在"颜色"面板中设置填充颜色为R154、G199、B200，❸单击工具箱中的"无"按钮，去除描边颜色，❹使用"钢笔工具"绘制图形。

步骤02 设置渐变网格选项

　　执行"对象＞创建渐变网格"菜单命令，❶在打开的对话框中输入"行数"为4、"列数"为13，❷选择"外观"为"平淡色"，❸单击"确定"按钮。

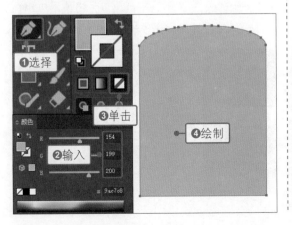

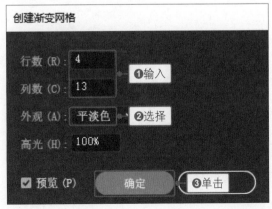

步骤 03 更改网格布局

此时创建了一个4行13列的渐变网格，用"直接选择工具"调整网格点和曲线，更改网格布局。

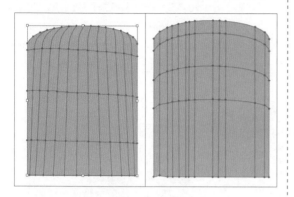

步骤 04 更改网格点的颜色

选择"直接选择工具"，按住 Shift 键不放，❶依次单击选中一列网格点，双击工具箱中的"填色"按钮，❷在打开的对话框中输入颜色值为R253、G254、B254，更改选中的网格点的颜色。

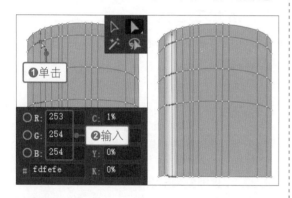

步骤 05 继续更改网格点的颜色

❶使用"直接选择工具"依次单击选中另外几个网格点，❷在"颜色"面板中输入填充颜色为R211、G228、B224，更改选中的网格点的颜色。

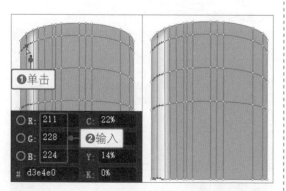

步骤 06 查看瓶盖图形效果

继续使用相同的方法，编辑其他网格点的颜色，编辑完成后退出选中状态，查看设置后的瓶盖图形效果。

步骤 07 绘制瓶身图形

❶选择"钢笔工具"，❷在"颜色"面板中输入填充颜色为 R124、G170、B170，❸应用"钢笔工具"在瓶盖图形下方绘制瓶身图形。

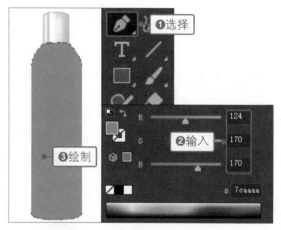

步骤 08 创建渐变网格

❶选择工具箱中的"网格工具"，将鼠标指针移到瓶身图形下方合适的位置，❷单击鼠标创建渐变网格，并显示相应的网格点。

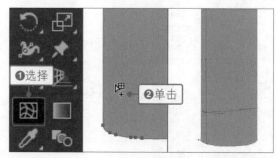

步骤 09 调整网格

　　继续使用"网格工具"在瓶身图形中单击，添加更多的网格线和网格点，然后选择"直接选择工具"，调整网格线和网格点。

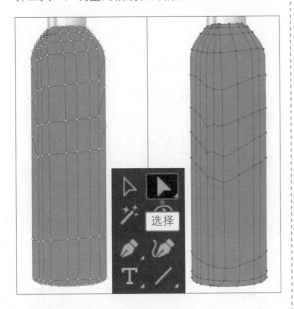

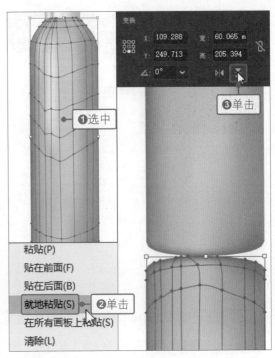

步骤 10 更改所选网格点的颜色

　　❶应用"直接选择工具"单击选中一个网格点，打开"拾色器"对话框，❷设置填充颜色为R228、G237、B235，更改所选网格点的颜色。

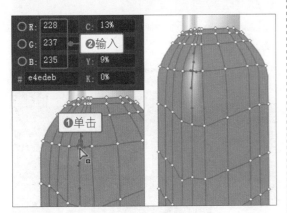

步骤 11 复制并翻转瓶身图形

　　使用相同方法编辑瓶身图形中的其他网格点的颜色，❶使用"选择工具"选中编辑后的瓶身图形，按快捷键Ctrl+C，❷执行"编辑 > 就地粘贴"菜单命令，就地粘贴图形，❸单击"属性"面板中"变换"选项组下的"垂直轴翻转"按钮，翻转粘贴的瓶身图形。

步骤 12 绘制矩形并填充渐变颜色

　　❶选择工具箱中的"矩形工具"，绘制一个矩形，❷单击工具箱中的"渐变"按钮，打开"渐变"面板，❸设置白色到黑色的渐变颜色，❹输入角度为 -90°，为矩形填充渐变颜色。

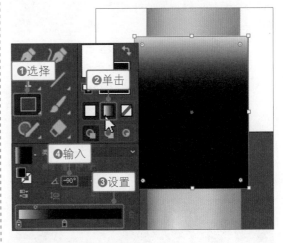

步骤 13 创建不透明蒙版

　　❶应用"选择工具"同时选中矩形和下方复制的瓶身图形，❷单击"透明度"面板右上角的扩展按钮，❸在展开的面板菜单中执行"建立不透明蒙版"菜单命令，创建不透明蒙版，制作出渐隐的图形效果。

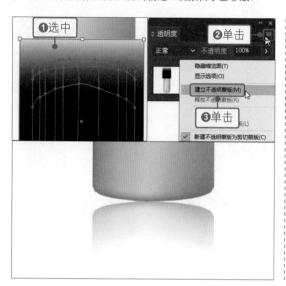

步骤 14 绘制更多图形并存储文件

使用相同的方法，绘制另一个化妆品瓶子，创建渐变网格，为图形填充渐变颜色，并制作出倒影效果。执行"文件 > 存储"菜单命令，存储文件。

2. 在Photoshop中添加图形与文字

在 Illustrator 中制作好化妆品瓶子效果后，接下来在 Photoshop 中添加起修饰作用的图形和文字。使用"自定形状工具"在瓶身上绘制装饰图形，并创建剪贴蒙版，隐藏超出瓶身部分的装饰图形，再使用"横排文字工具"添加相应的文字，具体操作步骤如下。

步骤 01 为背景填充渐变颜色

启动 Photoshop 程序，执行"文件 > 新建"菜单命令，新建文件，①设置前景色为 R209、G215、B216，②背景色为 R105、G157、B174，③选择工具箱中的"渐变工具"，④在选项栏中选择"前景色到背景色渐变"，⑤单击"径向渐变"按钮，⑥从图像右下角向左上角拖动创建渐变，为背景填充渐变颜色。

步骤 02 设置"图案叠加"样式

双击图层缩览图，打开"图层样式"对话框，①单击"图案叠加"样式，②选择"右对角虚线（8*8 像素，RGB）模式"图案，③选择混合模式为"叠加"，④输入"不透明度"为 15%，⑤输入"缩放"为 265%。

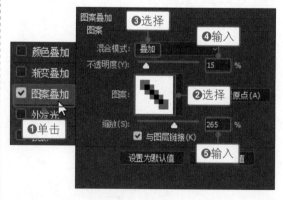

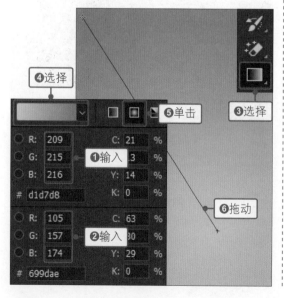

步骤 03 置入瓶子图形

执行"文件 > 置入嵌入对象"菜单命令，选择要置入的文件后，①在弹出的"打开为智能对象"对话框中单击画板 1，②单击"确定"按钮，将画板中的化妆品瓶子图形置入到背景中。

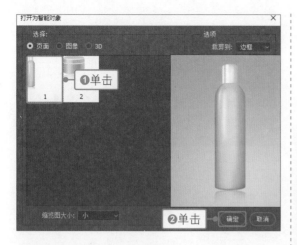

步骤04 继续置入瓶子图形

执行"文件 > 置入嵌入对象"菜单命令，选择要置入的文件后，❶在弹出的"打开为智能对象"对话框中单击画板2，❷单击"确定"按钮，将画板中的化妆品瓶子图形置入到背景中。

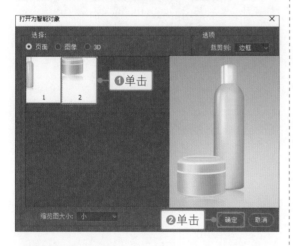

步骤05 创建图层组

创建"产品1"和"产品2"图层组，分别将置入的化妆品图形拖动到对应的图层组中，双击"产品1"图层组中的图层。

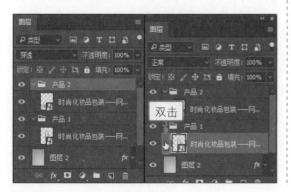

步骤06 设置"内阴影"样式

在打开的"图层样式"对话框中选择"内阴影"图层样式，❶选择"混合模式"为"柔光"，❷输入"距离"为13像素，❸"大小"为250像素，其他参数不变，单击"确定"按钮，应用样式。

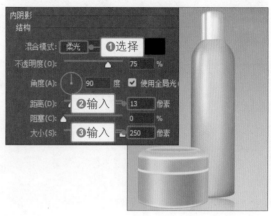

步骤07 绘制自定形状

❶设置前景色为R76、G105、B116，❷选择"自定形状工具"，❸在选项栏的"自定形状"拾色器中选择"装饰5"形状，❹在图像中单击并拖动，绘制装饰图形。

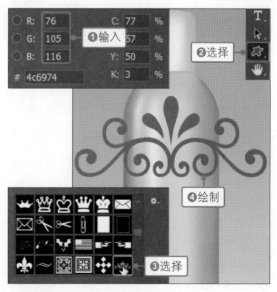

步骤08 旋转图形并更改混合模式

❶选中"形状1"图层，❷按快捷键Ctrl+T，打开自由变换编辑框，将鼠标指针移到编辑框右下角外侧，单击并拖动，旋转图形，❸在"图层"面板中选择混合模式为"柔光"，混合图像。

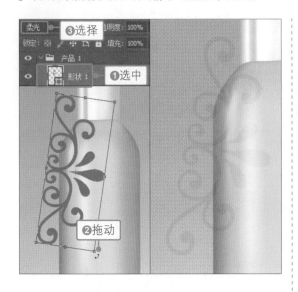

步骤 09 复制图层并调整位置

　　选中"形状 1"图层，❶执行"图层 > 创建剪贴蒙版"菜单命令，创建剪贴蒙版，❷按快捷键Ctrl+J，复制图层，得到"形状 1 拷贝"图层，将装饰图形移到瓶子右下角，并为其创建剪贴蒙版。

步骤 10 绘制自定形状

　　❶设置前景色为 R104、G179、B184，❷选择"自定形状工具"，❸在选项栏的"自定形状"拾色器中选择"草 2"形状，❹在图像中单击并拖动，绘制图形。

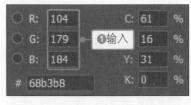

步骤 11 设置图层混合模式

　　❶选中"形状 2"图层，❷选择图层混合模式为"正片叠底"，❸输入"不透明度"为85%，混合图像。

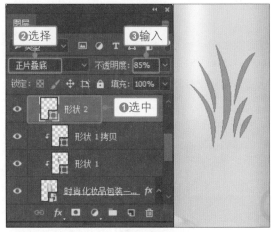

步骤 12 设置"外发光"样式

　　❶双击"形状 2"图层，打开"图层样式"对话框，选择"外发光"样式，❷选择混合模式为"柔光"，❸输入"扩展"为 5%、"大小"为 79 像素，单击"确定"按钮，添加外发光效果。

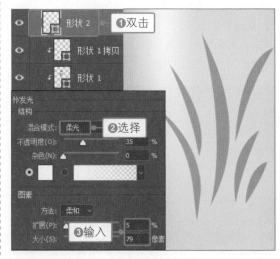

步骤 13 添加变形文字

使用"横排文字工具"在瓶身上输入所需文字，❶单击选项栏中的"创建文字变形"按钮，打开"变形文字"对话框，❷在对话框中选择"扇形"样式，❸输入"弯曲"值为 -5%，单击"确定"按钮，对文字应用变形效果。

步骤 14 复制图层组调整图像

❶选择"产品 1"图层组，按快捷键 Ctrl+J，复制图层组，创建"产品 1 拷贝"图层组，❷将该图层组移到"产品 1"图层组下方，应用自由变换工具调整图层组中的瓶子图像大小。

步骤 15 选中并复制图层

展开"产品 1"图层组，❶同时选中"形状 1""形状 1 拷贝""形状 2""青春美的奥秘！碧丽去皱美容霜"图层，❷按快捷键 Ctrl+J，复制图层。

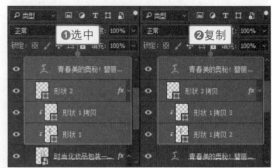

步骤 16 调整复制的图层

同时选中"形状 1 拷贝 2""形状 1 拷贝 3""形状 2 拷贝""青春美的奥秘！碧丽去皱美容霜 拷贝"图层，将这几个图层复制到"产品 2"图层组中，并调整至合适的大小，为另一个产品也添加相同的装饰图形和文字，完成本案例的制作。

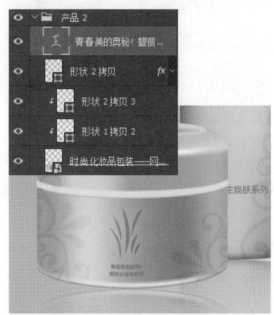

7.3.3 知识扩展

在 Illustrator 中绘制图形时，为了让图形呈现出更加逼真的立体效果，可以通过创建渐变网格的方式让图形中的颜色实现自然的过渡。在 Illustrator 中，使用"网格工具"和"创建渐变网格"命令都可以创建渐变网格。

1. 用"网格工具"创建渐变网格

使用"网格工具"可以快速创建不规则的网格点。选择路径后，使用"网格工具"在路径上单击，即可在鼠标单击处添加一个带网格线的网格点，更改网格点的填充颜色，就能制作出带网格渐变效果的图形，如下图所示。

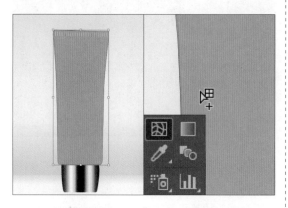

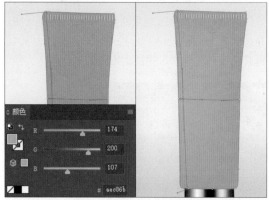

使用"网格工具"在路径上连续单击，可以添加更多的网格点。对于创建的网格点，可以使用"直接选择工具"选择网格点，调整其位置和旁边的网格线，还可以结合"拾色器"或"颜色"面板，为网格点指定填充颜色，如下图所示。

在路径上添加网格点后，如果不再需要某个网格点，则可以使用"网格工具"选中网格点，然后按 Delete 键删除该网格点，删除网格点时与之对应的网格线也会随之被删除，但是不会影响原路径形状，如下图所示。

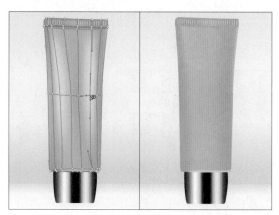

2. 用菜单命令创建渐变网格

除了使用"网格工具"，还可以使用"创建渐变网格"命令创建渐变网格。利用"创建渐变网格"命令可以创建三种不同外观的渐变网格。执行"对象 > 创建渐变网格"菜单命令，打开"创建渐变网格"对话框，在对话框中可以设置要创建的渐变网格的行数、列数、高光的显示比等，如下图所示。

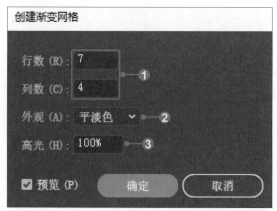

❶ 行数、列数：用于指定创建的渐变网格的行和列的数量，输入的参数值越大，得到的网格数量就越多。

❷ 外观：用于设置网格的外观样式，包含"平淡色""至中心""至边缘"三个选项。选择"平淡色"选项时，将在对象表面上均匀应用对象的

原始颜色，所以没有高光；选择"至中心"选项时，将在对象中心创建高光；选择"至边缘"选项时，将在对象边缘创建高光。分别选择不同外观时得到的网格效果如右图所示。

❸ 高光：用于设置网格中高光部分显示的百分比，数据越大，高光越明显。

7.4 色彩绚丽的水果包装设计——组织和管理图形

原始文件	随书资源 \ 案例文件 \07\ 素材 \01.ai、02.jpg
最终文件	随书资源 \ 案例文件 \07\ 源文件 \ 色彩绚丽的水果包装设计——组织和管理图形 .psd

7.4.1 案例分析

设计任务：本案例是水果包装礼盒设计。

设计关键点：首先，需要在设计中应用能引起消费者联想的图形或图像，使消费者能清楚地了解包装盒里是什么物品、物品有什么特点等；其次，水果属于食品，在设计时应该将产品品质和食品安全等消费者关心的信息体现在包装盒上。

　　设计思路：根据设计关键点，首先考虑在包装盒上使用具象的水果图像进行表现，通过简洁、直观的图像使得消费者易于辨认盒子里的产品；其次通过组合多种水果图案，形成紧凑的画面效果，以体现礼盒中果品的多样性；最后在产品的包装盒上以详细的文字介绍水果不使用农药、增大剂的特点，并且添加条码和质检商标，以获得消费者的信任。

　　配色推荐：深绯色＋鲜黄色＋春绿色的配色方式。深绯色是一种低调、理性的颜色；而鲜黄色则与之相反，个性强烈、华丽耀眼，具有较强的视觉冲击力，与深绯色搭配，使画面充满轻松的气息；此外，利用一点春绿色协调画面，能够体现产品自然、新鲜的特性。

　　软件应用要点：主要利用 Illustrator 中的"钢笔工具"绘制不同形状的水果、利用"编组"命令对图形进行编组；在 Photoshop 中主要使用"矩形选框工具"抠取图像、使用"斜切"命令调整透视效果，增强立体感。

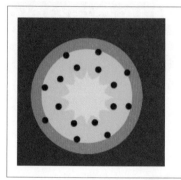  

7.4.2 | 操作流程

　　在本案例的制作过程中，先在 Illustrator 中绘制包装盒展开的平面效果图，然后在 Photoshop 中选取平面图中的部分图像，对其进行变形处理，制作出立体的产品包装盒。

1. 在Illustrator中绘制标志图形

　　进行产品包装设计时，大多需要先绘制包装的平面展开图，下面主要运用"圆角矩形工具"和"钢笔工具"绘制包装盒的平面图，再通过"编组"和复制对象完成平面图中的装饰元素的添加，具体操作步骤如下。

步骤 01 绘制圆角矩形

　　启动 Illustrator 程序，新建一个空白文件，❶选择工具箱中的"圆角矩形工具"，在画板中单击，打开"圆角矩形"对话框，❷在对话框中输入"圆角半径"为 3.5 mm，❸单击"确定"按钮。

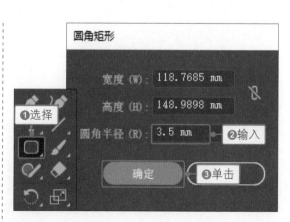

步骤02 设置填充颜色

创建圆角矩形，❶在工具箱中单击"填色"按钮，在打开的"拾色器"对话框中输入填充颜色为R144、G10、B9，填充图形，❷单击"描边"按钮，启用描边选项，❸单击下方的"无"按钮，去除描边颜色。

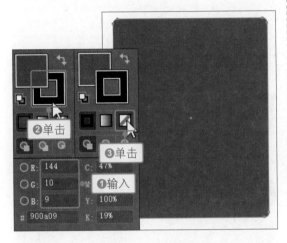

步骤03 运用"钢笔工具"绘制图形

应用"直接选择工具"选中圆角矩形，结合路径编辑工具，在路径中添加并编辑锚点，更改图形的外形轮廓，❶选择"钢笔工具"，❷设置填充颜色为R254、G192、B34，❸使用"钢笔工具"绘制图形。

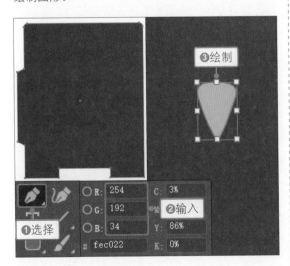

步骤04 复制并旋转图形

❶按住Alt键单击并向右拖动，复制图形，❷将鼠标移到定界框右上角位置，单击并拖动，旋转图形。将旋转后的图形移到合适的位置上。

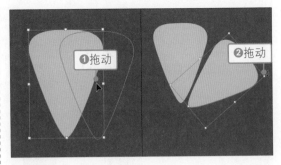

步骤05 复制更多图形

使用相同的方法复制并旋转图形，得到更多相同形状的图形，应用"选择工具"同时选中复制的图形，执行"对象 > 编组"菜单命令，将图形编组。

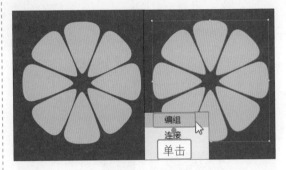

步骤06 复制并移动图形

使用"选择工具"选中编组后的对象，按住Alt键不放，单击并拖动，复制出三个图形，并将其移到合适的位置上。

步骤07 编组图形

使用相同的方法，绘制更多的图形组合成不同的水果效果，❶使用"选择工具"选中除背景外的其他图形，❷执行"对象 > 编组"菜单命令，将图形编组。

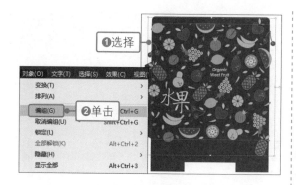

步骤 08 建立剪切蒙版裁剪图形

❶选择"矩形工具"，❷在画板中绘制一个白色矩形，应用"选择工具"同时选中矩形和下方的水果图形，❸执行"对象 > 剪切蒙版 > 建立"菜单命令，建立剪切蒙版，裁剪图形。

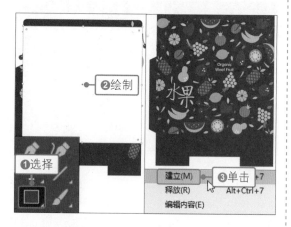

步骤 09 复制图层

❶使用"选择工具"同时选中背景和裁剪后的水果图形，❷执行"对象 > 编组"菜单命令，将图形编组，❸然后在"图层"面板中复制"图层 1"图层，创建"图层 1_复制"图层，❹将图层中的对象移到右侧合适的位置上。

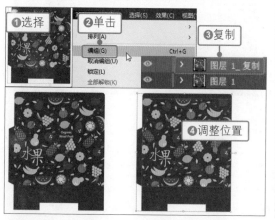

步骤 10 使用"钢笔工具"绘制图形

❶创建"图层 2"图层，❷选择工具箱中的"钢笔工具"，❸在"颜色"面板中输入填充颜色为R254、G224、B1，❹使用"钢笔工具"在画板中绘制黄色的图形，并去除图形的描边颜色。

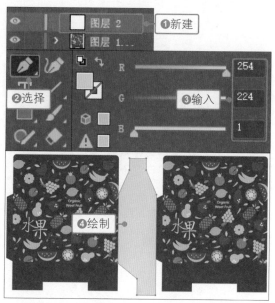

步骤 11 使用"圆角矩形工具"绘制图形

❶选择工具箱中的"圆角矩形工具"，❷打开"颜色"面板，在面板中设置填充颜色为白色，❸在黄色图形上方单击并拖动，绘制一个白色的圆角矩形，并去除矩形的描边颜色。

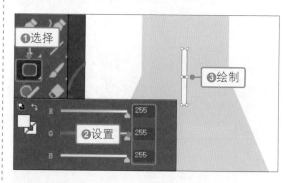

步骤 12 使用"椭圆工具"绘制圆形

❶选择工具箱中的"椭圆工具"，❷打开"颜色"面板，设置填充颜色为R32、G22、B20，❸按住 Shift 键不放，绘制两个圆形，应用"选择工具"同时选中两个圆形，❹单击"垂直顶对齐"按钮，对齐圆形。

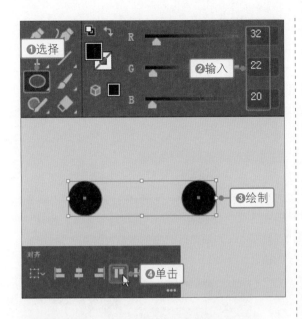

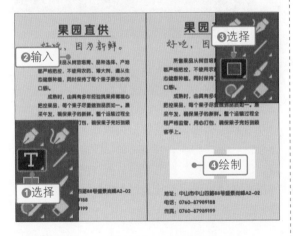

步骤 13 使用"矩形工具"绘制矩形

❶选择工具箱中的"文字工具"，❷在黄色图形上方单击，输入所需文字，并设置合适的字体、颜色等，❸选择工具箱中的"矩形工具"，❹在文字中间位置绘制两个白色的矩形。

步骤 14 使用"文字工具"输入条码信息

❶选择"文字工具"，在左侧的矩形上方输入条码信息，❷在"属性"面板中的"字符"选项组中设置文字属性。

步骤 15 添加生产许可图标

打开"01.ai"生产许可图标，选择并复制图形到白色矩形上，将其缩放至合适的大小。

步骤 16 复制图层并存储文件

❶使用"选择工具"选中黄色图形及上方的所有图形和文字对象，执行"对象 > 编组"菜单命令，将图形编组，❷选中"图层2"图层，复制图层，创建"图层 2- 复制"图层，将图层中的所有对象向右移到合适的位置上，执行"文件 >存储为"菜单命令，存储文件。

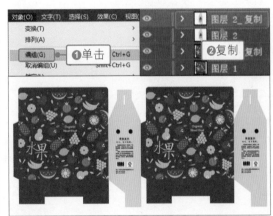

2．在Photoshop中创建立体效果展示图

完成包装盒平面图的制作后，为了实现更直观的效果展示，可以将平面图转换为立体图。使用"矩形选框工具"选中平面图中的部分图像，通过复制抠出图像，应用"斜切"功能调整图像的透视效果，制作立体效果图，具体操作步骤如下。

步骤 01 使用"矩形工具"绘制矩形

启动 Photoshop 程序，创建新文件，❶打开"02.jpg"素材图像，将图像复制到新建的文件中，得到"图层 1"图层，为图层添加图层蒙版，选择"椭圆选框工具"，❷在选项栏中输入"羽化"值为 200 像素，❸在画板中间位置单击并拖动，创建椭圆形选区，❹单击"图层 1"蒙版缩览图，设置前景色为黑色，按快捷键 Alt+Delete，将蒙版选区填充为黑色。

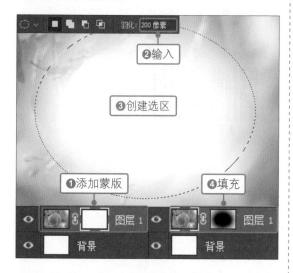

步骤 02 创建"色彩平衡"调整图层

❶单击"调整"面板中的"色彩平衡"按钮，❷创建"色彩平衡 1"调整图层，打开"属性"面板，在面板中选择"中间调"色调，❸输入颜色值为 +3、+34、-100，调整图像颜色。

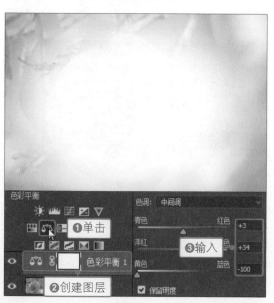

技巧提示 用"图层"面板创建调整图层

单击"图层"面板底部的"创建新的填充或调整图层"按钮，在展开的菜单中选择要创建的调整图层命令，也可完成调整图层的创建。

步骤 03 创建选区复制图像

执行"文件 > 打开"菜单命令，打开绘制的包装平面图，❶选择工具箱中的"矩形选框工具"，❷在图像上单击并拖动，绘制矩形选区，❸按快捷键 Ctrl+J，复制选区中的图像，得到"图层 1"图层。

步骤 04 复制并隐藏图层

将"图层 1"中的图像复制到新建文件中，得到"图层 2"图层，❶按快捷键 Ctrl+T，打开自由变换编辑框，单击并向内拖动，将图像调整至合适大小，❷按快捷键 Ctrl+J，复制图层，创建"图层 2 拷贝"图层，❸单击"图层 2 拷贝"图层前的"指示图层可见性"图标，隐藏图层，❹然后选择"图层 2"图层。

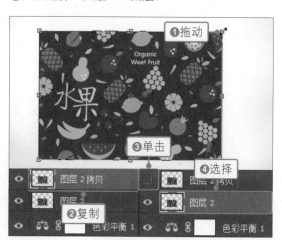

步骤05 应用"斜切"变形图像

❶执行"编辑＞变换＞斜切"菜单命令，打开变换编辑框，❷将鼠标移到编辑框右上角位置，单击并拖动，变形图像。

步骤06 继续调整图像

继续运用相同的方法，拖动另外的三角角点，变换图像，调整透视效果，再显示并选中"图层2拷贝"图层，应用"斜切"命令，调整图像。

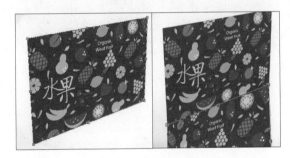

步骤07 填充渐变制作倒影效果

❶将"图层2拷贝"图层移到"图层2"图层下方，添加图层蒙版，单击蒙版缩览图，❷选择"渐变工具"，❸在选项栏中选择"黑，白渐变"，❹从下方往上拖动渐变，制作倒影效果。

步骤08 设置"内阴影"样式

❶双击"图层2"图层，打开"图层样式"对话框，❷在对话框中单击"内阴影"样式，❸设置混合模式为"柔光"，❹"不透明度"为40%，❺"距离"13像素，❻"大小"为50像素。

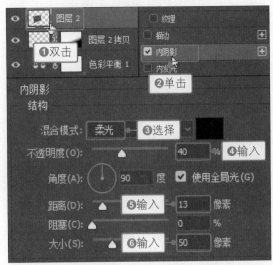

步骤09 继续复制并调整图像透视效果

使用相同的方法，抠取包装平面图中的其他区域，复制到新建的文件中，利用"斜切"命令，调整图像的透视效果。

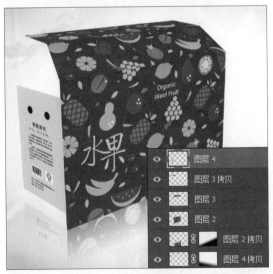

步骤10 使用"钢笔工具"绘制图形

❶选择工具箱中的"钢笔工具"，❷在选项栏中选择"形状"工具模式，❸设置填充颜色为R254、G224、B1，❹在画板中连续单击，绘制图形。

步骤 11 绘制更多图形

使用"钢笔工具"在画板中绘制更多图形，完善包装效果，绘制好后在"图层"面板中生成对应的形状图形，双击"形状 5"图层。

步骤 12 设置并应用"内阴影"样式

打开"图层样式"对话框，❶单击选择"内阴影"样式，❷设置"混合模式"为"柔光"，❸输入"不透明度"为100%，❹"距离"为13像素，❺"大小"为35像素，单击"确定"按钮，应用图层样式。

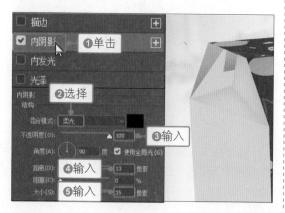

步骤 13 复制图层样式

❶将设置的"内阴影"图层样式复制到"形状4"图层中的图像上，❷选择"形状1"形状图层，将"形状1"图层移到"图层4"图层下方，显示图形上方的文字效果。

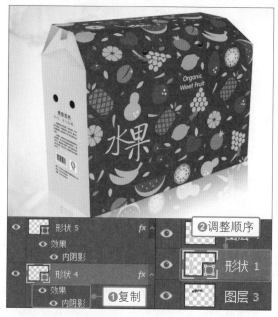

步骤 14 设置选项绘制直线段

❶选择"直线工具"，❷在选项栏中选择"形状"工具模式，❸设置描边颜色为R144、G10、B9，设置描边宽度为5像素，❹线条粗细为5像素，❺在图像上单击并拖动，绘制直线段。

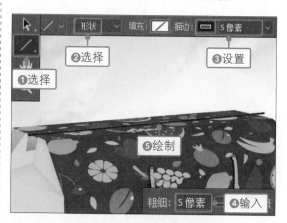

步骤 15 创建剪贴蒙版隐藏多余线条

选中直线段对应的"形状6"图层，执行"图层 > 创建剪贴蒙版"菜单命令，创建剪贴蒙版，隐藏多余的线条。

步骤16 使用"椭圆工具"绘制圆形

❶选择"椭圆工具",❷在选项栏中选择"形状"工具模式,❸设置填充颜色为 R33、G39、B39,❹按住 Shift 键不放,单击并拖动鼠标,绘制圆形,得到"椭圆1"图层,❺双击该图层名称右侧空白处。

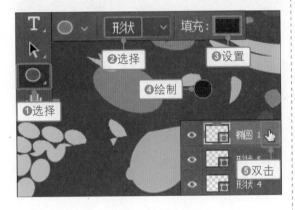

步骤17 设置"斜面和浮雕"样式

打开"图层样式"对话框,❶在对话框中单击"斜面和浮雕"样式,❷选择"枕状浮雕"样式,❸输入"深度"为188%,❹"大小"为7像素,其他参数不变,单击"确定"按钮。

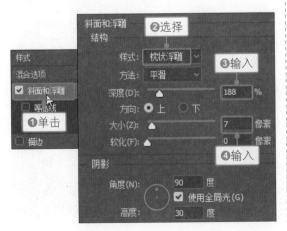

步骤18 复制图层

应用"斜面和浮雕"样式,按快捷键 Ctrl+J,复制图层,创建"椭圆1拷贝"图层,将图像中的圆形图形移到合适的位置上。

步骤19 使用"钢笔工具"绘制图形

❶选择"钢笔工具",❷在选项栏中选择"形状"工具模式,❸设置填充颜色为 R193、G203、B0,❹在图像中绘制包装盒带子,得到"形状7"图层,❺双击该图层。

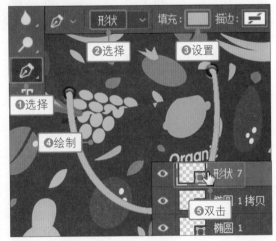

步骤20 设置"图案叠加"样式

打开"图层样式"对话框,选择"图案叠加"样式,❶在"图案"拾色器中单击选择"斜纹布(250×250 像素,RGB 模式)"图案,❷设置混合模式为"叠加",其他参数不变。

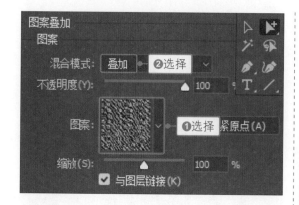

步骤21 设置"投影"样式

勾选"投影"样式复选框，取消勾选"使用全局光"复选框，输入"不透明度"为74%，"角度"为51度，"距离"为7像素，"大小"为7像素，单击"确定"按钮。

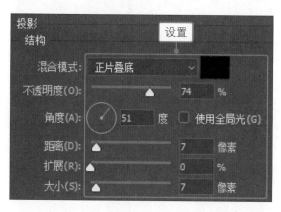

步骤22 盖印图层

应用"投影"和"图案叠加"样式，在"图层"面板中选中除背景外的其他包装图形和图像，按快捷键Ctrl+Alt+E，盖印图层，创建"形状7（合并）"图层，将此图层拖动到合适的位置，得到重叠的包装盒效果。

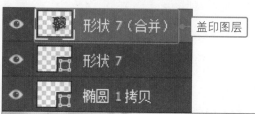

7.4.3 | 知识扩展

在Illustrator中，为更加有序地对图形对象进行组织和管理，通常会对图形对象进行选择和编组。为了提高绘制效率，还可以对图形对象进行复制，以快速创建多个具有相同外观的图形对象。

1. 选择图形

Illustrator的工具箱中提供了多种用于选择图形的工具，包括"选择工具""直接选择工具""编组选择工具""魔棒工具""套索工具"，如下图所示。

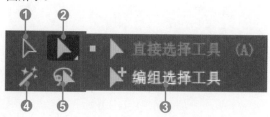

❶ **选择工具**：用于选择整个对象，使用"选择工具"在图形中单击可以选中图形上所有的路径、锚点，如下图所示。

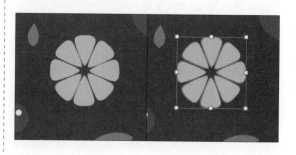

❷ 直接选择工具：用于选择对象内的点或路径段，如下左图所示。

❸ 编组选择工具：用于选择组内的所有对象和组，如下右图所示。

❹ 魔棒工具：用于选择具有相似属性的对象，如下图所示，运用"魔棒工具"单击图形，可以看到画板所有具有相同属性的对象都被选中。

❺ 套索工具：用于选择指定区域内的点或路径段，如下图所示。

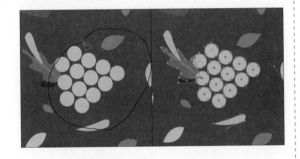

2. 复制图形

当需在页面中添加相同的元素时，就会涉及图形的复制。在 Illustrator 中可以应用"编辑"菜单中的"复制"与"粘贴"等命令来复制图形，也可以选择图形后，按住 Alt 键拖动来复制图形。

如下图所示，选中需要复制的图形，执行"编辑 > 复制"菜单命令，复制图形，此时画板中的图形没有变化。

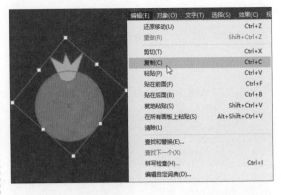

执行"编辑 > 粘贴"命令，即可在原图形旁边粘贴复制的图形，如下左图所示；若执行"编辑 > 就地粘贴"菜单命令，则会在原图形所在位置粘贴图形，如下右图所示。

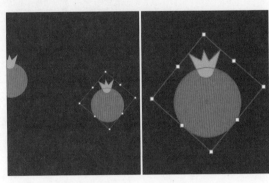

3. 编组图形

当画板中包含的元素较多时，可通过将一些相关的图形对象组合在一起，形成一个编组，以便于更好地管理画板中的图形。Illustrator 中，通过执行"对象 > 编组"菜单命令或按快捷键 Ctrl+G，可将所选图形编组。如下图所示，使用"选择工具"选取需要编组的对象，执行"对象 > 编组"菜单命令，即可将对象编组，使用"选择工具"可统一选中并拖动组中的所有图形。

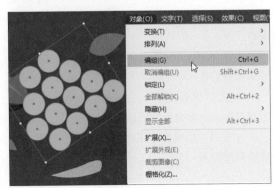

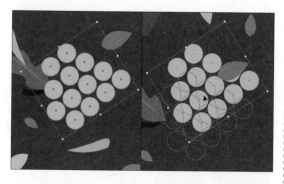
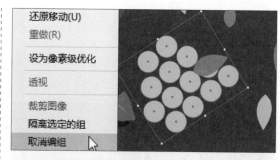
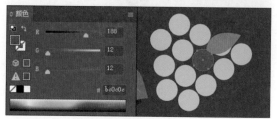

编组图形后，如果需要重新设置某个图形的填充或描边属性，则可以通过执行"对象 > 取消编组"菜单命令或右击图形，在弹出的快捷菜单中执行"取消编组"命令，如下图所示。

7.5 课后练习

包装是在产品与消费者之间建立亲和力的有效手段，它的设计会受到包装材质、形状和所盛装物品的影响，不同的包装在设计上会存在较大的差异。下面通过习题巩固本章所学。

习题1：突出饮品口感的包装设计

原始文件	随书资源 \ 课后练习 \07\ 素材 \01.jpg
最终文件	随书资源 \ 课后练习 \07\ 源文件 \ 突出饮品口感的包装设计 .psd

一个精美别致的饮品包装，不仅能够给人带来美的享受，而且能够直接刺激消费者的购买欲，从而达到促进商品销售的目的。本习题是为某品牌果汁设计的包装效果图，选用与果汁口味相同的水果来表现，同时选取与水果相近的绿色图形加以修饰，突出了果汁的新鲜、营养和味觉特征。

● 在 Illustrator 中应用"钢笔工具"绘制出包装袋形状，利用"网格工具"为图形填充渐变颜色；

● 在 Photoshop 中打开绘制好的包装袋图形，添加素材图像，应用图层蒙版隐藏多余背景图像；

● 使用"钢笔工具"在包装袋上绘制装饰图形，创建剪贴蒙版隐藏包装袋以外的图形；

● 使用"横排文字工具"在袋子上方输入对应的商品信息。

习题2：质感坚果包装设计

原始文件	随书资源 \ 课后练习 \07\ 素材 \02.jpg、03.jpg
最终文件	随书资源 \ 课后练习 \07\ 源文件 \ 质感坚果包装设计 .ai

现在市面上很流行用牛皮纸袋做坚果包装，这样可以让坚果看起来更为高档。本习题即是为某品牌坚果设计的包装效果图，简约的包装让消费者将更多注意力放在袋子中的坚果上，产生购买并品尝其口感的想法。

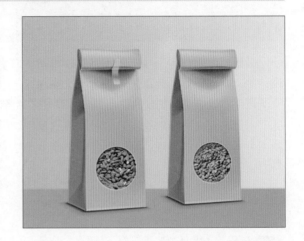

● 在 Photoshop 中应用"阴影 / 高光"命令提亮阴影部分，使用"可选颜色"命令加深红色和黄色；

● 在 Illustrator 中应用"钢笔工具"绘制出坚果包装袋的大致外形；

● 将处理好的坚果图像添加到包装盒上方。

读书笔记

第8章
书籍封面设计

书籍装帧设计即书籍的装潢设计，包括封面、版面、插图、装订形式等的设计。在书籍装帧设计中，封面设计尤为重要。封面不仅能保护书心，标示图书的属性信息，而且能增加书籍外形的美观度，促进书籍的销售。因此，本章主要讲解书籍的封面设计。

本章将介绍两种题材图书的封面设计案例。第一个案例是烹饪类图书的封面设计，采用与食物相关的图形进行表现；第二个案例是经济类图书的封面设计，使用具有一定象征意义的图像进行表现。

8.1 书籍封面的组成部分

在学习书籍封面设计之前，首先需要对封面的构成有一个简单的了解。封面的构成依据不同的装订手法而不同，但通常都包括面封、底封、书脊，采用软质纸印制的封面还可带有前勒口和后勒口，有些书籍还有腰封，如下图所示。下面介绍封面中比较重要的组成部分。

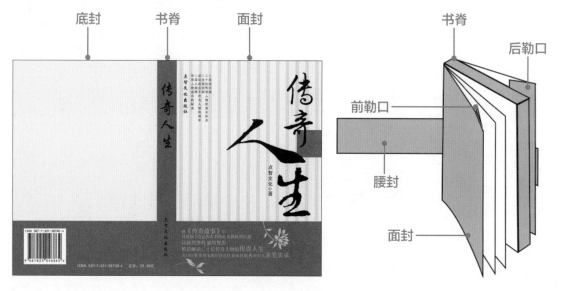

1. 面封

面封是书籍的门面，它通过艺术形象设计的形式来反映书籍的内容。图形、色彩和文字是面封设计的三大素材。设计者需要根据书籍的性质、用途和读者对象，把这三者有机地结合起来，表现出书籍的丰富内涵，并以一种传递信息的目的和一种美感的形式呈现给读者。好的面封设计应该在内容的安排上做到繁而不乱、简而不空、有主有次、层次分明。面封上一般要标示书名、作者及出版社等重要信息。

2．书脊

书脊是面封和底封连接的部分，其宽度相当于书心的厚度。书脊与面封同样重要，一般来说，书脊上应设计书名、出版社名称或标志，如果版面允许，还应加上作者和译者等信息。书脊内容一般应采用纵排，如果书脊较厚，也可采用横排，以获得更好的版面效果。

3．前勒口

前勒口是读者打开书看见的第一个文字较详细的部位，一般用于放置内容简介、作者简介和丛书名称等。根据侧重点的不同，若为了方便读者阅读，可以在书籍前勒口位置放置书籍内容简介；若为了突出作者形象，可以在前勒口放置作者简介；若为了向读者推荐相关书籍，则放置丛书名称或图片。

4．底封

底封是面封和书脊的延展、补充、总结或强调。它与面封之间紧密关联，相辅相成，缺一不可。底封的设计一般比较简单，主要包含出版者信息、价格、条码、书号及丛书介绍等。底封的设计形式可分为素面型（下左图）、图像型（下中图）、文字型（下右图）3 种。

5．后勒口

后勒口在内容是上整个书籍装帧设计中最简单的，一般只有编辑者及丛书等文字说明。

6．腰封

腰封也称为腰带纸，是包在书外面的纸带，大约 4 cm 宽。腰封的设计可以在一定程度上起到保护书籍的作用，同时由于腰封通常会登载书籍广告和有关书籍的一些内容事项，所以也能起到推荐和宣传书籍的效果，相当于一个小型广告页。

8.2 书籍封面设计的思路

　　书籍封面的设计首先应该确立表现的形式，要为书籍的内容服务，采用最感人、最形象、最易被视觉接受的表现形式。设计者需要充分把握书籍的内涵、风格、体裁等，做到构思新颖、切中主题、有感染力。下面简单分析一下不同类型书籍的封面设计思路。

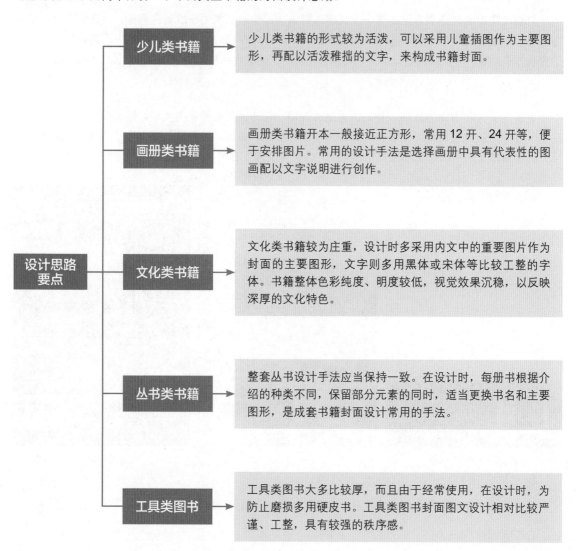

设计思路要点

少儿类书籍　少儿类书籍的形式较为活泼，可以采用儿童插图作为主要图形，再配以活泼稚拙的文字，来构成书籍封面。

画册类书籍　画册类书籍开本一般接近正方形，常用 12 开、24 开等，便于安排图片。常用的设计手法是选择画册中具有代表性的图画配以文字说明进行创作。

文化类书籍　文化类书籍较为庄重，设计时多采用内文中的重要图片作为封面的主要图形，文字则多用黑体或宋体等比较工整的字体。书籍整体色彩纯度、明度较低，视觉效果沉稳，以反映深厚的文化特色。

丛书类书籍　整套丛书设计手法应当保持一致。在设计时，每册书根据介绍的种类不同，保留部分元素的同时，适当更换书名和主要图形，是成套书籍封面设计常用的手法。

工具类图书　工具类图书大多比较厚，而且由于经常使用，在设计时，为防止磨损多用硬皮书。工具类图书封面图文设计相对比较严谨、工整，具有较强的秩序感。

8.3 烹饪类图书封面设计——描边对象

原始文件	无
最终文件	随书资源 \ 案例文件 \08\ 源文件 \ 烹饪类图书封面设计——描边对象 .psd

8.3.1 案例分析

设计任务：本案例是烹饪类图书封面设计。

设计关键点：由于是为烹饪类图书设计封面，所以在设计时要根据烹饪类图书的性质和用途选择相应的元素，要让设计作品体现书籍的大致内容。

设计思路：根据设计关键点，需要思考使用什么样的对象能够体现烹饪类图书的内容，因此选用胡萝卜等食材为设计元素，并且通过将其进行错位排列组合来增强封面的设计感。

配色推荐：浅橙色 + 瓷青色 + 深青色的配色方式。浅橙色色相浅淡，明度较亮，能带给人安静柔和的感觉；与不同色相的瓷青、深青色搭配，形成了鲜明的色相对比，可以使封面中的蔬菜图形更加突出。

软件应用要点：主要利用 Illustrator 中的"矩形工具"绘制不同大小的矩形对页面进行简单布局，用"钢笔工具"绘制蔬菜图形，通过"波纹效果"扭曲图形边缘；而在 Photoshop 中使用"矩形选框工具"选取面封、底封部分，应用图层样式为面封和底封添加光影，增强书籍的立体感。

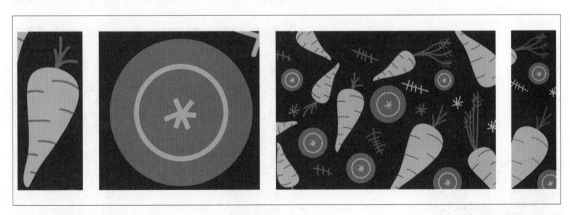

8.3.2 | 操作流程

在本案例的制作过程中，先在 Illustrator 中绘制卡通蔬菜图形，将图形置入到矩形中，对封面进行布局，然后在 Photoshop 中将编辑好的面封和底封分别选取出来，制作成立体展示效果。

1．在Illustrator中绘制封面所需图形

本案例先在 Illustrator 中应用"矩形工具"绘制图形，对页面进行布局，然后使用"钢笔工具"和"椭圆工具"等，在页面中绘制其他图形，结合"描边"面板为图形添加描边效果，具体操作步骤如下。

步骤01 设置填充颜色绘制图形

新建文件，在画面中添加参考线，❶双击工具箱中的"填色"按钮，打开"拾色器"对话框，❷设置填充颜色为R241、G245、B250，❸选择"矩形工具"，在画板中单击并拖动，绘制一个与画板同等大小的矩形，并去除描边颜色。

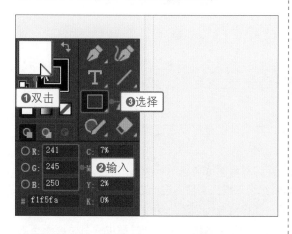

步骤02 使用"矩形工具"绘制图形

执行"窗口＞颜色"菜单命令，❶打开"颜色"面板，在面板中单击并拖动颜色滑块，更改填充颜色为R43、G50、B62，❷使用"矩形工具"在画板右侧再绘制一个矩形图形。

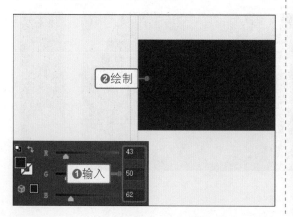

步骤03 使用"钢笔工具"绘制图形

❶双击工具箱中的"填色"按钮，打开"拾色器"对话框，❷在对话框中设置填充颜色为R227、G191、B115，❸选择"钢笔工具"，在画板中绘制图形。

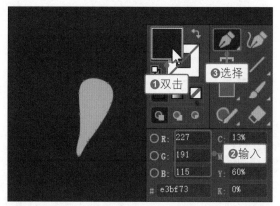

步骤04 应用"钢笔工具"绘制曲线路径

❶在工具箱中单击"无"按钮，去除填充颜色，❷设置描边颜色为R212、G111、B80，使用"钢笔工具"在图形上方单击并拖动，绘制一条曲线路径，打开"描边"面板，❸在面板中设置描边"粗细"为2 pt，为曲线路径指定描边效果。

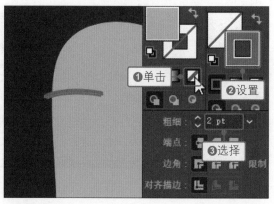

步骤 05 绘制图形并编组

　　继续使用"钢笔工具"绘制更多的线条，并为其添加相同的描边效果，制作出胡萝卜上的纹理，使用"选择工具"选中所有线条对象，按快捷键 Ctrl+G，将其编组。

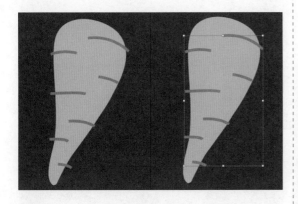

步骤 06 复制并粘贴图形

　　❶使用"选择工具"选中线条下方的图形，按快捷键 Ctrl+C，复制图形，❷执行"编辑 > 就地粘贴"菜单命令，在原位置粘贴复制的图形对象。

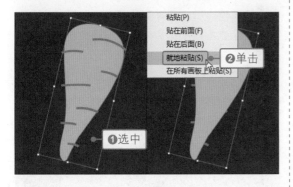

步骤 07 创建剪切蒙版

　　使用"选择工具"选中复制的图形及下方的线条对象，右击鼠标，在弹出的快捷菜单中执行"建立剪切蒙版"命令，创建剪切蒙版，隐藏多余的线条图形。

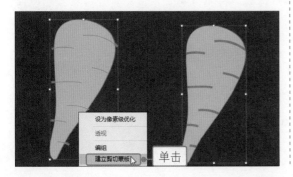

步骤 08 使用"钢笔工具"绘制曲线路径

　　❶在工具箱中设置描边颜色为 R45、G125、B86，使用"钢笔工具"在图形上方单击并拖动，绘制另一条曲线路径，打开"描边"面板，❷在面板中设置描边"粗细"为 3 pt，❸单击"圆头端点"按钮，为曲线路径指定描边效果。

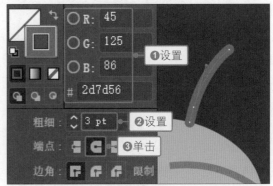

步骤 09 编组对象并调整排列顺序

　　结合相同的方法绘制更多的绿色线条，制作成胡萝卜缨子，❶选中线条，按快捷键 Ctrl+G，将其编组，❷然后执行两次"对象 > 排列 > 后移一层"菜单命令，调整对象的堆叠顺序。

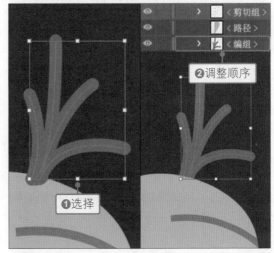

步骤 10 复制图形

　　使用"选择工具"选中绘制好的胡萝卜图像，按快捷键 Ctrl+G，将其编组后，按住 Alt 键不放，单击并拖动，复制出多个相同的图形，根据需要调整图形的大小、位置、角度等。

步骤 11 使用"椭圆工具"绘制圆形

❶设置填充颜色为R209、G109、B72，去除描边颜色，❷选择工具箱中的"椭圆工具"，按住Shift键不放，在画板中绘制圆形。

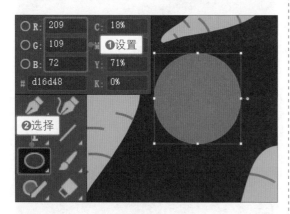

步骤 12 复制并缩放圆形

❶按快捷键Ctrl+C，复制图形，执行"编辑 > 就地粘贴"菜单命令，粘贴图形，❷单击工具箱中的"无"按钮，去除填充颜色，❸将鼠标指针移到图形右下角位置，当指针变为双向箭头↖时，按住Shift+Alt键向内侧拖动，等比例缩小圆形。

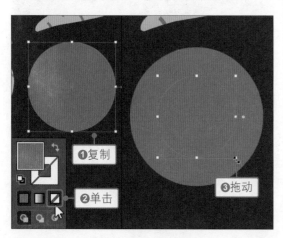

步骤 13 为图形设置描边效果

❶双击工具箱中的"描边"按钮，打开"拾色器"对话框，❷设置描边颜色为R220、G186、B114，打开"描边"面板，❸输入描边"粗细"为2.5 pt，为小圆指定描边效果。

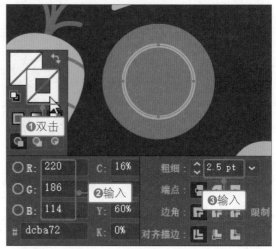

步骤 14 应用"钢笔工具"绘制直线路径

❶使用"钢笔工具"在圆形中间绘制线条，并为其指定相同的描边效果，制作成胡萝卜芯，使用"选择工具"选中外侧的两个圆形和中间的线条，❷按快捷键Ctrl+G，将选中对象编组。

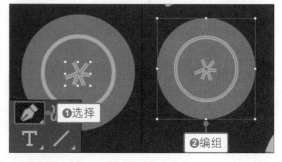

步骤 15 绘制更多装饰元素

继续使用"钢笔工具"绘制出更多的线条装饰元素，完成封面主要元素的绘制。

步骤16 选择并复制矩形

使用"选择工具"选中下方的矩形图形，按快捷键 Ctrl+C，复制图形，执行"编辑 > 就地粘贴"菜单命令，粘贴图形。

步骤17 创建剪切蒙版

选中矩形图形和下方的胡萝卜等图形，执行"对象 > 剪切蒙版 > 建立"菜单命令或按快捷键 Ctrl+7，创建剪切蒙版，隐藏矩形外的图形。

步骤18 复制图形创建剪切蒙版

应用相同的方法，在书籍底封右下方也绘制一个矩形图形，将面封的胡萝卜等元素复制到图形上方，通过创建剪切蒙版，在书籍底封中应用相同的元素。

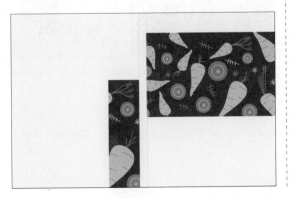

步骤19 使用"矩形工具"绘制图形

❶打开"拾色器"对话框，设置填充颜色为 R147、G199、B179，❷选择"矩形工具"，在页面中绘制几个不同大小的矩形，并去除描边颜色，❸使用"选择工具"选中顶部的两个矩形。

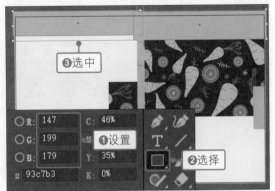

步骤20 设置"波纹效果"

执行"效果 > 扭曲和变换 > 波纹效果"菜单命令，打开"波纹效果"对话框，❶在对话框中设置"大小"为 0.8 mm，❷"每段的隆起数"为88，❸单击"平滑"单选按钮，其他参数不变，❹单击"确定"按钮。

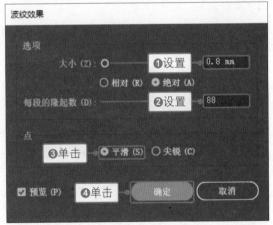

步骤21 设置波纹效果

根据设置的参数值，创建扭曲的波纹效果，查看应用效果后的图形。

步骤 22 创建剪切蒙版

使用"矩形工具"再绘制两个白色的矩形，应用"选择工具"选中矩形和下方扭曲的图形，按快捷键 Ctrl+7，创建剪切蒙版，隐藏图形。

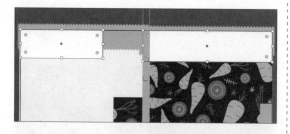

步骤 23 输入并调整文字属性

使用工具箱中的"文字工具"在书籍面封位置输入"01"，选中文字，打开"拾色器"对话框，❶设置文字填充颜色为 R171、G214、B194，❷在"属性"面板的"字符"选项组中设置字体为"方正大黑简体"，❸输入字体大小为 120 pt，❹输入字符间距为 -75。

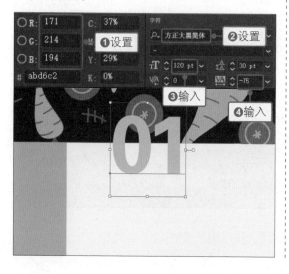

步骤 24 调整段落文本

使用"文字工具"在面封、底封和书脊上添加更多文字，根据版面需要调整文字的字体、大小、颜色等，应用"选择工具"选中底封中的段落文本，打开"段落"面板，❶在面板中设置"首行左缩进" 20 pt，缩进段落文字，打开"字形"面板，❷双击面板中的字形，在每段文字前插入字形效果。

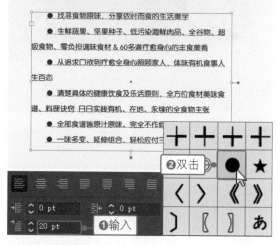

步骤 25 绘制条码

❶使用工具箱中的"矩形工具"绘制条码图形，并为其填充颜色，❷使用"文字工具"输入文字和数字，并设置字符属性，将文字、数字和矩形条组合，制作出底封上的条形码。

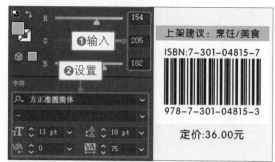

2. 在Photoshop中制作立体书效果

接下来要在 Photoshop 中使用"矩形选框工具"选择图像，对图像应用"投影"和"内阴影"样式，创建立体书效果，具体操作步骤如下。

步骤01 设置并填充前景色

在 Photoshop 中创建新文件，❶设置前景色为 R254、G158、B164，❷新建"图层 1"图层，按快捷键 Alt+Delete，填充颜色。

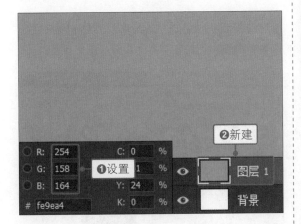

步骤02 创建选区复制图像

打开制作好的书籍封面，❶选择工具箱中的"矩形选框工具"，选择书籍面封和书脊区域，❷按快捷键 Ctrl+J，复制选区中的图像，创建"图层 2"图层，❸使用"矩形选框工具"选择书籍底封和书脊区域，❹按快捷键 Ctrl+J，复制选区中的图像，得到"图层 3"图层。

技巧提示　取消选择

在图像中创建或编辑选区对象后，执行"选择 > 取消选择"菜单命令或按快捷键 Ctrl+D，可以取消选择已创建的选区。

步骤03 复制图层中的图像

将"图层 2"和"图层 3"中的图像复制到新建的文件中，按快捷键 Ctrl+T，将其缩放至合适的大小。

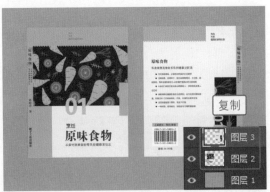

步骤04 设置"内阴影"样式

❶双击"图层 2"图层，打开"图层样式"对话框，❷在对话框中设置内阴影"不透明度"为 38%、"角度"为 -180°、"距离"为 15 像素、"大小"为 21 像素，取消勾选"使用全局光"复选框。

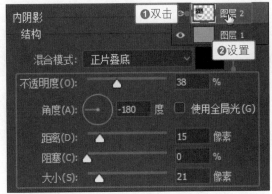

步骤05 设置"投影"样式

单击"投影"样式，❶设置投影"混合模式"为"线性加深"，❷输入"不透明度"为 38%，❸"角度"为 25°，❹"距离"为 30 像素，❺"大小"为 38 像素，确认设置，为图像添加内阴影和投影效果。

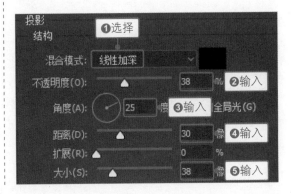

步骤 06 复制和粘贴样式

右击"图层2"图层，❶在弹出的快捷菜单中执行"拷贝图层样式"命令，❷选中"图层3"图层，右击图层，❸在弹出的快捷菜单中执行"粘贴图层样式"命令。

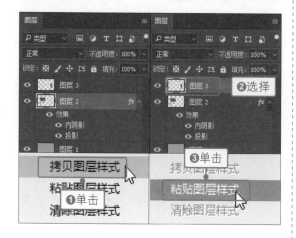

步骤 07 查看图像效果

对"图层3"图层中的图像应用相同的"内阴影"和"投影"样式，在图像编辑窗口中查看应用样式后的效果。

步骤 08 创建样式图层

选中"图层2"图层，右击图层下方的图层样式，❶在弹出的快捷菜单中执行"创建图层"菜单命令，❷拆分图层与图层样式。

步骤 09 编辑图层蒙版

❶为"'图层2'的内阴影"图层添加图层蒙版，单击蒙版缩览图，❷使用"矩形选框工具"创建选区，按快捷键Alt+Delete，将选区填充为黑色，再选择"画笔工具"，❸设置"不透明度"和"流量"值为33%，❹运用画笔涂抹书籍边缘位置的内阴影图像，使其与下方图像衔接更加自然。

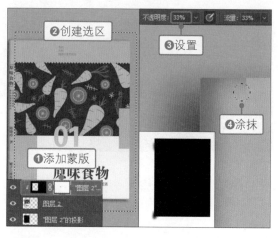

步骤 10 更改"内阴影"样式

双击"图层3"图层，打开"图层样式"对话框，在对话框中更改内阴影"角度"为0°，然后使用相同的方法，分离并编辑内阴影效果。

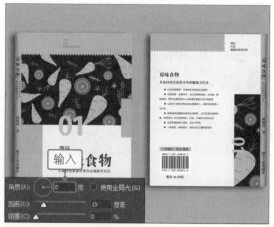

步骤 11 使用"矩形工具"绘制矩形

使用"矩形工具"在书脊与面封相交的位置绘制矩形，❶单击选项栏中的填充按钮，❷在展开的面板中单击"渐变"按钮，❸设置渐变色标位置和颜色，输入"角度"为-180°，单击"反向渐变颜色"按钮，为矩形填充渐变颜色。

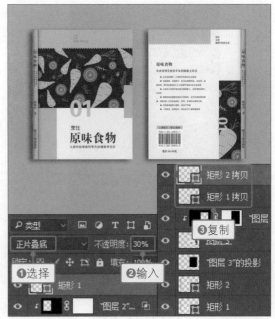

步骤 12 更改图层混合模式

❶在"图层"面板中设置"矩形 1"图层混合模式为"正片叠底"，❷输入"不透明度"为30%，使用同样的方法绘制矩形，❸复制"矩形 1"和"矩形 2"图层中的图形，移到底封与书脊相交的位置，完成本案例的制作。

8.3.3 知识扩展

绘制图形时，为了让图形呈现更加精美的效果，可以为绘制的图形添加描边效果。为图形添加描边效果时，可以将描边选项应用于整个对象，也可以使用实时上色组，为对象中的每个路径段应用不同的描边颜色和粗细等。

1. 结合工具箱和"属性"面板设置描边

在 Illustrator 中，可以在工具箱中快速为图形添加描边效果。绘制图形后，双击工具箱中的"描边"按钮，启用描边选项并打开"拾色器"对话框，在对话框中单击或输入具体的颜色值选择一种颜色，即可更改描边颜色，随后还可以在"属性"面板中的"外观"选项组中对描边粗细进行设置，如下面两幅图所示。

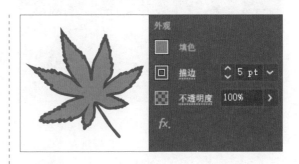

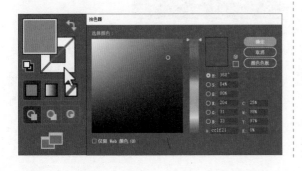

2. 使用"描边"面板添加描边

除了使用"属性"面板，也可以使用"描边"面板对图形应用描边效果。在"描边"面板中，不但可以指定描边的粗细，还可以指定线条的类型、箭头样式、线条连接样式等。执行"窗口 > 描边"菜单命令，打开"描边"面板，单击面板右上角的扩展按钮，在展开的面板菜单中执行"显示选项"命令，显示更多描边选项，如下图所示。

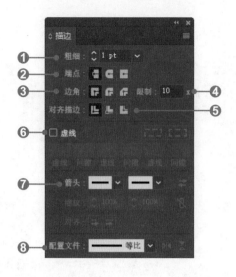

❶ 粗细：指定描边粗细，可以从下拉列表中选择，也可以直接输入数值进行设置。

❷ 端点：指定开放路径两端的外观。单击"平头端点"按钮，可以创建具有方形端点的描边线；单击"圆头端点"按钮，可以创建具有半圆形端点的描边线；单击"方头端点"按钮，可以创建具有方形端点且在线段端点之外延伸出线条宽度的一半的描边线，此选项使线段的粗细沿线段各方向均匀延伸出去。下面三幅图所示分别为设置不同端点的效果。

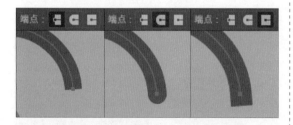

❸ 边角：指定角点处描边的外观。单击"斜接连接"按钮，创建具有点式拐角的描边线；单击"圆角连接"按钮，创建具有圆角的描边线；单击"斜角连接"按钮，创建具有方形拐角的描边线。下面三幅图所示分别为图形指定不同边角的效果。

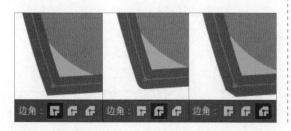

❹ 限制：指定在斜角连接成为斜面连接之前，相对于描边宽度对拐点长度的限制。不适用于圆角连接和斜角连接。

❺ 对齐描边：指定描边相对于它的路径的位置。

❻ 虚线：勾选"虚线"复选框，将激活虚线设置选项，通过输入虚线的长度和线条间的间隙来指定虚线次序。单击右侧的"保留虚线和间隙的精确长度"按钮 ▦，可以在不对齐的情况下保留虚线外观；单击"使虚线与边角和路径终端对齐，并调整到适合长度"按钮 ▦，可让各角的虚线和路径的尾端保持一致并可预见。下面两幅图所示分别为启用虚线描边和更改虚线描边参数时得到的图像效果。

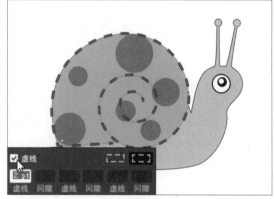

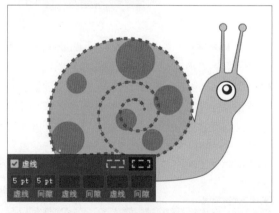

❼ 箭头：用于在路径的起始处或结束处添加箭头。在右侧的下拉菜单中选择一种样式后，将激活下方的更多箭头设置选项，"缩放"选项用于重新调整笔尖和箭头末端；"对齐"选项用于调整路径以对齐笔尖或箭头末端。下面两幅图所示分别为在线条开始和结束处添加箭头的效果。

❽ 配置文件：用于设置所选路径的宽度配置文件，默认选择"等比"宽度配置文件，下图所示为选择不同的配置文件时得到的效果。

8.4 经济类图书封面设计——图层样式

原始文件	随书资源 \ 案例文件 \08\ 素材 \01.ai、02.jpg
最终文件	随书资源 \ 案例文件 \08\ 源文件 \ 经济类图书封面设计——图层样式 .psd

8.4.1 | 案例分析

设计任务：本案例是经济类图书的封面设计。

设计关键点：由于经济类图书具有专业性、学术性等特点，在设计时要想从书中提炼出具体的内容表现在封面上往往具有一定的难度，所以它的封面艺术形象的塑造可以适当运用艺术手段，可以用抽象的、含蓄的或具有一定象征意义的图形图像，以调动人们的联想和思索。

设计思路：根据设计关键点，使用不同长度的线条构建鳞次栉比的房屋、树木等形象，新颖的图案设计极具现代感，也能反映现代经济对于人类财富的影响。由于本书内容是通过真实的数据和可感知的现象分析数字化经济给人类带来的影响，当然这些影响自然有好有坏，所以在书籍的封面中加入向日葵图像，以向日葵向阳而生来传达积极乐观的态度，与本书作者的创作意图一致。

配色推荐：浓酒红色 + 连翘黄色的配色方式。浓酒红色是一种深厚积淀的色彩，带有一种沉稳和刚强的含义；连翘黄色由于添加了橙色，能表现出生机勃勃的活力，因此它也是财富的象征，与书名契合。

软件应用要点：主要利用 Illustrator 中的"钢笔工具"来绘制线条；在 Photoshop 中应用图层蒙版抠取花朵图像，用"图案叠加"叠加纹理增加书籍质感。

8.4.2 | 操作流程

在本案例的制作过程中，先在 Illustrator 中绘制基本的线条和矩形图形，添加页面装饰元素，并对封面中的文字进行排版设计，然后在 Photoshop 中复制并变换图像，调整透视角度，展示立体的书籍。

1. 在Illustrator中对封面进行布局

本案例中，先在 Illustrator 中使用"矩形工具"绘制矩形，定义书籍封面色调，用"钢笔工具"绘制线条等装饰元素，然后添加文字进行页面的排版布局，具体操作步骤如下。

步骤 01 使用"矩形工具"绘制图形

新建文件，在画面中添加参考线，❶双击工具箱中的"填色"按钮，打开"拾色器"对话框，❷在对话框中设置填充颜色为R120、G52、B58，❸选择工具箱中的"矩形工具"，绘制与画板同等大小的矩形图形，❹单击"描边"按钮，启用描边选项，❺单击"无"按钮，去除描边。

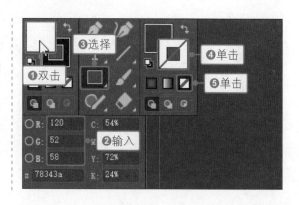

步骤 02 使用"钢笔工具"绘制直线路径

使用"钢笔工具"在面封位置连续单击，绘制直线路径，❶单击"无"按钮，去除填充颜色，❷双击"描边"按钮，打开"拾色器"对话框，❸设置描边颜色为 R191、G157、B109，打开"描边"面板，❹在面板中调整描边粗细，为线条指定描边效果。

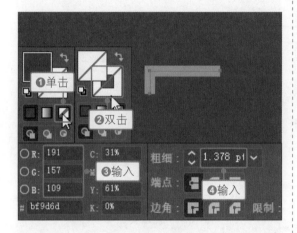

步骤 03 使用"钢笔工具"绘制更多线条

使用"钢笔工具"继续在书籍面封和底封绘制其他线条，构成更加完整的图形效果，然后使用"选择工具"选中线条对象，按快捷键 Ctrl+G，将其编组。

步骤 04 应用"矩形工具"绘制更多矩形

打开"颜色"面板，❶在面板中分别将填充颜色设置为白色，R253、G208、B0，R191、G157、B109，❷选择工具箱中的"矩形工具"，在书籍面封、底封和书脊位置绘制矩形并填充相应的颜色。

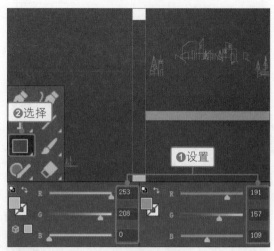

步骤 05 输入文字并设置属性

❶选择工具箱中的"文字工具"，在面封中间位置输入文字"人类的财富"，选中文字，❷在"颜色"面板中设置文本填充颜色为 R191、G157、B109，❸在"属性"面板中的"字符"选项组中设置"字体"为"方正大标宋简体"，❹字体大小为 75 pt，字符间距为 -50。

步骤 06 添加更多的文字

使用"文字工具"在适当的位置添加更多的文字，分别为其填充适当的颜色，并调整文字属性。

步骤 07 设置段落文本

应用"选择工具"选中底封的段落文本，打开"段落"面板，设置"首行左缩进"为 20 pt，创建左缩进的段落文本效果。

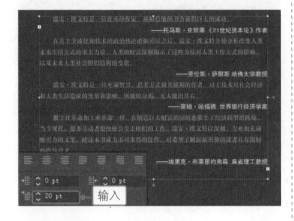

技巧提示　利用快捷键存储文件

在 Illustrator 中，除了执行菜单命令，还可以按快捷键 Ctrl+S 或 Ctrl+Shift+S 快速存储文件。

步骤 09 复制标志图形

打开"01.ai"标志图形，将图形复制到书脊上方位置，将其缩放至合适的大小，最后在书籍底封位置使用"矩形工具"绘制图形，并输入文字，制作书籍条码，完成平面效果的制作，执行"文件 > 存储为"菜单命令，存储文件。

步骤 08 应用"直排文字工具"添加文字

❶选择"直排文字工具"，❷在书脊位置添加文字，为文字填充不同的颜色，❸结合"字符"选项组分别调整输入文字的字体、大小等属性。

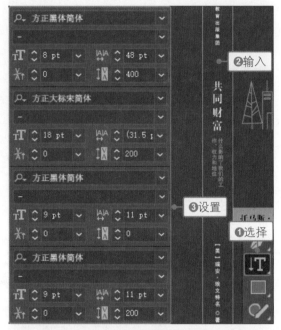

2. 在Photoshop中添加图像和纹理效果

完成书籍封面图形和文字的处理后，接下来要在 Photoshop 中应用图层蒙版将花朵素材拼合到封面图像上，使用"图案叠加"样式为封面添加纹理质感，具体操作步骤如下。

步骤 01 转换颜色模式

在 Photoshop 中打开应用 Illustrator 制作完成的书籍封面文件，执行"图像 > 模式 >RGB 颜色"菜单命令，将图像转换为 RGB 颜色模式。

步骤02 复制并旋转花朵图像

打开"02.jpg"向日葵素材，❶将打开的图像复制到封面图像上，在"图层"面板中得到"图层2"图层，❷按快捷键Ctrl+T，打开自由变换编辑框，利用编辑框调整花朵图像的大小、位置，并旋转适当的角度。

步骤03 创建图层蒙版

❶选择"图层2"图层，单击"图层"面板中的"添加图层蒙版"按钮▣，❷为"图层2"图层添加图层蒙版，❸双击"图层2"图层右侧的蒙版缩览图。

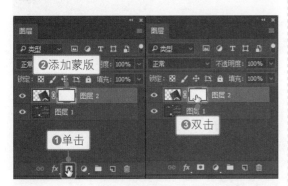

步骤04 设置"色彩范围"

打开"属性"面板，❶单击面板中的"颜色范围"按钮，打开"色彩范围"对话框，❷设置"颜色容差"为134，❸单击"添加到取样"按钮✔，❹勾选"反相"复选框，❺单击花朵旁边的天空位置，❻单击"确定"按钮。

步骤05 调整蒙版边缘

返回"属性"面板，❶单击"选择并遮住"按钮，打开"选择并遮住"工作区，❷输入"对比度"为50%，❸"移动边缘"为-50%，设置后单击"确定"按钮，应用设置调整蒙版边缘，使抠出的花朵图像边缘更干净。

步骤06 复制并盖印图层

❶按快捷键Ctrl+J，复制"图层2"图层，得到"图层2拷贝"图层，❷执行"编辑 > 变换 > 垂直翻转"菜单命令，垂直翻转图像，❸将图像缩小后，移到底封顶部位置，❹按快捷键Ctrl+Shift+Alt+E，盖印图层，得到"图层3"图层。

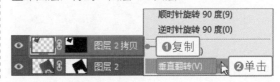

步骤 07 设置"图层叠加"样式

双击"图层3"图层，打开"图层样式"对话框，在对话框中单击"图案叠加"样式，❶设置混合模式为"叠加"，❷"不透明度"为31%，❸选择"羊皮纸（128×128像素，灰度模式）"图案，❹输入"缩放"为112%，单击"确定"按钮。

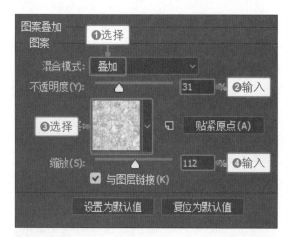

步骤 08 应用样式效果

关闭"图层样式"对话框，应用"图案叠加"样式，在图像编辑窗口中查看图像效果。

步骤 09 创建选区复制图像

❶使用"矩形选框工具"在面封位置创建选区，❷按快捷键 Ctrl+J，复制选区中的图像，创建"图层4"图层，❸使用"矩形选框工具"在书脊位置创建选区，❹按快捷键 Ctrl+J，复制选区中的图像，创建"图层5"图层。

步骤 10 创建新图层填充颜色

❶设置前景色为 R227、G226、B222，❷在"图层3"图层上方创建"图层6"图层，按快捷键 Alt+Delete，填充图层。

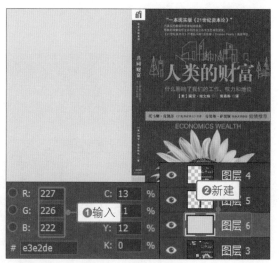

步骤 11 使用"多边形套索工具"创建选区

❶选择"多边形套索工具"，❷在图像上连续单击，创建多边形选区，执行"选择＞修改＞羽化"菜单命令，打开"羽化选区"对话框，❸输入"羽化半径"为4像素，❹单击"确定"按钮，羽化选区。

步骤12 创建"颜色填充"填充图层

新建"颜色填充1"填充图层，❶打开"拾色器（纯色）"对话框，在对话框中设置颜色为R163、G183、B171，❷填充并修改选区内的图像颜色，❸新建"立体效果"图层组，将"图层6"图层及上方的所有图层移到图层组中。

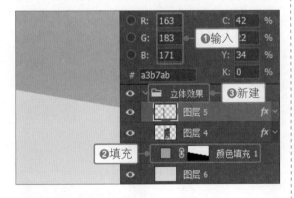

步骤13 调整图层中的图像

❶同时选中"图层4"和"图层5"图层，按快捷键Ctrl+T，打开自由变换编辑框，❷将鼠标指针移到右上角位置，按住Shift键不放，单击并向内侧拖动，等比例缩小图像，❸选中"图层4"图层，❹执行"编辑 > 变换 > 斜切"菜单命令，显示斜切编辑框。

步骤14 拖动调整透视效果

将鼠标指针移到编辑框右上角位置，单击并拖动调整透视，继续使用相同的方法，调整图像，得到立体的面封和书脊效果。

步骤15 设置"投影"样式

❶双击"图层4"图层，打开"图层样式"对话框，❷在对话框单击"投影"样式，❸设置"混合模式"为"线性加深"，输入"不透明度"为20%，"角度"为25°，"距离"为30像素，"大小"为38像素。

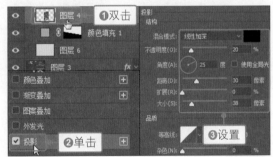

步骤16 设置"投影"样式

❶双击"图层5"图层，打开"图层样式"对话框，❷在对话框单击"投影"样式，❸设置"混合模式"为"线性加深"，输入"不透明度"为18%，"角度"为51°，"距离"为30像素，"大小"为57像素。

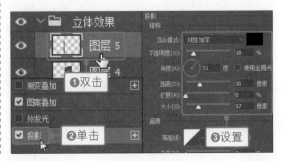

步骤 17 设置"内阴影"样式

❶单击"内阴影"样式，❷设置"混合模式"为"颜色加深"，输入"不透明度"为10%，"距离"为15像素，"大小"为50像素，设置完毕后单击"确定"按钮，应用样式。

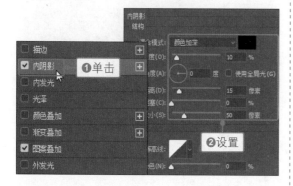

步骤 18 绘制图形并设置"图案叠加"样式

使用"钢笔工具"绘制一个四边形，为其填充颜色R244、G243、B249，得到"形状1"图层，❶双击"形状1"图层，打开"图层样式"对话框，❷单击"图案叠加"样式，❸设置混合模式为"叠加"，"不透明度"为100%，图案样式为"右对角线2（8×8像素，RGB模式）""缩放"值为112%，单击"确定"按钮，应用样式。

步骤 19 创建图案填充图层

❶右击"形状1"图层下方的图层样式，在弹出的快捷菜单中执行"创建图层"命令，❷分离图层和图层样式，得到"'形状1'的图案填充"图层。

步骤 20 旋转图案

❶按快捷键Ctrl+T，打开自由变换编辑框，将鼠标指针移到编辑框右上角，拖动以旋转图案，❷直到选项栏中显示的旋转角度为35.4°时释放鼠标，使图案与面封的倾斜角度一致。

步骤 21 设置颜色绘制图形

❶设置前景色为R144、G68、B77，❷使用"钢笔工具"在白色图形上继续单击，绘制图形，构建更加完整的书籍效果。

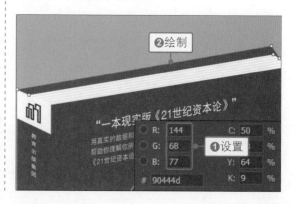

步骤 22 拷贝图层样式

右击"图层 4"图层，❶在弹出的快捷菜单中执行"拷贝图层样式"命令，❷右击"形状 2"图层，❸在弹出的快捷菜单中执行"粘贴图层样式"命令。

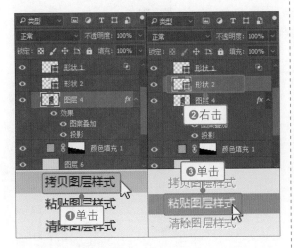

步骤 23 粘贴图层样式

粘贴图层样式，为"形状 2"图层添加"图案叠加"和"投影"样式，在图像编辑窗口中可以看到应用样式后的书籍效果。

步骤 24 盖印并复制图层

❶选择"图层 4"和"图层 5"中间的所有图层，按快捷键 Ctrl+Alt+E，盖印选中图层，创建"图层 5（合并）"图层，❷按快捷键 Ctrl+J，复制图层，创建"图层 5（合并）拷贝"图层。

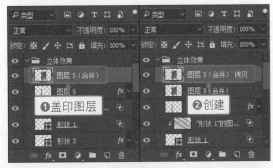

步骤 25 调整顺序和位置

❶将"图层 5（合并）"和"图层 5（合并）拷贝"图层移到"图层 4"图层下方，❷使用"移动工具"移动两个图层中的图像位置，完成本案例的制作。

8.4.3 知识扩展

Photoshop 提供了多种图层样式用于更改图层内容的外观。图层样式是应用于一个图层或图层组的一种或多种效果。在编辑图像的过程中，可以应用 Photoshop 提供的预设样式，也可以通过"图层样式"对话框创建自定义样式。

1. 应用或编辑图层样式

Photoshop 中的"样式"面板中预设了多种图层样式，这些图层样式按功能被放置在不同的库中。

执行"窗口 > 样式"菜单命令，打开"样式"面板。在"样式"面板单击其中的一种样式，或将样式从"样式"面板直接拖动到"图层"面板中的图层上，即可对图层应用该样式，如下图所示。

在"样式"面板中，单击右上角的扩展按钮，在展开的面板菜单中可以选择或载入其他样式库中的样式，如下图所示。

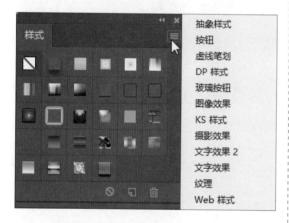

2. 编辑图层样式

如果对预设的图层样式不满意，可以通过"图层样式"对话框修改和编辑图层样式。双击"图层"面板中的图层缩览图，或者执行"图层 > 图层样式"菜单命令，在弹出的级联菜单中选择一种样式，就可以打开如下图所示的"图层样式"对话框。

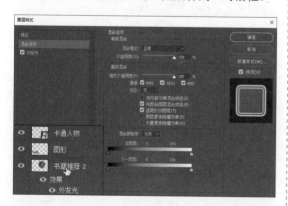

在"图层样式"对话框左侧显示了样式列表，如果需要添加更多样式，则单击对话框左下角的

"添加图层样式"按钮，在展开的菜单中单击选择要添加的样式名称即可，如下图所示。添加样式后，该样式将显示在样式列表中，并且可以通过设置右侧的样式选项，叠加多种样式。

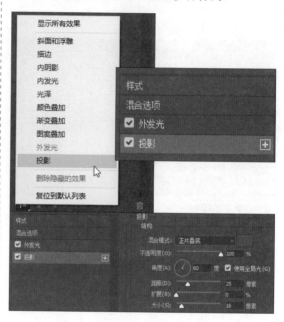

3. 拷贝图层样式

拷贝和粘贴图层样式是对多个图层应用相同效果的便捷方法。可以通过执行菜单命令拷贝图层样式，也可以利用鼠标拖动来拷贝图层样式。

在"图层"面板中选择要拷贝其样式的图层，执行"图层 > 图层样式 > 拷贝图层样式"菜单命令，或者右击图层，在弹出的快捷菜单中执行"拷贝图层样式"命令，然后选择目标图层，执行"图层 > 图层样式 > 粘贴图层样式"菜单命令，或者右击目标图层，在弹出的快速菜单中执行"粘贴图层样式"命令，粘贴图层样式。如果目标图层中已有图层样式，则粘贴的图层样式将替换图层上的原有图层样式。

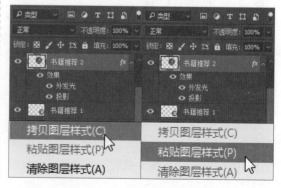

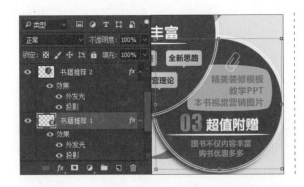

在"图层"面板中按住 Alt 键将单个图层效果从一个图层拖动到另一个图层,同样可以实现图层样式的复制操作。

8.5 课后练习

书籍封面设计是整个书籍装帧设计的核心,凝聚着书籍的主题思想。书籍封面设计不但要准确地表达书籍的内容和精神,还要能吸引读者,激起读者的阅读欲望。下面通过习题巩固本章所学。

习题1:文学类图书封面设计

原始文件	随书资源 \ 课后练习 \08\ 素材 \01.jpg	
最终文件	随书资源 \ 课后练习 \08\ 源文件 \ 文学类图书封面设计 .ai	

大多数女性偏爱文学类图书,因此这类图书在设计时应当多考虑女性读者的审美、喜好。本习题所制作的文学类图书封面就采用拉小提琴的少女照片作为面封的背景图,通过对其颜色的美化与修饰,使画面给人以唯美、优雅的视觉感受。

● 在 Photoshop 中结合选区工具和调整图层,调整人物图像颜色,增强意境效果;

● 使用"液化"滤镜对人物的手臂、小腿等部位进行美化修饰;

● 将处理后的人物图像导入到 Illustrator 中,使用"矩形工具"和"文字工具"对书籍封面进行排版。

习题2：绘画类图书封面设计

原始文件	随书资源 \ 课后练习 \08\ 素材 \02.jpg
最终文件	随书资源 \ 课后练习 \08\ 源文件 \ 绘画类图书封面设计 .psd

绘画类图书封面的设计可以从艺术表现形式入手，根据书中的绘画风格进行书籍封面的创作。本习题设计的是怀旧风格的绘画类书籍封面，面封和底封中均使用了与书籍内容统一的水墨风格的风景图作为主要表现元素，具有强烈的艺术气息。

● 在 Illustrator 中应用"矩形工具"和"钢笔工具"绘制出书籍的大致轮廓；

● 在 Photoshop 中应用滤镜功能将风景照片处理成水墨画效果；

● 将处理好的水墨画添加到书籍封面中；

● 使用"文字工具"为封面添加文字，使用"图案叠加"样式增强封面的质感。

读书笔记

第9章
画册设计

画册是企业等组织对外宣传自身文化、产品特点等内容的广告媒介之一。在进行画册设计前需要充分了解其企业文化、产品特点、行业特点等，才能准确掌握画册的风格定位，做出既漂亮又符合需求的画册。

本章将介绍两种内容的画册设计案例。第一个案例是旅游宣传画册设计，采用风格统一的风景图片搭配简单的文字，展示各个景点的特色、人文风情、交通线路等，实用性较强；第二个案例是企业宣传画册设计，通过表格和图形展示企业的服务内容、项目信息等，具有更强的说服力。

9.1 画册的分类与尺寸

画册是一个展示平台，通过流畅的线条、和谐的图片及优美的文字，可以组合成一本富有创意，又具有可读、可赏性的精美画册，全方位立体展示企业产品和品牌形象或机构风貌和理念等。

1. 画册的分类

画册的分类方式有很多，按其设计目的，可以分为企业形象画册和产品宣传画册。

企业形象画册通常要体现企业的精神文化、发展定位、商业性质等，以形象为主，产品为辅。在设计企业形象画册时，先要充分认识和体会企业的指导思想、行业定位和目标客户等，从而确定画册的设计风格。然后在此基础之上进行版面布局和内容添加，制作出完整的画册效果。

产品画册设计应着重从产品本身的功能和特点出发，分析出产品的卖点，并运用恰当的创意形式来表现，以增加消费者对产品的了解，促进产品的销售。

除了按设计目的分类，也可以按照不同的行业对画册进行分类，如食品画册、地产画册、服装画册等。常见画册类型和设计要点如下表所示。

类型	设计要点
体育画册	时尚、动感是体育行业的特点，所以体育画册需要根据不同的体育项目和活动内容进行设计，宣传积极向上的运动精神
公司画册	体现公司内部状况和服务内容等，在设计方面要求比较沉稳
药品画册	药品画册可以根据目标受众分为医院用画册和药店用画册。医院用画册的目标受众为院长、医师、护士等，这类画册可以运用专业的表达方式，展示药品的成分和药理等信息；药店用画册的目标受众为药店的店长、导购或在店医生等，其用于帮助他们向消费者推荐药品，设计时需要着重表现药品的功效和适用病症等

（续表）

类型	设计要点
医疗器械画册	一般从医疗器械本身的性能出发进行设计，以体现产品的功能和优点等，进而向消费者传达产品的信息
食品画册	要从食品的特点出发进行设计，体现视觉、味觉等特点，诱发消费者的食欲，刺激消费者产生购买的欲望
房产画册	一般根据房地产的楼盘销售情况进行相应的设计，如开盘用、形象宣传用、楼盘特点用等，此类画册设计要求体现时尚、和谐、人文环境等
酒店宾馆画册	需着重体现酒店、宾馆的装饰风格、服务项目等，在设计时可以运用一些独特的元素来体现酒店、宾馆的品质
学校宣传画册	根据用途不同大致分为形象宣传画册、招生画册、毕业留念画册等，可以选用具有代表性的摄影照片进行表现
服装画册	此类画册更注重消费者档次、视觉、触觉的需要，在设计时要根据服装的类型风格来确定画册的整体风格，并且需要对服饰的外观、材质等进行展示
招商画册	主要体现招商的概念，展现自身的优势，以吸引投资者

2. 画册的开本尺寸

开本是指画册幅面的大小，以整张纸裁开的张数作标准来表示。把一整张纸切成幅面相等的 16 小页，叫 16 开，切成 32 小页，叫 32 开，依此类推。在进行画册设计时，需要设置符合印刷纸张开度的尺寸，避免造成纸张的浪费。一般画册以 16 开尺寸居多，设计者也可以根据实际要求修改画册尺寸。详细的画册的开本尺寸如下表所示（单位：mm）。

开数	大度	正度	开数	大度	正度
全开	1193×889	1092×787	12开	290×275	260×250
对开	863×584	760×520	16开	285×210	260×185
3开	863×384	760×358	24开	180×205	170×180
丁三开	443×745	390×700	32开	210×136	184×127
4开	584×430	520×380	36开	130×180	115×170
6开	430×380	380×350	48开	95×180	85×260
8开	430×285	380×260	64开	136×98	85×125

9.2 画册设计的原则

总的来说，画册的设计需要遵循准确传达目标信息、明确目的和主题、内容简单明了等原则，如下图所示。

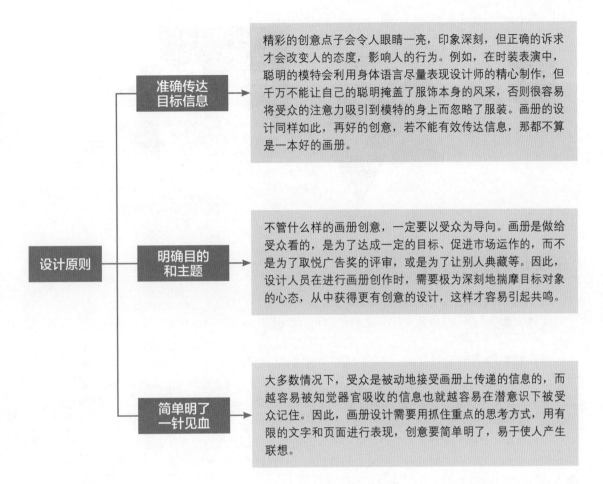

准确传达目标信息

精彩的创意点子会令人眼睛一亮，印象深刻，但正确的诉求才会改变人的态度，影响人的行为。例如，在时装表演中，聪明的模特会利用身体语言尽量表现设计师的精心制作，但千万不能让自己的聪明掩盖了服饰本身的风采，否则很容易将受众的注意力吸引到模特的身上而忽略了服装。画册的设计同样如此，再好的创意，若不能有效传达信息，那都不算是一本好的画册。

明确目的和主题

不管什么样的画册创意，一定要以受众为导向。画册是做给受众看的，是为了达成一定的目标、促进市场运作的，而不是为了取悦广告奖的评审，或是为了让别人典藏等。因此，设计人员在进行画册创作时，需要极为深刻地揣摩目标对象的心态，从中获得更有创意的设计，这样才容易引起共鸣。

简单明了一针见血

大多数情况下，受众是被动地接受画册上传递的信息的，而越容易被知觉器官吸收的信息也就越容易在潜意识下被受众记住。因此，画册设计需要用抓住重点的思考方式，用有限的文字和页面进行表现，创意要简单明了，易于使人产生联想。

设计原则

9.3 旅游宣传画册设计——创建和应用动作

原始文件	随书资源 \ 案例文件 \09\ 素材 \01.jpg ～ 05.jpg
最终文件	随书资源 \ 案例文件 \09\ 源文件 \ 旅游宣传画册设计——创建和应用动作 .ai

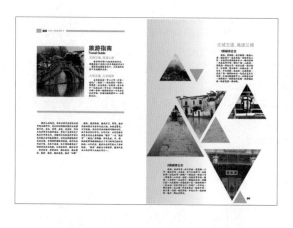

9.3.1 │ 案例分析

设计任务：本案例是设计一个古镇旅游宣传画册。

设计关键点：由于是为某古镇设计旅游宣传画册，因此首先要考虑如何体现古镇的特色，以吸引游客前来；其次，画册设计是系统工程，在设计时要考虑如何体现画册整体的协调性。

设计思路：根据设计关键点，首先，为了体现古镇特色和人文风情，选择大量的古镇景点照片作为素材，并将这些照片统一转换为单色调效果，以更好地突显古镇古朴的气息和厚重的历史感；其次，为了达到画册整体的统一与协调，在每个页面都使用了三角形设计元素，通过不同大小的图形对比，给人留下深刻的印象。

配色推荐：蓝色＋灰色＋白色的配色方式。蓝色是天空的颜色，用在旅游宣传画册中，可以让人联想到一望无际的天空，刺激人们产生去旅游的想法；白色和灰色则比较大气、稳重，可以更好地突显古朴的感觉和悠久的历史感。

9.3.2 │ 操作流程

在本案例的制作过程中，先在 Photoshop 中对画册需要使用到的风光照片进行调整，统一图像的颜色，然后在 Illustrator 中绘制出画册页面的基本布局，再将处理好的风光照片添加到画册中。

1. 在Photoshop中处理素材

本案例中先应用 Photoshop 中的"动作"功能，创建动作完成对一组风光照片的颜色调整，具体操作步骤如下。

步骤 01 使用"动作"面板创建动作

启动 Photoshop，打开"01.jpg"，打开"动作"面板，单击面板中的"创建新动作"按钮 。

步骤 02 设置动作名

打开"新建动作"对话框，❶在对话框中输入动作名为"单色调处理"，❷单击"记录"按钮，创建动作。

步骤 03 应用"调整"面板创建调整图层

创建动作后，"动作"面板中的"开始记录"按钮 显示为红色，表示正在记录动作，单击"调整"面板中的"黑白"按钮 ，创建"黑白 1"调整图层。

步骤 04 设置色调颜色

打开"属性"面板，❶勾选"色调"复选框，❷单击右侧的色块，打开"拾色器（色调颜色）"对话框，❸在对话框中设置颜色为 R234、G240、B255，❹单击"确定"按钮。

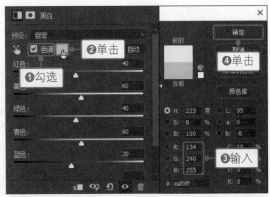

步骤 05 输入选项修饰色彩

关闭"拾色器（色调颜色）"对话框，在"属性"面板中依次设置颜色值为 20、51、21、58、25、57，应用设置将图像转换为单色调效果。

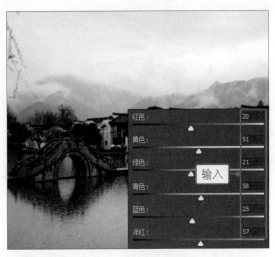

步骤 06 使用"色阶"提亮画面

❶单击"调整"面板中的"色阶"按钮 ，创建"色阶 1"调整图层，打开"属性"面板，❷在面板中输入色阶值为 0、1.46、239，调整图像颜色。

步骤07 盖印图层

❶按快捷键 Ctrl+Shift+Alt+E，盖印图层，创建"图层 1"图层，❷执行"图层 > 智能对象 > 转换为智能对象"菜单命令，将图层转换为智能图层。

步骤08 使用"智能锐化"滤镜锐化图像

执行"滤镜 > 锐化 > 智能锐化"菜单命令，打开"智能锐化"对话框，❶在对话框中设置"数量"为 200%，"半径"为 2 像素，"减少杂色"为 20%，❷单击"确定"按钮，应用滤镜锐化图像，按快捷键 Ctrl+S 存储图像。

步骤09 完成动作记录操作

单击"动作"面板中的"停止播放／记录"按钮■，停止记录动作。

步骤10 单击并应用动作

打开"02.jpg"素材图像，打开"动作"面板，❶单击选中创建的"单色调处理"动作，❷单击下方的"播放选定的动作"按钮▶。

步骤11 使用相同方法处理照片

播放动作，应用动作中的操作处理图像，将图像转换为单色调效果，使用相同的操作方法对另外几张素材也进行调整，将其设置为相似的单色调效果。

2. 在Illustrator中制作画册封面和封底

处理好画册中的素材后，接下来就开始在 Illustrator 中制作画册封面和封底，使用"钢笔工具"绘制图形，建立剪切蒙版隐藏图像，然后绘制装饰图形并添加对应的文本内容，具体操作步骤如下。

步骤 01 创建包含多个画板的文件

启动 Illustrator 程序，执行"文件 > 新建"菜单命令，❶在打开的对话框中输入画册名，❷设置"宽度"为 760 mm，❸"高度"为 520 mm，❹"画板"数量为 4，❺出血值均为 3 mm，创建新文件。

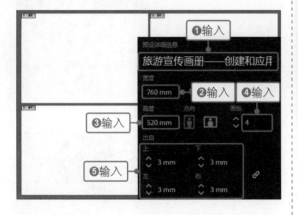

步骤 02 使用"钢笔工具"绘制图形

❶选择工具箱中的"钢笔工具"，在画板中上方连续单击，绘制多边形图形，❷单击"描边"按钮，启用描边选项，❸单击"无"按钮◪，去除描边。

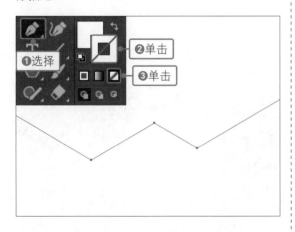

步骤 03 应用"置入"命令置入单个位图

执行"文件 > 置入"菜单命令，❶将"01.psd"置入到绘制的图形上，❷然后调整图像的排列顺序，将置入的风光照片移到白色图形下方。

步骤 04 建立剪切蒙版裁剪图像

应用"选择工具"同时选中风光照片和白色图形，执行"对象 > 剪切蒙版 > 建立"菜单命令，创建剪切蒙版，对风光照片进行裁剪，可看到画板中只显示图形内的部分图像。

步骤 05 设置"多边形"选项

❶设置填充颜色为 R85、G218、B249，❷选择工具箱中的"多边形工具"，在画板中单击，❸在弹出的"多边形"对话框输入"边数"为 3，❹单击"确定"按钮。

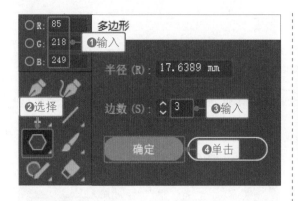

步骤 06 旋转三角形

❶画板中会自动创建一个三角形图形，❷在"属性"面板的"变换"选项组中输入"旋转"值为90°，旋转三角形图形。

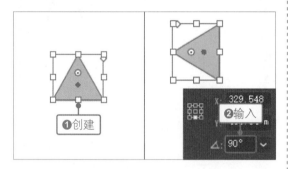

步骤 07 设置混合模式

❶将三角形稍微放大一些，然后移到封面右侧合适的位置，打开"透明度"面板，❷在面板中设置混合模式为"正片叠底"，混合图形和下方的图像。

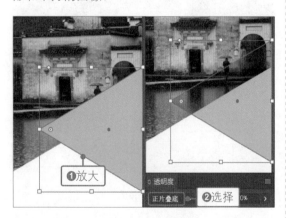

步骤 08 更改混合模式

❶按快捷键Ctrl+C复制三角形图形，执行"编辑 > 就地粘贴"菜单命令，粘贴图形，❷更改混

合模式为"正常"，❸然后拖动定界框，缩小图形。

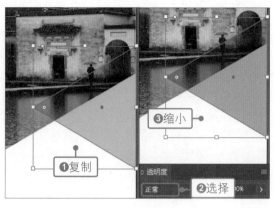

步骤 09 复制三角形

按住 Alt 键不放，单击并拖动鼠标，复制两个三角形图形，调整图形并将其移到画面中间位置。

步骤 10 使用"钢笔工具"绘制多边形

❶设置填充颜色为 R237、G235、B236，❷选择工具箱中的"钢笔工具"，❸在封面位置连续单击，绘制多边形图形。

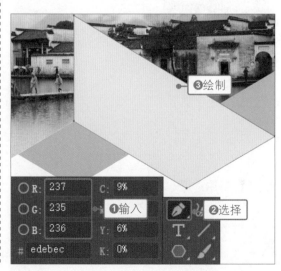

步骤 11 使用"钢笔工具"绘制装饰元素

❶在"拾色器"对话框中设置填充颜色为R81、G216、B254，❷单击"确定"按钮，❸使用"钢笔工具"继续绘制图形，❹绘制后编组图形，复制、翻转图形并调整其位置，完成画册封面装饰元素的设计。

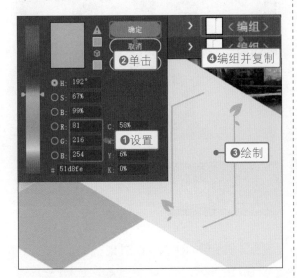

步骤 12 添加文字

❶选择工具箱中的"文字工具"，❷在画册封面和封底位置输入文字内容，并结合"属性"面板，调整文字的颜色、字体等。

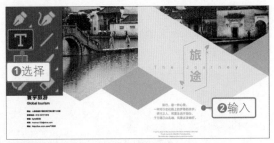

步骤 13 使用"矩形工具"绘制图形

使用"矩形工具"在画册封面位置绘制一个矩形图形，打开"渐变"面板，❶设置从灰色到白色的渐变颜色，打开"透明度"面板，❷设置混合模式为"正片叠底"，存储文件，完成画册封面和封底设计。

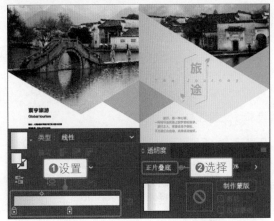

3．在Illustrator中制作画册内页

接下来设计画册内页，使用"多边形工具"在画板中绘制六边形图形，置入处理好的风光照片，创建剪切蒙版，组合图像，复制封面上的三角形图形，并在图形中置入相应的风光照片，最后用"文字工具"在留白区域添加对应的文字，具体操作步骤如下。

步骤 01 创建新图层

打开"图层"面板，❶单击面板中的"创建新图层"按钮，❷新建"图层2"图层。

步骤 02 置入多张位图

执行"文件 > 置入"菜单命令，将"02.psd ～ 05.psd"置入当前编辑的 AI 文件中，并将各个图像移到画册内页合适的位置。

步骤 03 设置"多边形"选项

设置填充颜色为 R237、G235、B236，❶使用"多边形工具"在画板中单击，打开"多边形"对话框，❷输入"边数"为6，❸单击"确定"按钮，创建正六边形。

步骤 04 调整图形大小和角度

❶选中六边形图形，将鼠标指针移到定界框右下角位置，按住 Shift 键不放，单击并向外侧拖动，放大图形至合适的大小，❷在"属性"面板中的"外观"选项中输入"旋转"值为270°，旋转多边形图形。

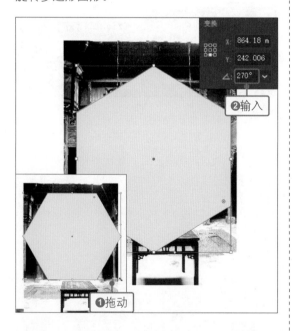

步骤 05 应用"对齐"选项对齐对象

按住 Alt 键不放，单击并向下拖动鼠标，复制两个六边形图形，❶使用"选择工具"同时选中三个六边形图形，❷在"属性"面板中单击"对齐"选项组下的"左对齐"按钮🔲，对齐图形。

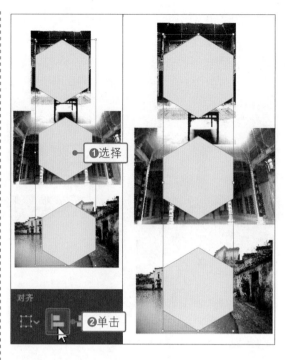

步骤 06 创建剪切蒙版裁剪图像

使用"钢笔工具"在右下角的图像上方再绘制一个相同颜色的三角形，❶同时选中风光照片和图形，❷执行"对象 > 剪切蒙版 > 建立"菜单命令，创建剪切蒙版，隐藏图形外的照片。

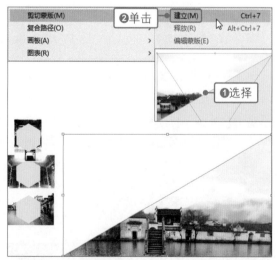

步骤 07 绘制四边形

使用相同的方法，将左侧多边形图形与照片组合，创建剪切蒙版，隐藏多余的部分，❶然后选择"钢笔工具"，❷在画板右侧绘制一个灰色四边形图形。

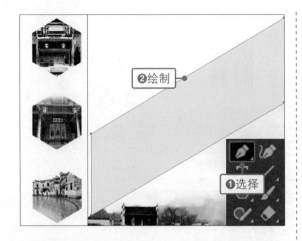

步骤 08 设置图层透明度

复制封面上的蓝色三角形图形，将图形粘贴到内页页面，并缩放到合适的大小，❶使用"选择工具"选中下方三角形图形，❷在"透明度"面板中设置"不透明度"为30%，降低透明度。

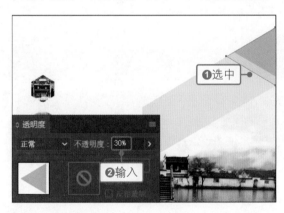

步骤 09 添加文字

选择工具箱中的"文字工具"，在画板中的适当位置单击，输入所需的文本，结合"字符"和"段落"面板，调整文字和段落文本属性。

步骤 10 建立文本绕排

❶使用"直接选择工具"选中文字下方的灰色四边形图形，❷执行"对象 > 文本绕排 > 建立"菜单命令，建立文本绕排效果。

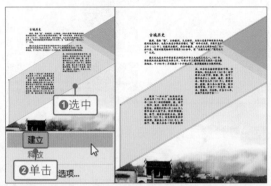

步骤 11 调整对象堆叠顺序

在"图层"面板中选中路径子图层，将其拖动到段落文本"古城历史"上方，可以看到文本框中的文本对象沿四边形边缘绕排显示。

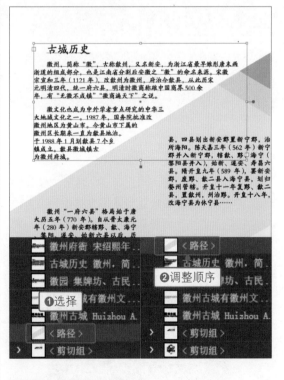

步骤 12 复制渐变矩形

使用"选择工具"选中画册封面上的渐变矩形图形，按住 Alt 键不放，将其拖动到画册内页页面，复制图形。

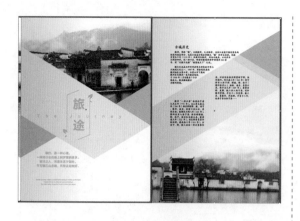

步骤 13 绘制其他的画册内页

使用相同的方法在另外两个画板中使用"钢笔工具"和"多边形工具"绘制出图形，然后将素材图像置入到对应的图形中，完成本案例的制作。

9.3.3 | 知识扩展

动作是指对单个文件或多个文件执行的一系列任务，如菜单命令、面板选项、工具动作等。应用 Photoshop 编辑图像时，如果需要对不同的图像应用相同的操作，就可以使用动作来完成。Photoshop 中预设了一些动作以帮助用户执行常见任务。我们可以直接使用预设动作，也可以根据自己的需要修改预设动作，或者创建新动作等。

1. "动作"面板

使用"动作"面板可以记录、播放、编辑和删除各个动作。此面板还可以用来存储和载入动作文件。"动作"面板默认不显示在界面中，需要执行"窗口 > 动作"菜单命令来打开，打开后的面板如下图所示。

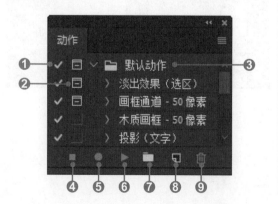

❶ **切换项目开 / 关☑**：如果动作组、动作和命令前显示有该图标，表示这个动作组、动作和命令可以执行；如果动作组、动作前没有该图标，表示该动作组或动作不能被执行。

❷ **切换对话开 / 关▣**：如果动作组或动作前显示有该图标，则表示该动作组或动作包含会显示对话框的命令。当执行到该命令时会暂停操作，并打开相应的对话框，用户需要在此对话框中设置参数，设置完毕后单击"确定"按钮，继续执行后面的操作。

❸ **动作组、动作命令**：动作组是一系列动作的集合；动作是一系列操作命令的集合。单击命令前的倒三角形▶按钮可以展开命令列表，显示命令的具体参数。

❹ **停止播放 / 记录**：用于停止播放动作和停止记录动作。

❺ **开始记录**：单击该按钮，可开始录制动作。

❻ **播放选定的动作**：选择一个动作后，单击该按钮可播放该动作。

❼ **创建新组**：单击此按钮可创建一个新的动作组，以存储新建的动作。

❽ **创建新动作**：单击该按钮，可以创建一个新的动作。

❾ **删除**：选择动作组或动作命令后，单击该按钮，可将其删除。

2．载入和复位动作

Photoshop 中预设了几个不同类型的动作组，要使用其中的预设动作时，单击"动作"面板右上角的扩展按钮，在展开的面板菜单下方执行对应的菜单命令，即可载入相应的预设动作组，如下面两幅图所示。

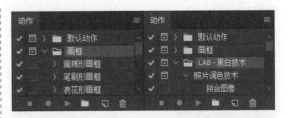

向"动作"面板中载入了多个动作或动作组后，如果要将"动作"面板恢复到默认状态。同样单击面板右上角的扩展按钮，在展开的面板中执行"复位动作"命令即可。

3．创建并记录动作

虽然 Photoshop 中预设了一些动作，但是在实际操作时，这些动作却未必合适。对于经常执行的操作，我们可以将其创建为新动作，以提高工作效率。在创建新动作前，可以先创建一个新的动作组用于存储新动作。若直接在"动作"面板中创建新动作，则该动作将自动被存储于"默认动作"组中。

Photoshop 中有两种比较常用的创建新动作的方法：方法一是单击"动作"面板中的"创建新动作"按钮进行创建，如下左图所示；方法二是单击"动作"面板右上角的扩展按钮，在展开的"动作"面板菜单中选择"新建动作"命令进行创建，如下右图所示。

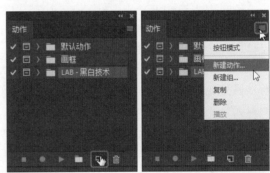

9.4 企业形象画册设计——图表

	原始文件	随书资源 \ 案例文件 \09\ 素材 \06.jpg、07.ai
	最终文件	随书资源 \ 案例文件 \09\ 源文件 \ 企业形象画册设计——图表 .ai

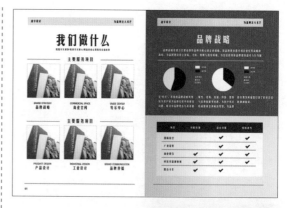
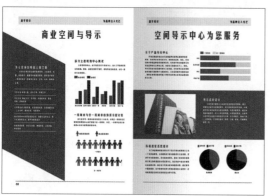

9.4.1 | 案例分析

设计任务：本案例是设计一个企业形象画册。

设计关键点：由于企业形象画册是企业对外最直接、最形象且最有效的宣传形式，所以在设计时要充分结合企业特点，采用清晰的表达方式，利用有利的视觉元素，准确传达宣传册中的信息，让作品体现出企业的产品、服务、文化等。

设计思路：根据设计关键点，一方面，考虑以表格的方式呈现企业成功的项目、不同项目的收费标准等受众关心的内容；另一方面，利用图表这种最为直接鲜明的方式展示企业的合作单位、投资项目概况等内容，以增强说服力。

配色推荐：橘色＋浅灰色的配色方式。高明度的橘色具有较强的视觉冲击力，容易引起受众的注意，使画册整体呈现温馨、热情、活泼的氛围，正好与企业的文化氛围相吻合；灰色则给人以朴实、平和的印象，与高明度的橘色搭配形成强烈的对比，打破画面的沉闷，精准传达重要信息。

软件应用要点：主要利用 Photoshop 中的"色阶"和"曲线"提亮图像，使用"画笔工具"绘制纯白的背景；在 Illustrator 中使用"矩形工具"绘制画册背景，使用"饼图工具""柱形图工具"绘制图表。

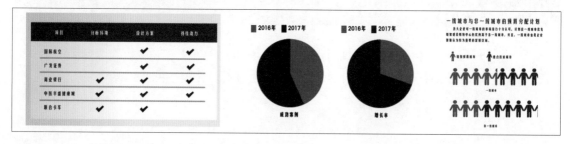

9.4.2 | 操作流程

在本案例的制作过程中，先在 Photoshop 中对素材图像进行处理，调整图像颜色并为其设置纯色背景，然后在 Illustrator 中绘制出画册封面、封底及内页的版式，再将处理好的素材图像添加到页面中。

1．在Photoshop中处理素材

本案例首先在 Photoshop 中结合"调整"面板和"属性"面板调整素材图像亮度，让灰暗的图像变得明亮起来，再使用"画笔工具"涂抹背景，去除多余图像，具体操作步骤如下。

步骤01 设置"曲线"调整图层

打开"06.jpg"素材图像，❶单击"调整"面板中的"曲线"按钮，创建"曲线1"调整图层，打开"属性"面板，❷在面板中单击并向上拖动曲线，提亮图像。

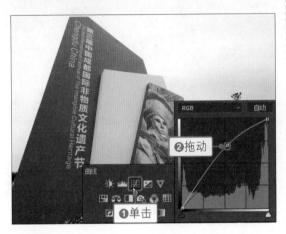

步骤02 设置"色阶"调整图层

❶单击"调整"面板中的"色阶"按钮，新建"色阶1"调整图层，打开"属性"面板，❷在面板中选择"增加对比度2"预设色阶，调整图像，增强对比效果。

步骤03 运用"画笔工具"绘制

按快捷键 Ctrl+Shift+Alt+E，盖印图层，选择工具箱中的"画笔工具"，❶在"画笔预设"选取器中选择"硬边圆"画笔，❷新建"图层2"图层，❸设置前景色为白色，❹运用画笔涂抹图像。

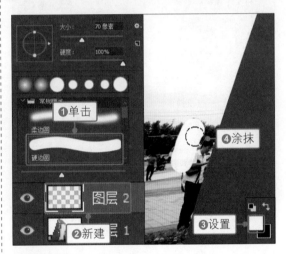

步骤04 继续涂抹图像

继续使用相同的方法，使用"画笔工具"在建筑物后面的背景位置涂抹，将整个背景部分涂抹为白色，最后存储文件。

2. 在Illustrator中设计版面

完成位图图像的处理后，接下来就可在 Illustrator 中对画册页面排版，使用"矩形工具""椭圆工具""直线段工具"在画板中绘制合适的图形，然后使用图表工具创建不同类型的图表，对图表加以设计，最后添加文字完善画面效果即可，具体操作步骤如下。

步骤 01 使用"矩形工具"绘制矩形

新建文件，❶选择工具箱中的"矩形工具"，❷设置填充颜色为 R239、G239、B239，在画板中绘制灰色的矩形，❸设置填充颜色为 R207、G67、B32，在灰色矩形两边绘制两个同等大小的橙色矩形，并去除描边颜色，❹单击"垂直顶对齐"按钮，对齐左、右两个橙色矩形。

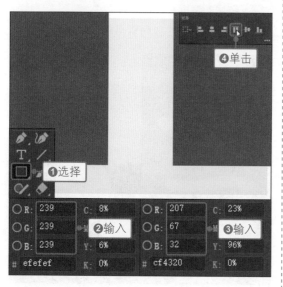

步骤 02 使用"椭圆工具"绘制圆形

❶继续选择工具箱中的"椭圆工具"，❷按住 Shift 键不放拖动鼠标，绘制两个橙色圆形，同时选中两个圆形，❸单击"垂直底对齐"按钮，对齐两个圆形。

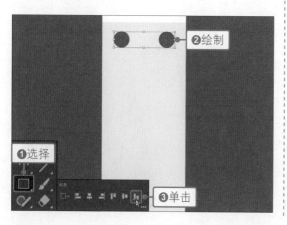

步骤 03 使用"椭圆工具"绘制白色圆形

❶更改填充颜色为 R255、G255、B255，使用"椭圆工具"在画板上方再绘制四个白色的圆形，然后同时选中这四个白色圆形，❷单击"垂直底对齐"按钮，对齐白色圆形图形。

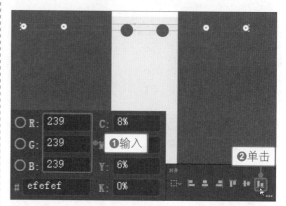

步骤 04 绘制不同颜色的直线

设置描边颜色为 R35、G24、B21，❶选择"直线段工具"，按住 Shift 键不放，单击并拖动，绘制两条直线，❷在"属性"面板中的"外观"选项组中设置描边粗细为 7 pt，❸"不透明度"为 50%，按住 Shift 键不放，单击并拖动，再绘制两条直线，❹设置描边颜色为白色，❺描边粗细为 7 pt，❻"不透明度"为 50%。

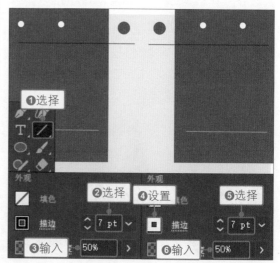

步骤05 输入并设置文字属性

❶选择工具箱中的"文字工具"，在画板输入文字"XINYU 鑫宇"，❷选中文字，设置填充颜色为白色，❸在"属性"面板中的"字符"选项组中设置字体为"方正美黑 -GBK"，❹大小为 180 pt，字符间距为 75，调整文字效果。

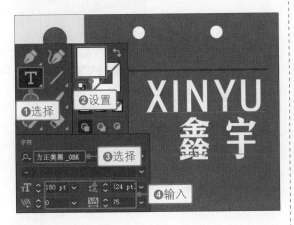

步骤06 添加更多文字

使用"文字工具"在画板中输入更多的文字，结合"属性"面板，调整输入的文字属性。

步骤07 复制标志图形

打开"07.ai"标志素材，将标志图形复制到画册顶部的橙色圆形上方，为了突出标志图形，更改标志颜色为白色。

步骤08 绘制矩形更改混合模式

❶选择"矩形工具"，在画册封面位置绘制一个矩形，❷在"渐变"面板中设置从灰色（R220、G220、B220）到白色的渐变颜色，❸在"透明度"面板中设置混合模式为"正片叠底"。

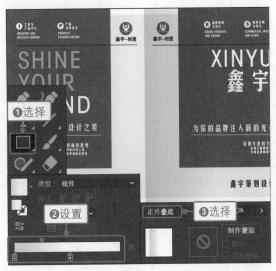

步骤09 置入素材图像

❶在"图层"面板中新建"图层 2"图层，❷执行"文件 > 置入"菜单命令，将处理好的"06.psd"素材图像置入到画板，并移到合适的位置。

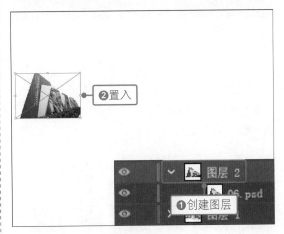

步骤10 创建剪切蒙版裁剪图像

设置填充颜色为 R211、G211、B211，❶选择"矩形工具"，❷绘制矩形，用"选择工具"同时选中矩形和下方的位图，❸执行"对象 > 剪切蒙版 > 建立"菜单命令，创建剪切蒙版，隐藏矩形外的位图，并为剪切蒙版中的图像指定合适的描边颜色。

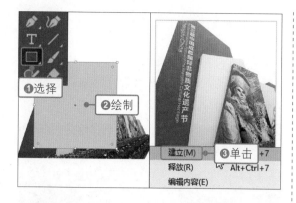

步骤 11 应用"对齐"面板对齐对象

按住 Alt 键不放，单击并向右拖动，复制两个图像，❶使用"选择工具"同时选中三个图像，❷单击"对齐"面板中的"垂直顶对齐"按钮，对齐图像，❸再单击"水平居中分布"按钮，均匀分布图像。

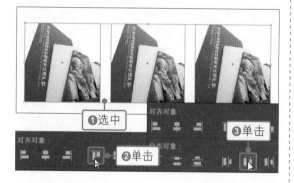

步骤 12 复制并对齐对象

按快捷键 Ctrl+G，编组对齐后的图像，再按住 Alt 键单击并向下拖动，复制图像，❶同时选中两排图像，❷单击"对齐"面板中的"左对齐"按钮，对齐图像。

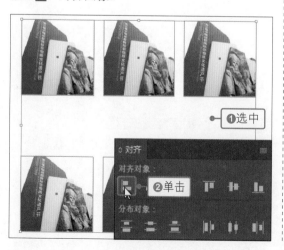

步骤 13 添加矩形和线条元素

结合"矩形工具"和"直线段工具"绘制多个直线和矩形图形，对页面进行简单的布局设计。

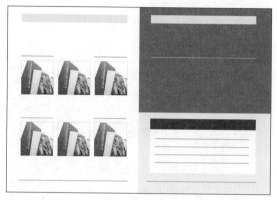

步骤 14 使用"饼图工具"绘制图表

选择工具箱中的"饼图工具"，在画板中单击并拖动鼠标，绘制一个饼图图表。

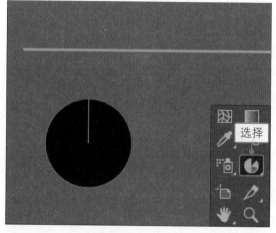

步骤 15 输入图表数据

打开"图表数据"窗口，❶输入相应的图表数据信息，❷单击"应用"按钮，❸再单击窗口右上角的"关闭"按钮，关闭"图表数据"窗口。

步骤16 选择图表列

应用输入的单元格数据，重新生成饼图图表，❶选择工具箱中的"编组选择工具"，❷双击选中饼图图表上的灰色区域。

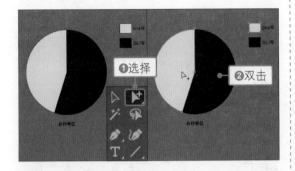

步骤17 更改图表列颜色

❶单击工具箱中的"默认填色和描边"按钮，对选中的图形应用默认的填充颜色和描边颜色，❷单击"描边"按钮，启用描边选项，❸单击下方的"无"按钮，去除描边。

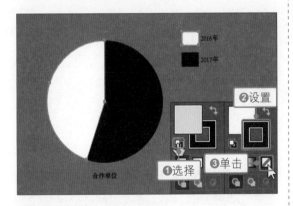

步骤18 更改图表列颜色

❶使用"编组选择工具"双击选中饼图图表中的黑色区域，❷在工具箱中更改填充颜色为R45、G45、B45，并去除描边颜色。

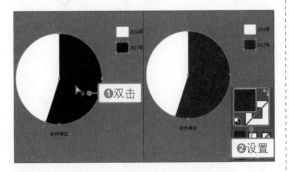

步骤19 更改文字属性

❶应用"编组选择工具"双击选中图例右侧的文字，❷设置文字填充颜色为白色，打开"字符"面板，❸设置字体为"方正美黑 -GBK"，❹字体大小为 14 pt。

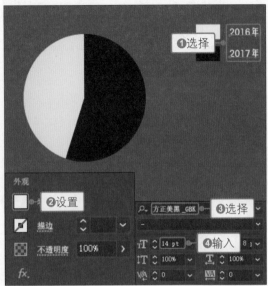

步骤20 更改文字属性

❶使用"编组选择工具"单击选中文字"合作单位"，将文字移到图例下方，❷在"属性"面板中的"外观"选项组中设置文字颜色为白色，❸设置字体为"方正美黑 -GBK"，❹字体大小为 14 pt。

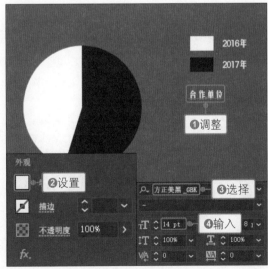

步骤 21 复制图表

使用"选择工具"选中饼图，按住 Alt 键不放，单击并向右拖动，复制饼图。

步骤 22 输入并应用图表数据

选中复制的饼图，执行"对象 > 图表 > 数据"菜单命令，打开"图表数据"窗口，❶在窗口中输入新的图表数据，❷输入完毕后单击"应用"按钮☑，应用输入的单元格数据，重新生成饼图。

步骤 23 添加文字

选择工具箱中的"文字工具"，在画册内页上适当的位置单击，输入所需的文字，为其填充不同的颜色，并利用"字符"和"段落"面板，对不同位置的文字的字体、大小等进行设置，设置后在画板中查看编辑效果。

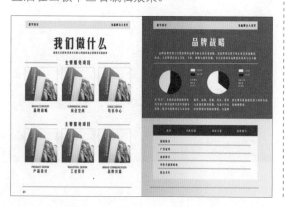

步骤 24 应用符号

打开"网页图标"符号库，❶单击"选中"符号，❷将该符号拖动到合适的位置，断开符号链接，删除多余图形，❸更改填充颜色为 R50、G50、B50。

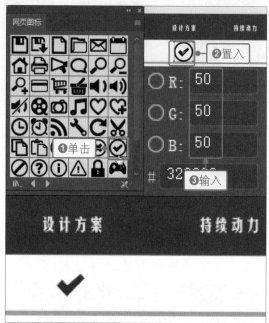

步骤 25 复制多个图形

选中图形，按住 Alt 键不放，单击并拖动鼠标，复制多个选中符号，结合"对齐"面板，对齐符号，在画板中查看对齐后的符号效果。

分析环境	设计方案	持续动力
	✔	✔
	✔	✔
✔	✔	✔
✔	✔	✔
	✔	

步骤 26 对页面排版

使用相同的操作方法，应用"矩形工具"和"文字工具"在其他几个页面中添加图形和文字，再使用图表工具创建不同类型的图表，在画板中查看编辑好的页面效果。

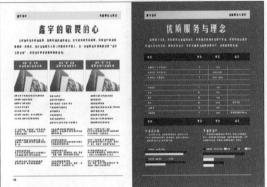

步骤 27 绘制并选择图形

结合"椭圆工具"和"钢笔工具"在灰色的背景上绘制人形图标，为人形图标填充不同的颜色，使用"选择工具"选中橙色的人形图标。

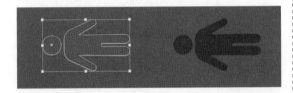

步骤 28 创建图表设计

❶执行"对象 > 图表 > 设计"菜单命令，打开"图表设计"对话框，❷单击对话框中的"新建设计"按钮。

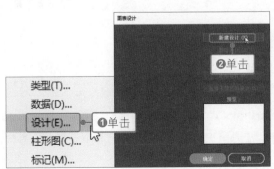

步骤 29 指定图表设计名

新建图表设计，❶单击"重命名"按钮，打开"图表设计"对话框，❷在打开的对话框中输入名称为"图标1"，❸单击"确定"按钮。

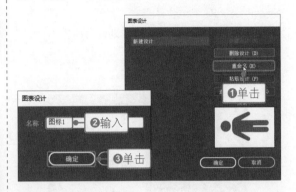

步骤 30 创建图表设计

❶创建"图标1"图表设计，❷单击"确定"按钮，使用相同的方法，应用"选择工具"选取灰色的人物图标，❸应用相同方法创建"图标2"图表设计，❹单击"确定"按钮。

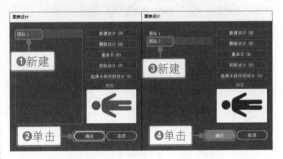

步骤 31 选择图形列

❶使用"编组选择工具"连续单击三次，选中橙色的柱形图表列，❷执行"对象 > 图表 > 柱形图"菜单命令。

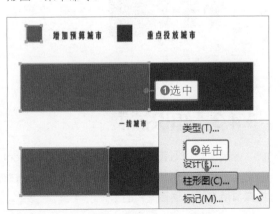

步骤 32 设置"图表列"

打开"图表列"对话框，❶在对话框中单击选中"图标1"列设计，❷在"列类型"下拉列表中选择"重复堆叠"选项，❸输入"每个设计表示"为240个单位，❹在"对于分数"下拉列表中选择"截断设计"选项，设置后单击"确定"按钮。

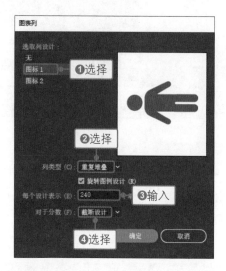

步骤 33 选择图表列

❶应用创建的"图标1"设计更改选中的图表列，使用"编组选择工具"三击选中灰色的图表列，❷执行"对象>图表>柱形图"菜单命令。

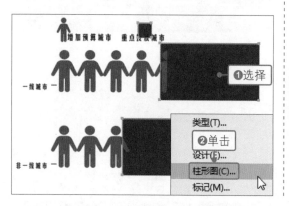

步骤 34 设置"图表列"

打开"图表列"对话框，❶在对话框中单击选中"图标2"列设计，❷在"列类型"下拉列表中选择"重复堆叠"选项，❸输入"每个设计表示"为240个单位，❹在"对于分数"下拉列表中选择"截断设计"选项，设置后单击"确定"按钮。

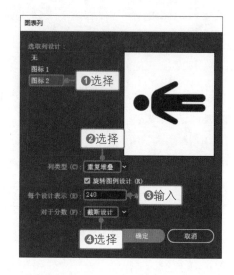

步骤 35 调整图表细节

应用创建的"图标2"图表设计更改选中的图表列，再使用"编组选择工具"选取图表旁边的文字，将其移到合适的位置，完成本案例的制作。

9.4.3 知识扩展

图表可以以可视方式展示统计信息。在 Adobe Illustrator 中可以创建 9 种类型的图表，并且可以自定这些图表以满足不同画册的设计需要。长按或右击工具箱中的图表工具按钮，可以在展开工具栏中查看所有可以创建图表的工具。

1. 创建图表

在 Illustrator 中创建图表时，可以根据创建的图表类型选择合适的图表工具，也可以先绘制基础的柱形图，之后再更改为所需的图表类型。

在工具箱中选择要创建图表的图表工具后，从希望图表开始的位置沿对角线向另一个角拖动，如下左图所示；也可在要创建图表的位置单击，在打开的对话框中输入图表的宽度和高度，单击"确定"进行创建，如下右图所示。

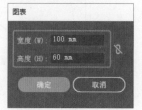

如下面两幅图所示，创建图表后，会自动打开"图表数据"窗口，在该窗口中可以输入图表数据，需要注意的是，图表数据必须按特定的顺序排列，该顺序根据图表类型的不同而变化；输入完成后，还需要单击"图表数据"窗口上方的"应用"按钮，或者按数字键盘上的 Enter 键，以应用数据更新图表。

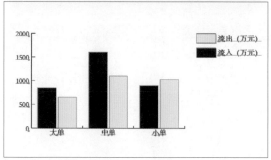

2. 设置图表格式

创建图表后，可以在"图表类型"对话框中重新设置图表格式。例如，更改图表轴的外观和

位置、为图表添加投影、移动图例、组合显示不同的图表类型等。使用"选择工具"选定图表，执行"对象 > 图表 > 类型"菜单命令，即可打开如下图所示的"图表类型"对话框。由于图表是与其数据相关的编组对象，因此绝不可以取消图表编组；如果取消了图表编组，将无法通过设置图表格式更改图表效果。

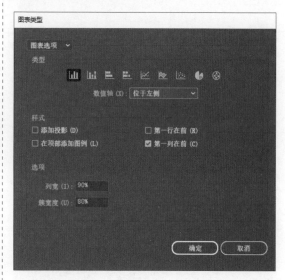

如果需要更改图表类型，只需要应用"选择工具"选中图表，单击"图表类型"对话框中相应的按钮即可，下图所示即为将柱形图表更改为折线图表。

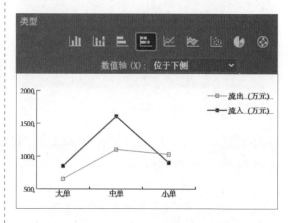

在 Illustrator 中，除了可以在一个图表中显示相同的图表类型，也可以创建组合图表。例如，可以让一组数据显示为柱形图，而其他数据组显示为折线图。除了散点图之外，可以将任何类型的图表与其他图表组合。选择"编组选择工具"，双击要更改图表类型的数据的图例，选定用图例编组的所有图形，然后在"图表类型"对话框中选择所需的图表类型和选项即可，如下图所示。

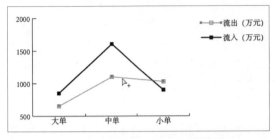

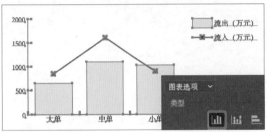

除了饼图之外，所有的图表都有显示图表测量单位的数值轴。我们可以选择在图表的一侧或两侧显示数值轴，并且如果图表两侧都有数值轴，还可以为每个轴都指定不同的数据组。要更改数值轴的格式时，则在"图表类型"对话框顶部的弹出菜单中选择一个轴，在展开的选项组中可以重新设置数据轴刻度值、刻度线等，如下图所示。

3．设置图表中的图形

创建图表时，Illustrator 将对图例编组中的图形应用默认的填充或描边颜色。为了获得更美观的图表，可以更改图形的填充和描边颜色。选择"编组选择工具"，在图表中双击即可选中用图例编组的所有图形，连续单击三次即可选中编组所对应的图例。选择编组的图形后，结合工具箱或"属性"面板等可以更改其颜色，如下图所示。

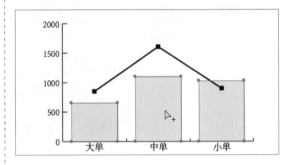

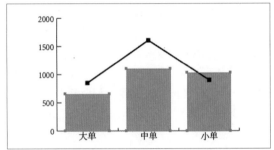

为图表的标签和图例生成文本时，将使用默认的字体和大小，用户可应用与更改编组图形类似的方法更改字体和大小。先用"编组选择工具"选择要更改的文本对象，再用"属性"或"字符"面板设置所选文本的字体、大小及颜色等。

9.5 课后练习

由于画册包含多个页面，所以在设计时，需要让这些页面在整体风格、颜色搭配和设计元素上保持相对一致，这样才能使设计出来的画册形成比较完整、统一的视觉效果。下面通过习题巩固本章所学。

习题1：家居装潢画册设计

原始文件	随书资源 \ 课后练习 \09\ 素材 \01.jpg ～ 03.jpg
最终文件	随书资源 \ 课后练习 \09\ 源文件 \ 家居装潢画册设计 .ai

　　家居装潢画册可以根据家居风格来确定画册的风格定位。本习题中采用了留白的处理方式,使版面显得比较工整,同时选用不同颜色的色块进行组合设计,让工整的画面变得更有活力。通过详细分析餐厅、客厅、卧室等房间的装修及家具的选择、搭配,为受众装修自己的房屋提供参考。

●在 Photoshop 中创建动作,对其中一幅家居图像的明暗和颜色进行处理,营造温暖的家居氛围;

●利用创建动作批处理图像,统一画册中家居图像的色调;

●使用 Illustrator 绘制出画册中每个页面的基本布局;

●将处理好的家居图像添加到指定的页面中,并利用"文字工具"在对应的图像旁边输入所需文字,完善画册效果。

习题2:美食推荐画册设计

	原始文件	随书资源\课后练习\09\素材\04.jpg ~ 11.jpg、12.ai ~ 13.ai
	最终文件	随书资源\课后练习\09\源文件\美食推荐画册设计.ai

　　设计美食类画册时,需要突出表现食品的外观和口味特点,让受众产生品尝的欲望。本习题要制作一本美食推荐画册,根据食物的颜色特征采用暖色调的设计,运用简单的线条加以装饰,不但能增强视觉的空间感和延伸感,而且能给人留下干净、整洁的印象。

●在 Photoshop 中创建图层蒙版,再应用"属性"面板中的"颜色范围"功能,调整蒙版显示区域,抠出需要的食物图像;

●利用"曲线"和"色阶"调整食物的亮度,再使用"色彩平衡"和"可选颜色"加强红色和黄色,使调整后的食物图像看起来让人更有食欲;

● 在 Illustrator 中利用"矩形工具"和"钢笔工具"绘制出画册中每个页面上的图形，对其进行布局设置；

● 将食物图像添加到每个页面中，利用"文字工具"在空白区域输入所需文字。

读书笔记

第 **10** 章
移动UI设计

UI 是 User Interface（用户界面）的缩写。移动 UI 设计泛指智能手机等移动设备中应用程序（app）的人机交互、操作逻辑、界面美观性的整体设计。在本章中，移动 UI 设计特指联系用户和后台程序的一种界面视觉设计。移动 UI 设计常被称为应用程序的"脸面"，好的移动 UI 设计不仅要让应用程序变得有个性、有品位，还要给用户带来舒适、简单的操作体验。

　　本章包含两个不同内容的移动 UI 设计，分别是音乐播放器应用程序 UI 设计和购物类应用程序 UI 设计。其中音乐播放器应用程序 UI 的设计主要通过为按钮和图标添加阴影和高光来营造立体感；购物类应用程序 UI 设计则使用简约的图形和高纯度的色彩来创建简洁、美观的操作界面。

10.1　移动UI设计的原则

　　移动 UI 设计需要遵循一些基本的设计规范，才能让作品符合用户在视觉和操作中的习惯，带给用户更美好的视觉体验和舒适的操作体验。移动 UI 设计的原则可以概括为保持界面完整性、一致性、直观性和习惯性，如下图所示。

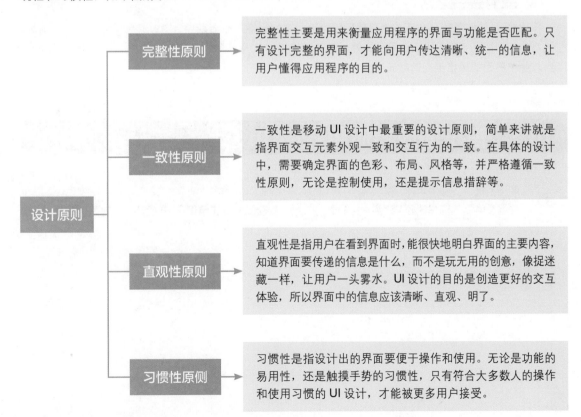

设计原则

完整性原则 → 完整性主要是用来衡量应用程序的界面与功能是否匹配。只有设计完整的界面，才能向用户传达清晰、统一的信息，让用户懂得应用程序的目的。

一致性原则 → 一致性是移动 UI 设计中最重要的设计原则，简单来讲就是指界面交互元素外观一致和交互行为的一致。在具体的设计中，需要确定界面的色彩、布局、风格等，并严格遵循一致性原则，无论是控制使用，还是提示信息措辞等。

直观性原则 → 直观性是指用户在看到界面时,能很快地明白界面的主要内容,知道界面要传递的信息是什么，而不是玩无用的创意，像捉迷藏一样，让用户一头雾水。UI 设计的目的是创造更好的交互体验，所以界面中的信息应该清晰、直观、明了。

习惯性原侧 → 习惯性是指设计出的界面要便于操作和使用。无论是功能的易用性，还是触摸手势的习惯性，只有符合大多数人的操作和使用习惯的 UI 设计，才能被更多用户接受。

10.2 移动UI设计的基本流程

移动 UI 设计是整个应用程序设计中最重要的一部分，能带给用户最直观的感受。移动 UI 设计的基本流程包含四个步骤：首先根据目标用户的喜好和特点等确定整个操作界面的风格；接着对界面的色彩进行定位；然后根据界面的色彩定位进行界面的设计造型，规划界面的布局并设计界面组件；最后将设计的元素和组件组合在单个界面中，形成完整的视觉效果。

1. 确定界面风格

在移动 UI 设计过程中，首先需要确定应用程序的目标用户，不同目标用户的喜好往往都不一样。因此在确定了目标用户，了解了他们的喜好和特点后，才能准确定位界面的风格。只有选择了适合目标用户的界面风格，才能让设计出来的应用程序获得目标用户的认可。

2. 色彩定位

确定界面的风格后，就需要进行色彩定位。色彩定位是在移动 UI 设计中运用色彩表现界面的美感，使用户从界面及其外观的色彩上辨认出产品的特点。不同的颜色能够使人产生不同的感受，因此在移动 UI 设计中，可以根据要表现的风格和界面造型确定 UI 的色彩定位。

3. 界面造型设计

确定界面的色彩后，接下来就是对界面进行造型设计。造型设计包含界面布局的规划、界面元素的定义及界面组件材质的选择等多个方面的内容。设计者应根据前面确定的风格和颜色搭配方案，对界面做进一步的造型设计。通过这一阶段，设计者能够在脑海中勾勒出界面的大致效果。

4. 细节整合

移动 UI 设计的最后一个环节是将确定的界面元素组合在一个界面中，通过有序地组合文本、图像、按钮组件等，得到完整的界面效果。此外，也可以根据特殊的界面内容，对界面中的元素进行再设计，得到与整个界面的风格相同的新元素。

10.3 音乐播放器应用程序UI设计——符号的编辑

原始文件	随书资源 \ 案例文件 \10\ 素材 \01.jpg ～ 03.jpg
最终文件	随书资源 \ 案例文件 \10\ 源文件 \ 音乐播放器应用程序 UI 设计——符号的编辑 .ai

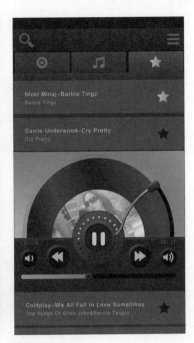

10.3.1 案例分析

设计任务：一个音乐播放器应用程序的UI设计。

设计关键点：首先要确定界面是为iOS系统还是为Android系统设计的，以便在设计时遵守相应系统的UI设计规范；其次，音乐播放器应用程序以音乐为主要的信息传播内容，因此，要围绕音乐播放这一功能进行设计。

设计思路 根据设计关键点，先确定本界面是为Android系统设计，并且设计的内容需要与音乐相关，因此，在界面中绘制音乐符号、CD盘面等元素，并通过添加投影和高光来表现按钮和图标的质感，同时，在对界面进行整合设计时，选择相同的图案和配色方式，充分体现UI设计的一致性原则。

配色推荐：紫色＋黑铁色＋红梅色的配色方式。紫色优雅而时尚，用在界面背景中给人以华丽而复古的印象；黑铁色的加入，与紫色形成了鲜明的颜色反差，用来突出播放器的质感正好合适；用少许的红梅色作为点缀，突出主要的功能模块。

软件应用要点：主要利用Photoshop中的"高斯模糊"滤镜模糊图像，利用"曲线"和"色阶"调整图层调整图像颜色；在Illustrator中应用符号库向界面中添加并修改符号。

10.3.2　操作流程

在本案例的制作过程中，先在 Photoshop 中对背景素材图像进行美化修饰，然后在 Illustrator 中绘制出播放器的外形，将处理好的素材图像添加到播放器界面中，完善界面效果。

1．在Photoshop中处理背景素材

使用符合界面整体风格的背景图像可以让界面更有感染力。在本案例中，首先使用"高斯模糊"滤镜对图像进行模糊处理，然后使用"曲线"和"色阶"调整图层调整图像颜色，创建唯美的界面背景图，具体操作步骤如下。

步骤 01 复制"背景"图层

启动 Photoshop，打开"01.jpg"素材图像，复制"背景"图层，创建"背景拷贝"图层。

步骤 02 设置"高斯模糊"滤镜模糊图像

执行"滤镜 > 模糊 > 高斯模糊"菜单命令，打开"高斯模糊"对话框，❶输入"半径"为 150 像素，❷单击"确定"按钮，应用"高斯模糊"滤镜创建模糊的图像。

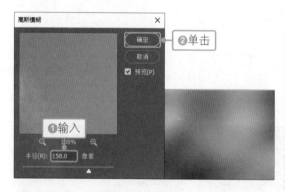

步骤 03 应用"色彩平衡"调整

❶单击"调整"面板中的"色彩平衡"按钮，创建"色彩平衡 1"调整图层，打开"属性"面板，❷在面板中输入颜色值为 -68、-100、+15，调整图像颜色。

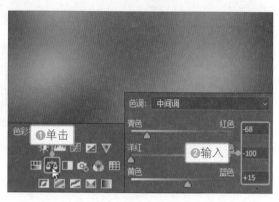

步骤 04 设置"色阶"调整阴影亮度

❶单击"调整"面板中的"色阶"按钮，创建"色阶 1"调整图层，打开"属性"面板，❷在面板中选择预设的"加亮阴影"选项，提亮图像阴影区域。

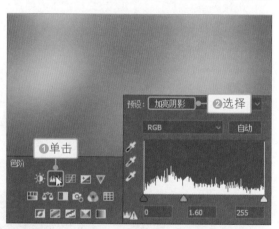

步骤 05 使用"曲线"提亮局部

创建"曲线 1"调整图层，打开"属性"面板，❶应用鼠标拖动鼠标，调整曲线形状，❷单击"曲线 1"图层蒙版缩览图，选择"渐变工具"，❸在选项栏中选择"黑，白渐变"，❹从图像右上方往左下方拖动渐变，控制"曲线"调整范围。

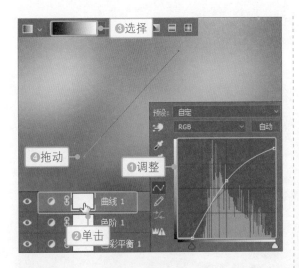

步骤07 设置"色相/饱和度"调整图像

❶使用"套索工具"在图像中创建新选区，❷新建"色相/饱和度1"调整图层，打开"属性"面板，❸在面板中输入"色相"为63，"饱和度"为16，调整选区内的图像颜色。

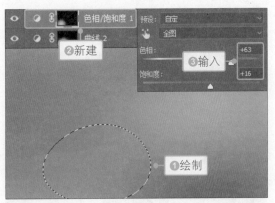

步骤06 使用"曲线"提亮选区

选择"套索工具"，❶在选项栏中设置"羽化"值为150像素，❷应用鼠标在图像左下角位置单击并拖动，创建选区，❸新建"曲线2"调整图层，❹在打开的"属性"面板中单击并拖动曲线，调整选区内的图像亮度。

步骤08 载入选区填充"纯色"

❶按住Ctrl键不放，单击"色相/饱和度1"图层缩览图，载入选区，❷新建"颜色填充1"填充图层，❸在打开的"拾色器（纯色）"对话框中输入颜色值为R80、G119、B126，填充选区。

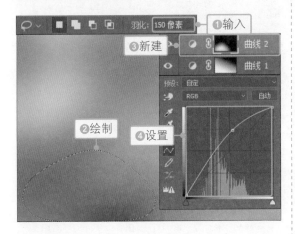

技巧提示　**应用曲线调整图像亮度**

在Photoshop中使用曲线调整图像亮度时，在曲线上单击并向上拖动可以提高图像的亮度，在曲线上单击并向下拖动可以降低图像的亮度。

2. 在Illustrator中对界面进行排版设计

完成界面背景图的处理后，接下来在Illustrator中对界面进行编辑和排版。先使用"矩形工具"绘制图形，再将处理好的背景图置入到矩形中，使用其他形状工具绘制出界面所需的按钮、图标等，最后加入相应的图像和文字信息，完成界面的设计，具体操作步骤如下。

步骤01 创建包含多个画板的文件

启动 Illustrator 程序，执行"文件 > 新建"菜单命令，❶在打开的对话框中单击"移动设备"标签，❷在展开的选项卡中单击 iPhone 6/6s 空白文档预设，❸输入新建文档名称，❹画板数量为 3，❺单击"创建"按钮，创建包含 3 个画板的空白文件。

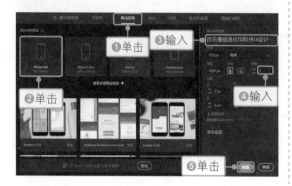

步骤02 在画板编辑模式下调整画板

❶选择工具箱中的"选择工具"，❷单击"属性"面板中的"编辑画板"按钮，进入画板编辑模式，当前工具也自动切换为"画板工具"，❸单击并拖动画板 3，调整画板 3 的位置。

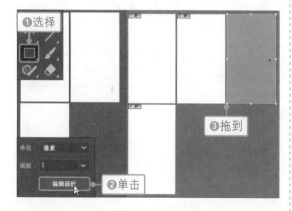

步骤03 调整画板对齐和分布方式

❶按住 Shift 键依次单击选中 3 个画板，❷单击"对齐"面板中的"垂直顶对齐"按钮，对齐画板，❸再单击"水平居中分布"按钮，均匀分布画板。

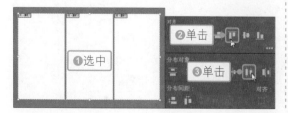

步骤04 更改图层名称

展开"图层"面板，❶双击"图层 1"图层，打开"图层选项"对话框，❷输入图层名"专辑页"，❸单击"确定"按钮，❹将"图层 1"图层重命名为"专辑页"图层。

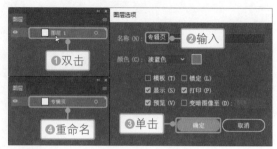

步骤05 置入素材图像

❶在"专辑页"图层下方新建"背景"子图层，执行"文件 > 置入"菜单命令，❷将"01.psd"图像置入到画板中，并调整至合适的大小。

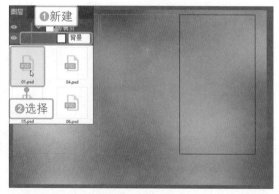

步骤06 设置"矩形"选项

❶选择工具箱中的"矩形工具"，在画板 1 中单击，打开"矩形"对话框，❷在对话框中输入"宽度"为 750 px，❸"高度"为 1334 px，❹单击"确定"按钮，创建一个与画板同等大小的矩形。

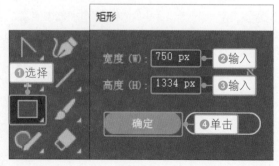

步骤 07 将图形对齐到画板

打开"对齐"面板，❶在"对齐"下拉列表中选择"对齐画板"选项，❷单击"水平左对齐"按钮，❸单击"垂直顶对齐"按钮，将图形对齐到画板边缘。

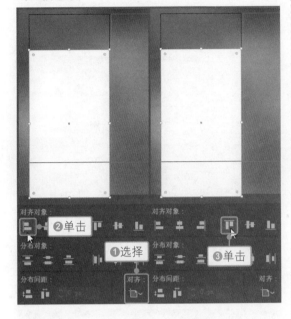

步骤 08 执行"建立剪切蒙版"命令

使用"选择工具"同时选中矩形图形和下方的背景图像，右击鼠标，在弹出的快捷菜单中执行"建立剪切蒙版"命令，创建剪切蒙版，裁剪图像。

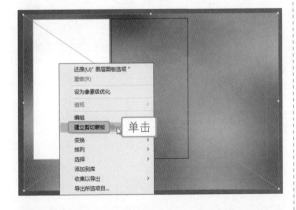

步骤 09 使用"矩形工具"绘制导航栏背景

❶在"专辑页"图层下方新建"导航栏"子图层，打开"颜色"面板，❷设置填充颜色为R21、G11、B12，❸选择工具箱中的"矩形工具"，在画板1顶部绘制矩形图形。

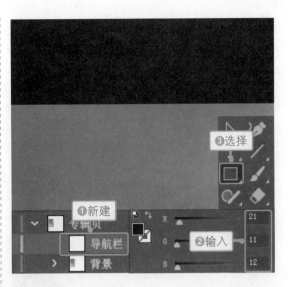

步骤 10 使用"椭圆工具"绘制圆形

❶选择工具箱中的"椭圆工具"，打开"颜色"面板，❷单击面板中的白色色块，❸使用"椭圆工具"在矩形左上角绘制多个同等大小的白色圆形，并对绘制的圆形进行编组。

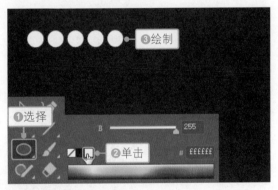

步骤 11 选择并置入"RSS-灰色"符号

❶执行"窗口>符号库>移动"菜单命令，打开"移动"面板，❷在面板中单击选择"RSS-灰色"符号，❸将其拖动到画板中。

步骤 12 编辑符号

❶右击置入的"RSS-灰色"符号，❷在弹出的快捷菜单中执行"断开符号链接"命令，断开符号链接，❸右击断开后的图形，❹在弹出的快捷菜单中执行"取消编组"命令，取消图形编组。

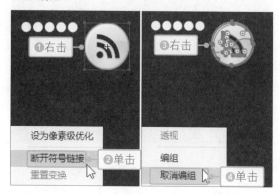

步骤 13 选择图形设置填充颜色

删除多余图形，❶应用"选择工具"单击选中留下的图形，打开"颜色"面板，❷单击面板中的白色按钮，将图形填充颜色更改为白色。

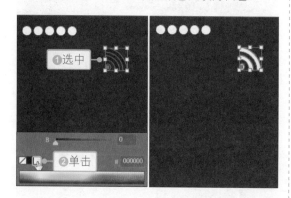

步骤 14 旋转图形

展开"属性"面板，在"变换"选项组中输入"旋转"值为45°，旋转图形。

步骤 15 设置"圆角矩形"选项

❶选择工具箱中的"圆角矩形工具"，在画板 1 中单击，打开"圆角矩形"对话框，❷在对话框中输入"宽度"为 54 px，❸"高度"为 25 px，❹"圆角半径"为 3 px，❺单击"确定"按钮，创建圆角矩形。

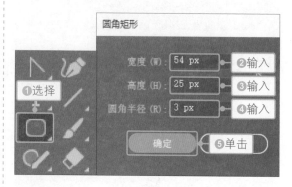

步骤 16 设置"外观"属性

展开"属性"面板，❶在"属性"面板中的"外观"选项中设置描边颜色为白色，❷输入描边"粗细"为 1.5 pt，对图形应用描边效果。

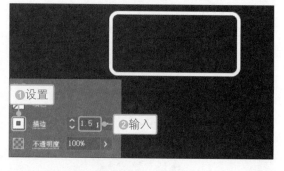

步骤 17 复制并调整图形

就地复制粘贴圆形矩形，❶单击工具箱中的"互换填色和描边"按钮，交换填充颜色和描边颜色，❷使用路径编辑工具，将矩形的右上角和右下角转换为直角，再将其向左移到直角锚点，更改图形外形轮廓。

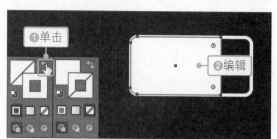

步骤 18 绘制图形

使用相同的方法，在画板上方绘制更多的图形，填充不同的颜色，并结合路径编辑工具调整图形的外形。

步骤 19 置入"搜索"符号

❶执行"窗口＞符号库＞网页图标"菜单命令，打开"网页图标"面板，❷单击选中面板中的"搜索"符号，❸将选中符号拖动到画板中，释放鼠标，置入符号。

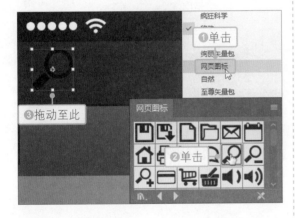

步骤 20 置入更多符号

使用相同的方法，将"网页图标"符号库中的"音乐"、"移动"符号库中的"重新载入-灰色"、"Web 按钮和条形"符号库中的"星形-灰色"符号载入到画板中。

步骤 21 断开符号链接

选择置入的"搜索"符号，❶右击置入的符号，❷在弹出的快捷菜单中执行"断开符号链接"命令，断开符号链接，❸在"颜色"面板中设置填充颜色为 R114、G78、B100，更改图形颜色。

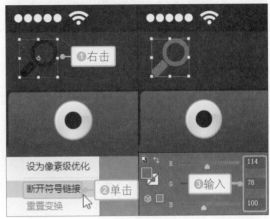

步骤 22 水平翻转图形

展开"属性"面板，单击"变换"选项组中的"水平轴翻转"按钮，沿水平轴翻转图形。

步骤 23 调整其他图形

应用相同的方法，断开其他符号链接，然后选择并调整图形，为图形填充不同的颜色，使用"文字工具"在状态栏的位置输入所需文字。

步骤 24 使用"椭圆工具"绘制图形

展开"图层"面板，❶在"专辑页"图层中创建"专辑"子图层，❷选择工具箱中的"椭圆工具"，❸在"颜色"面板中设置填充颜色为R30、G26、B27，❹绘制一个圆形，并去除描边颜色。

步骤 25 复制圆形更改填充和描边颜色

　　就地复制粘贴圆形图形，打开"颜色"面板，❶设置填充颜色为 R128、G72、B159，❷单击"描边"按钮，❸设置描边颜色为 R94、G62、B112，展开"属性"面板，❹在"外观"选项组中将描边"粗细"设置为 3 pt，更改图形和描边颜色，确认图形为选中状态，❺将鼠标指针置于定界框右下角，按快捷键 Shift+Alt，拖动鼠标，将图形缩放到合适的大小。

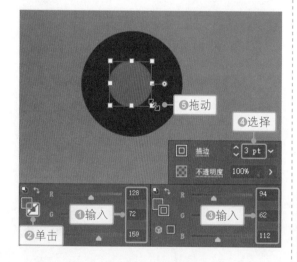

步骤 26 使用"矩形工具"绘制图形

　　❶选择工具箱中的"矩形工具"，❷在画板中绘制一个白色的矩形，打开"透明度"面板，❸在面板中将图形的"不透明度"设置为 50%，降低透明度效果。

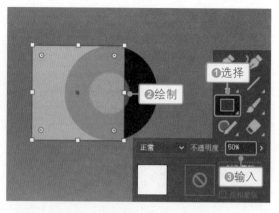

步骤 27 创建剪切蒙版裁剪图像

　　❶执行"文件 > 置入"菜单命令，将"02.jpg"人物图像置入到画板中，调整到合适的大小，❷使用"矩形工具"在人物图像上方绘制一个黑色矩形，使用"选择工具"同时选中人物图像和矩形图形，❸执行"对象 > 剪切蒙版 > 建立"菜单命令，建立剪切蒙版，裁剪图像。

步骤 28 复制更多对象

　　使用"选择工具"同时选中人物和下方的CD 图形，按快捷键 Ctrl+G，将其编组，复制多组对象，并移到合适的位置上。

步骤 29 选择图像

❶使用"直接选择工具"单击选中人物图像，执行"窗口 > 链接"菜单命令，打开"链接"面板，❷单击面板中的"重新链接"按钮。

步骤 30 选择并置入图像

打开"置入"对话框，❶在对话框中选择需要置入的"03.jpg"人物图像，❷单击"置入"按钮，置入图像。

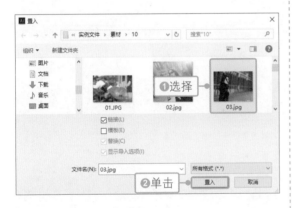

步骤 31 替换置入的图像

关闭"置入"对话框，在画板中可以看到重新链接的图像效果。

步骤 32 设置渐变填充效果

使用相同的方法，替换另外几个 CD 封面上的图像，删除最后一个封面上的人物图像，❶选中矩形图形，打开"渐变"面板，❷选择"径向"渐变，❸重新设置渐变颜色，对图像应用渐变效果。

步骤 33 删除并调整图形

将"移动"面板中的"加号 - 灰色"符号置入到画板中，断开符号链接，删除多余的图形，更改剩余图形的填充颜色、大小和位置等。

步骤 34 复制背景和导航栏

使用"文字工具"在专辑图像下方输入对应的专辑名称，完成专辑页面的制作。创建"歌曲页"图层，将制作好的背景和导航栏复制到界面中。

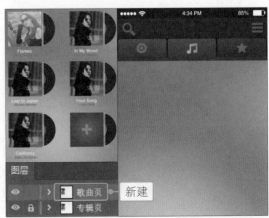

步骤 35 使用"椭圆工具"绘制图形

❶创建"播放器"子图层，❷在"渐变"面板中选择"线性"渐变类型，❸设置渐变颜色，❹输入角度为 21.6°，❺选择"椭圆工具"，❻按住 Shift 键单击并拖动，在画板 2 下方绘制圆形图形。

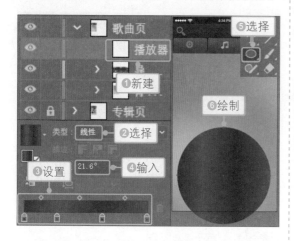

步骤 36 应用"渐变工具"编辑渐变

❶选择工具箱中的"渐变工具"，在圆形图形上方显示渐变控制条，❷在图形上方单击并拖动鼠标，更改渐变填充效果。

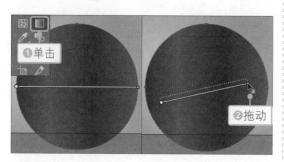

步骤 37 创建剪切蒙版裁剪图形

❶使用"矩形工具"在圆形下方绘制相同颜色的矩形，❷使用"选择工具"同时选中矩形和圆形，❸单击"路径查找器"选项组中的"减去顶层"按钮，创建复合图形。

步骤 38 绘制更多图形

使用相同的方法在画板下方绘制更多图形，并分别填充合适的颜色，组合成播放器效果。

步骤 39 置入符号

打开"移动"面板，❶单击选中面板中的"向前-灰色"符号，❷将其拖动到画板中，释放鼠标，置入符号。

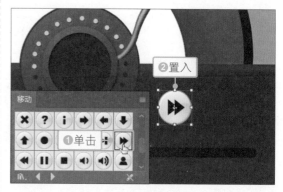

步骤 40 置入更多符号并断开链接

置入更多符号到画板中，为播放器添加播放按钮，❶应用"选择工具"同时选中置入的多个符号，打开"符号"面板，❷单击"断开符号链接"按钮，断开符号链接。

步骤41 调整图形颜色

取消符号编组，删除多余的图形后，结合"选择工具"和"颜色"面板，更改播放器按钮的颜色。

步骤42 设置"高斯模糊"效果

❶使用"选择工具"选中按钮图形，执行"效果 > 模糊 > 高斯模糊"菜单命令，打开"高斯模糊"对话框，❷在对话框中输入"半径"为3.2像素，❸单击"确定"按钮，模糊图像。

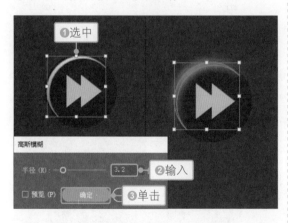

步骤43 调整图形的透明度

打开"透明度"面板，在面板中设置"不透明度"为50%，降低透明度，取消选中状态，在画板中查看效果。

步骤44 模糊更多图形

用相同方法编辑另外几个图形，为播放按钮设置高光效果，将编辑后的图形重新编组，将编组后的播放按钮调整至合适大小，移到需要的位置。

步骤45 转换图形

用"选择工具"选中停止播放按钮图形，执行"效果 > 转换为形状 > 圆角矩形"菜单命令，打开"形状选项"对话框，❶在对话框中设置"额外宽度"和"额外高度"均为0 px，❷"圆角半径"为9 px，❸单击"确定"按钮，将矩形转换为圆角矩形。

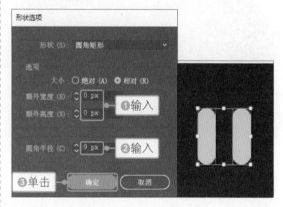

步骤46 设置"投影"效果

执行"效果 > 风格化 > 投影"菜单命令，打开"投影"对话框，❶在对话框中输入"不透明度"为70%，"X位移"为2 px，"Y位移"为3 px，"模糊"为1 px，❷单击"确定"按钮，为图形添加投影效果。

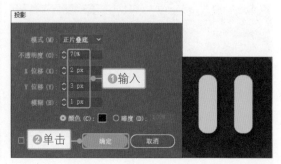

步骤 47 置入图像

执行"文件 > 置入"菜单命令，在打开的对话框中单击选中"02.jpg"人物图像，将人物图像置入到画板中，使用"椭圆工具"绘制圆形，同时选中圆形和人物图像，创建剪切蒙版，裁剪图像，然后调整人物图像的堆叠顺序，将其移到播放器图形下方，得到更完整的图像效果，最后使用"文字工具"在画板中输入相应的歌词，完成歌曲页面的编辑。

步骤 48 复制图层中的对象

创建"歌单页"图层，将制作好的背景、导航栏、播放器对象复制到图层中，❶单击"播放器"子图层右侧的"指示所选图稿"按钮，选择图稿，❷按键盘中的向上方向箭头，将选择的播放器图形上移。

步骤 49 使用"矩形工具"绘制图形

❶在"歌单页"图层中创建"歌单"子图层，❷在"颜色"面板中分别设置不同的填充颜色，❸使用"矩形工具"在画板中绘制几个矩形，为图形填充合适的颜色。

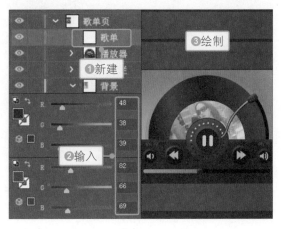

步骤 50 复制星形

展开"导航栏"子图层，❶选择并复制图层中的"星形－灰色"对象，❷选中"歌单"子图层，按快捷键 Ctrl+V，粘贴图形，在"歌单"子图层中再复制两个星形图形，❸使用"选择工具"同时选中下方两个星形图形。

步骤 51 更改填充颜色

　　打开"颜色"面板，在面板中更改星形填充颜色为 R30、G26、B27，使用"文字工具"在星形左侧输入歌曲名称、演唱者等内容，完成本案例的制作。

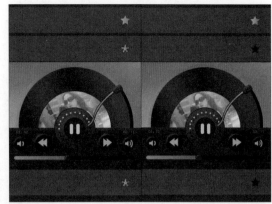

10.3.3 知识扩展

　　Illustrator 的"符号库"菜单中提供了多种类型的符号，这些符号都可以通过拖动或置入的方式应用到文档中，用户可以根据需要，对置入的符号进行编辑和调整。

　　在 UI 设计过程中，最为常用的是"网页图标"和"移动"符号库中的符号。默认情况下这两个符号库都处于隐藏状态，执行"窗口 > 符号库"菜单命令，在展开的级联菜单中选择相应的命令，即可打开相应的符号库面板，打开后的符号库如下面两幅图所示。

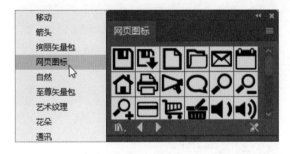

1. 应用符号

　　在符号库中单击选中符号，将其拖动到画板中需要应用符号的位置，释放鼠标，即可置入该符号，如下图所示。

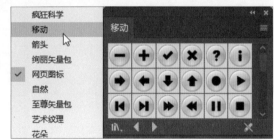

　　除此之外，也可以单击选中符号，将符号添加到"符号"面板中，然后单击"符号"面板中的"置入符号实例"按钮 ，将选中的符号置入到画板中，如下图所示。

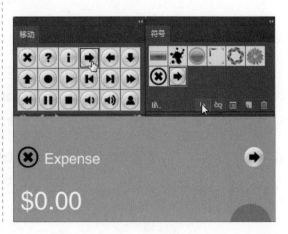

2. 修改符号实例

在图稿中添加符号后，可以应用"符号"面板重新定义原始符号，即修改符号实例。当重新定义符号时，图稿中所有现有符号实例将采用新定义的效果。

如下图所示，选中符号，单击"符号"面板右上角的扩展按钮 ▤，在展开的面板菜单中执行"编辑符号"命令。

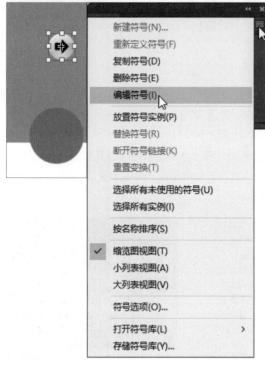

执行"编辑符号"命令后，将在隔离模式下打开符号，此时可以应用路径编辑工具对符号进行处理，删除一些多余的图形或调整符号颜色等，如下图所示。

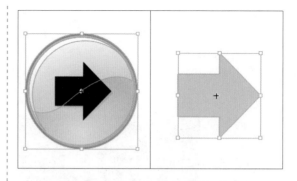

完成符号的设置后，单击画板左上角的"退出隔离模式"按钮，退出符号编辑模式，在画板中能看到编辑后的图形效果，如下图所示。

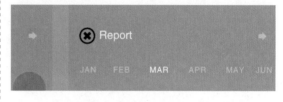

应用"编辑符号"的方式可以同时更改文档中的多个符号，如果需要更改单个符号，则选中符号，单击"符号"面板中的"断开符号链接"按钮，断开符号链接，再对符号进行编辑即可。

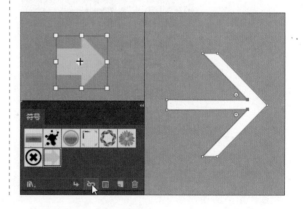

10.4 购物类应用程序UI设计——磁性套索工具

	原始文件	随书资源\案例文件\10\素材\04.jpg ～ 10.jpg、11.ai
	最终文件	随书资源\案例文件\10\源文件\购物类应用程序 UI 设计——磁性套索工具 .ai

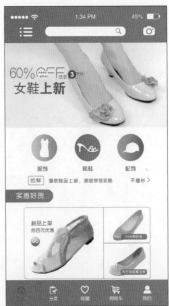

10.4.1 | 案例分析

　　设计任务：一个购物类应用程序的 UI 设计。

　　设计关键点：由于此应用程序主要针对的客户群体为女性，所以在设计时要在界面元素和配色上尽可能突显出时尚的情调和甜蜜、柔美的感觉。

　　设计思路：根据设计关键点，以女性偏爱的粉色作为 UI 的主色，通过将其应用于不同的图标和按钮，遵循了 UI 设计的完整性和统一性原则，另外，界面文字也使用了比较平滑的字体，与女性柔美的特性比较吻合。

　　配色推荐：白色 + 桃红色 + 山茶粉色的配色方式。采用了大面积的留白，给人以干净、整洁的印象；

搭配上同属红色系的桃红色和山茶粉色，能够轻松营造出一种甜蜜的氛围，正好符合程序使用者的色彩偏好。

　　软件应用要点：主要在 Photoshop 中用"裁剪工具"裁剪图像，更改画面构图，用"磁性套索工具"和"色彩范围"命令抠出鞋子图像，再在 Illustrator 中用"矩形工具"绘制图形，对界面进行布局，添加符号库中的符号，制作出界面中的按钮和图标，创建剪切蒙版，将处理好的鞋子图像添加到界面中。

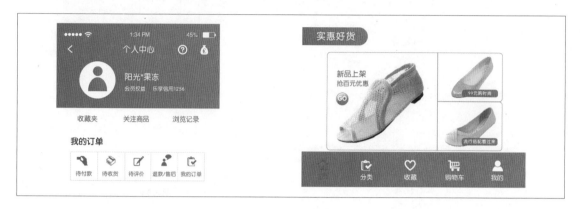

10.4.2 操作流程

　　在本案例的制作过程中，先在 Photoshop 中将鞋子图像进行美化编辑，并抠取部分鞋子图像，设置为透明的背景效果；然后在 Illustrator 中导入图像，对界面进行布局规则，使用不同的图形和文字丰富界面内容。

1. 在Photoshop抠取图像制作广告图

　　使用"裁剪工具"裁剪商品照片，然后使用修复类工具去除多余的杂物，并创建调整图层调整商品图像的明暗和色彩，制作出更加美观的商品图像，具体操作步骤如下。

步骤 01 使用"裁剪工具"裁剪图像

　　打开"04.jpg"素材图像，选择工具箱中的"裁剪工具"，❶取消选项栏中的"删除裁剪的像素"复选框的已勾选状态，❷在图像上方单击并拖动鼠标，绘制裁剪框，将裁剪框调整至合适大小后，❸单击选项栏中的"提交当前裁剪操作"按钮，裁剪图像。

步骤 02 使用"仿制图章工具"去除杂物

　　❶按快捷键 Ctrl+J，复制图层，创建"图层 0 拷贝"图层，❷选择"仿制图章工具"，按住 Alt 键不放，在椅子图像旁边的背景上单击，取样图像，❸然后涂抹椅子部分。

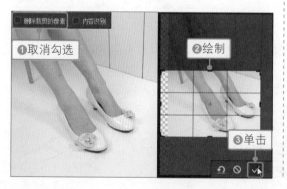

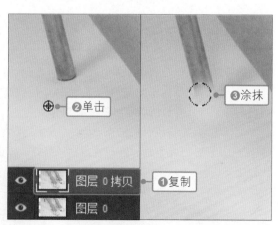

步骤 03 继续仿制修复图像

继续使用"仿制图章工具"在图像上取样并涂抹,去除多余的杂物和腿部皮肤上的斑点、瑕疵等。

步骤 04 设置"表面模糊"滤镜模糊图像

①按快捷键 Ctrl+Shift+Alt+E,盖印图层,创建"图层 1"图层,②执行"图层 > 智能对象 > 转换为智能对象"菜单命令,将图层转换为智能图层,执行"滤镜 > 模糊 > 表面模糊"菜单命令,打开"表面模糊"对话框,③在对话框中输入"半径"为 7 像素,④"阈值"为 15 色阶,⑤单击"确定"按钮,应用"表面模糊"滤镜模糊图像。

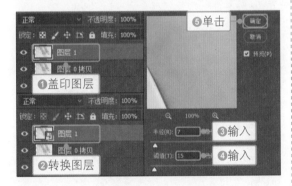

步骤 05 使用"画笔工具"编辑蒙版

为"图层 1"图层添加图层蒙版,单击蒙版缩览图,选择"画笔工具",①在选项栏中设置"不透明度"和"流量"均为 50%,②设置前景色为黑色,③用画笔涂抹鞋子部分,还原清晰的图像。

步骤 06 复制图像调整宽度

①使用"矩形选框工具"选中图像左侧的背景部分,②按快捷键 Ctrl+J,复制选区中的图像,创建"图层 2"图层,③按快捷键 Ctrl+T,打开自由变换编辑框,调整图像宽度,填充透明背景区域。

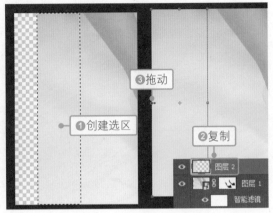

技巧提示 调整图像的宽度和高度

按快捷键 Ctrl+T 后,将显示自由变换编辑框,如果需要调整图像的宽度,将鼠标指针置于编辑框左、右两侧边框线位置拖动,如果要调整图像的高度,则将鼠标指针置于编辑框上、下两侧边框线位置拖动。

步骤 07 使用"磁性套索工具"选择图像

选择工具箱中的"磁性套索工具",①在选项栏中设置"羽化"为 1 像素,②"宽度"为 5 像素,"对比度"为 5%,"频率"为 100,③沿着其中一只鞋子图像边缘单击并拖动,创建选区,选择图像。

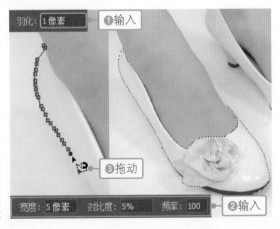

步骤 08 添加到选区

❶单击"磁性套索工具"选项栏中的"添加到选区"按钮，❷沿另一只鞋子图像边缘单击并拖动，将图像添加到已有选区中。

步骤 09 设置"曲线"降低鞋子亮度

❶单击"调整"面板中的"曲线"按钮，创建"曲线 1"调整图层，打开"属性"面板，❷在面板中单击并拖动曲线，调整选区内鞋子图像的亮度。

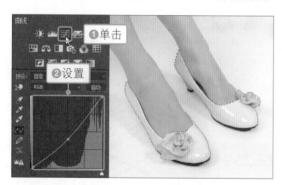

步骤 10 应用"可选颜色"调整鞋子颜色

载入"曲线 1"图层选区，❶单击"调整"面板中的"可选颜色"按钮，创建"选取颜色 1"调整图层，打开"属性"面板，在面板中默认选择"红色"，❷设置颜色百分比为 -100、+52、+39、+39，❸单击"绝对"单选按钮，调整选区中的鞋子图像颜色。

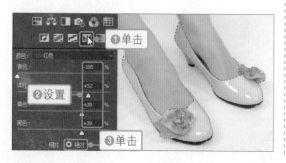

步骤 11 使用"曲线"调整画面亮度

创建"曲线 2"调整图层，打开"属性"面板，❶运用鼠标单击并拖动曲线，调整图像的亮度，❷单击"曲线 2"图层蒙版，选择"画笔工具"，❸使用画笔涂抹鞋子，还原鞋子图像亮度。

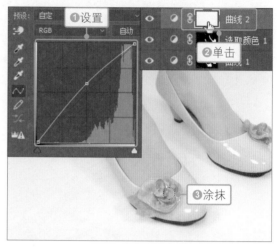

步骤 12 设置可选颜色选项

创建"选取颜色 2"调整图层，打开"属性"面板，❶在面板中设置颜色百分比为 -33、-6、-18、0，❷选择"黄色"选项，❸设置颜色百分比为 -46、+3、-6、-13。

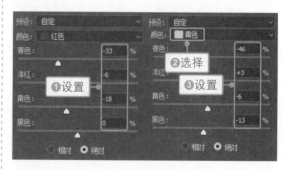

步骤 13 创建图层组添加文字

新建"组 1"图层组，结合"横排文字工具"和绘图工具，在图像左侧输入文字，并绘制合适的图形，执行"文件 > 存储为"菜单命令，将编辑完成的文件保存为 PSD 格式。

步骤 14 使用"裁剪工具"更改构图

　　打开"05.jpg"鞋子图像，选择"裁剪工具"，❶在选项栏中选择"1:1（方形）"预设裁剪，在图像上单击并拖动，❷绘制方形裁剪框，按键盘中的 Enter 键，裁剪图像。

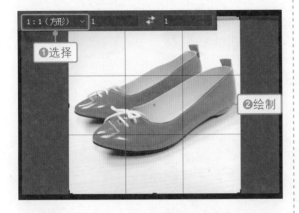

步骤 15 应用"磁性套索工具"选择图像

　　❶按两次快捷键 Ctrl+J，复制得到"图层 0 拷贝"和"图层 0 拷贝 2"图层，选中"图层 0 拷贝 2"图层，❷选择"磁性套索工具"，沿鞋子图像边缘单击并拖动，创建选区。

步骤 16 添加蒙版抠取图像

　　❶单击"添加图层蒙版"按钮，为"图层 0 拷贝 2"图层添加图层蒙版，抠取鞋子图像，❷在"图层 0 拷贝"图层下方创建"图层 1"图层，❸设置前景色为白色，❹按快捷键 Alt+Delete，将图层填充为白色，❺单击"图层 0 拷贝"图层前的"指示图层可见性"按钮，隐藏图层，查看抠出的鞋子图像。

步骤 17 设置"色彩范围"

　　显示并选中"图层 0 拷贝"图层，为图层添加蒙版，❶双击蒙版缩览图，展开"蒙版"属性面板，❷单击"颜色范围"按钮，打开"色彩范围"对话框，❸在对话框中单击"添加到取样"按钮，❹在鞋子的投影位置单击，❺设置"颜色容差"为 86，❻单击"确定"按钮，调整蒙版范围。

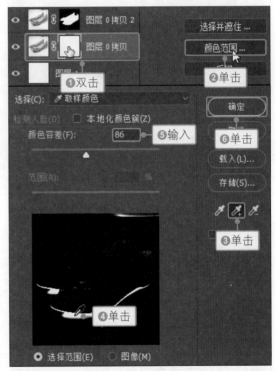

步骤 18 编辑图层蒙版

　　❶单击"图层 0 拷贝"图层蒙版缩览图，❷设置前景色为黑色，选择"画笔工具"，❸在鞋子图像上方涂抹，隐藏多余的背景图像，将鞋子和阴影图像缩放至合适的大小，创建"组 1"图层组，添加文字和图形，执行"文件 > 存储为"菜单命令，将文件存储为 PSD 格式。

步骤 19 隐藏图层组

单击"组 1"图层组前的"指示图层可见性"按钮,隐藏图层组,执行"文件>存储为"菜单命令,将文件存储为 PNG 格式。

步骤 20 抠取更多图像

应用相同的方法,抠出其他的鞋子图像,适当调整其颜色,然后通过执行"存储为"菜单命令,存储图像。

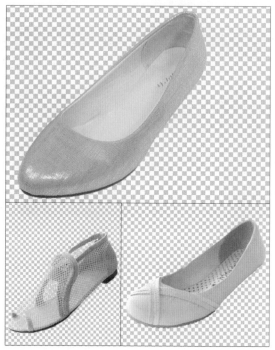

2. 在Illustrator中进行排版

完成位图图像的处理后,接下来在 Illustrator 中对界面进行布局排版。先使用形状工具绘制出需要的图形,然后将处理好的鞋子图像置入画面中,再打开符号库,将需要的符号拖动到界面中,对其进行适当调整,完成 UI 设计,具体操作步骤如下。

步骤 01 创建新文件

执行"文件>新建"菜单命令,打开"新建文档"对话框,❶在对话框中输入文件名,❷设置"画板"数量为 6,单击"创建"按钮,新建包含 6 个画板的文件,❸在画板编辑模式下调整画板的排列组合方式。

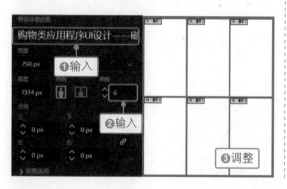

步骤 02 制作导航栏

将"图层 1"图层重命名为"登录"图层,在图层中创建"导航栏"子图层,使用绘图工具在画板顶部绘制图形,结合"文字工具"在导航栏上方的状态栏区域输入所需文字。

步骤 03 绘制圆形添加标志图形

❶在"登录"图层中创建"LOGO"子图层，❷打开"颜色"面板，在面板中设置填充颜色为R246、G246、B246，❸使用"椭圆工具"在画板中绘制圆形并去除描边颜色，打开"11.ai"标志图形素材，❹将标志图形复制到绘制的圆形图形中间，并将其缩放到合适的大小。

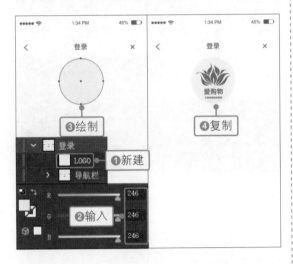

步骤 04 使用"直线段工具"绘制线条

❶创建"登录信息"子图层，展开"属性"面板，❷设置描边"粗细"为1 pt，打开"颜色"面板，❸设置描边颜色为灰色55%，❹选择"直线段工具"，❺在画板中绘制多条直线。

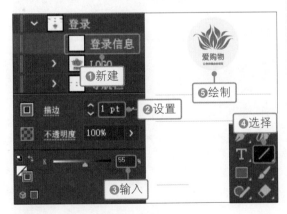

步骤 05 置入所需符号

打开"移动"面板，❶选择"用户-灰色""锁-灰色"符号，❷将所选符号置入到画板中，断开符号链接，删除多余的图形后，❸在界面下方绘制圆形，并填充不同颜色，再添加QQ和微信小图标。

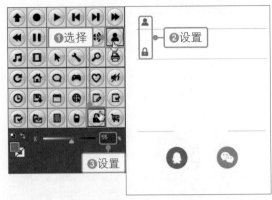

步骤 06 使用"圆角矩形工具"绘制图形

❶选择"圆角矩形工具"，在画板1上单击，打开"圆角矩形"对话框，❷在对话框中输入"宽度"为622 px，"高度"为90 px，"圆角半径"为50 px，❸单击"确定"按钮，绘制图形，❹单击工具箱中的"渐变"按钮，打开"渐变"面板，❺设置渐变颜色。

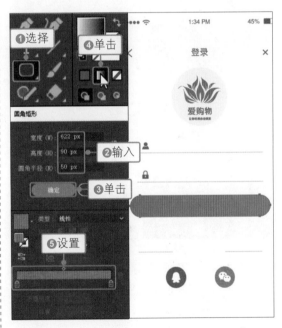

步骤 07 输入所需文字

选择"文字工具"在画板中输入所需的文字，完成登录页面的制作。创建"注册"图层，在图层下方创建"LOGO"和"导航栏"子图层，将制作好的状态栏、导航栏和标志图形等对象复制到对应的图层中，并将其移到画板2上。

步骤 08 绘制图形添加标志

❶在"注册"图层中新建"注册信息"子图层，❷使用"直线段工具"在画板中绘制多条直线，对页面进行简单布局，❸打开"移动"面板，将面板中的"用户 - 灰色""电子邮件 - 灰色""锁 - 灰色""电话 - 灰色"符号置入到画板中，断开符号链接，调整图形的大小、位置和颜色等。

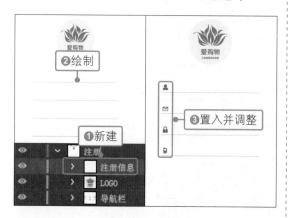

步骤 09 绘制圆角矩形并输入文字

使用"圆角矩形工具"绘制两个圆角矩形，并为图形填充合适的颜色，使用"文字工具"输入所需的文字，完成注册页面的制作。

步骤 10 使用"矩形工具"绘制图形

❶创建"主页"图层，在图层中创建"导航栏"子图层，❷单击"渐变"按钮，打开"渐变"面板，在面板中设置填充颜色，❸使用"矩形工具"在画板 3 顶部绘制矩形。

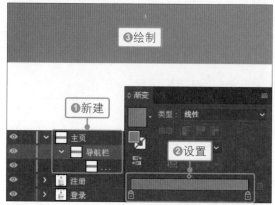

步骤 11 添加图标和文字

将前面制作好的状态栏、导航栏和文字复制到粉色的矩形上方，然后在矩形上方添加更多图形，完善效果。

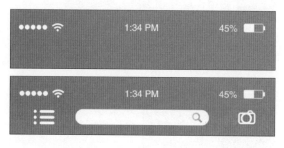

步骤 12 置入图像绘制矩形

执行"文件 > 置入"菜单命令，❶在打开的对话框中选择编辑好的"04.psd"鞋子广告图，❷单击"置入"按钮，将选择的图像置入到导航栏下方，并调整至合适的大小，❸选择工具箱中的"矩形工具"，❹在广告图像上方单击并拖动，绘制白色的矩形。

步骤13 创建剪切蒙版裁剪图像

应用"选择工具"同时选中白色矩形和下方的图像，执行"对象 > 剪切蒙版 > 建立"菜单命令，建立剪切蒙版，裁剪图像，隐藏矩形外的图像。

步骤14 使用"椭圆工具"绘制圆形

使用"椭圆工具"在广告图像下方绘制三个圆形图形，分别为圆形设置不同的渐变颜色，填充图形。

步骤15 置入符号更改颜色和大小

执行"窗口 > 符号库 > 时尚"菜单命令，打开"时尚"面板，将面板中的"衣服""鞋""帽子"符号置入到画板中，断开符号链接，调整图形的大小和填充颜色。

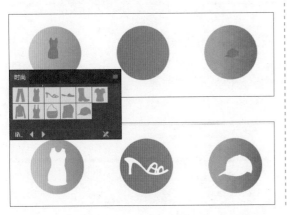

步骤16 添加文字说明

选择"文字工具"，在图形下方输入相应的商品分类信息及其他文本，使用"圆角矩形工具"和"钢笔工具"绘制图形，修饰版面效果。

步骤17 绘制并调整图形

❶选择"圆角矩形工具"在画板中再绘制一个圆角矩形，并为其填充与导航栏相同的渐变颜色，❷应用"钢笔工具"组中的路径编辑工具，调整图形，将圆角矩形的左上角和左下角转换为直角效果。

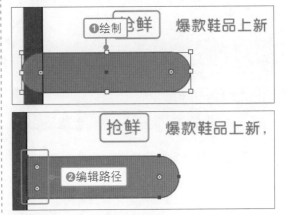

步骤18 在页面下方置入鞋子对象

用"矩形工具"在界面中绘制所需矩形，执行"文件 > 置入"菜单命令，将"06.psd ～ 08.psd"鞋子图像置入到矩形上方，并用"圆角矩形工具"在右侧的鞋子图像上绘制图形，用"文字工具"在图形上方输入文字。

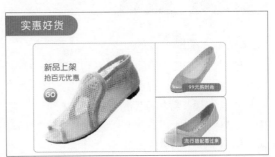

步骤 19 绘制矩形并置入符号

❶创建"底部导航"子图层，❷使用"矩形工具"在画板底部绘制矩形，并为其填充与导航栏相同的渐变颜色，❸置入"移动"面板中的"主页 - 灰色""清单 - 灰色""收藏夹 - 灰色""购物车 - 灰色""用户 - 灰色"符号。

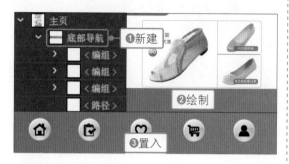

步骤 20 编辑符号并添加文字

断开符号链接，删除多余的图形，根据需要调整图形的填充颜色，使用"文字工具"输入相应的文字信息，完成主页页面的制作。

步骤 21 创建新图层设置导航栏

创建"详情页面"图层，将主页页面中的状态栏、导航栏复制到详情页面中，并根据需要调整导航栏中的图形和文字信息。

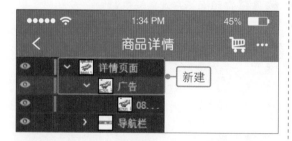

步骤 22 置入图像和符号

❶创建"广告"子图层，执行"文件 > 置入"菜单命令，❷在打开的对话框中选择"05.psd"鞋子广告图像，❸将该图像置入到画板 4 中，将图像调整到合适大小，❹置入"播放 - 灰色"符号，断开符号链接，调整图形颜色。

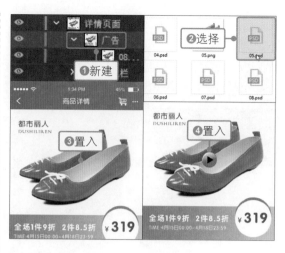

步骤 23 添加商品名、优惠信息

使用"文字工具"在广告图像下方输入对应的商品名、店铺优惠等文字内容，并在文字旁边添加图形，修饰版面效果。

步骤 24 使用"矩形工具"绘制图形

❶创建"底部按钮"子图层，❷使用"矩形工具"在页面底部绘制多个矩形，分别为图形填充合适的颜色。

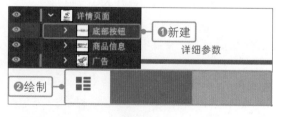

步骤 25 绘制图形输入文字

使用"钢笔工具"绘制一个代表客服形象的图形，使用"文字工具"在图形下方和中间输入相应的文字内容，完成详情页面的制作。

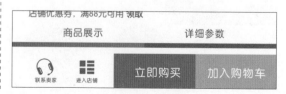

步骤26 复制页面中的对象

❶复制"详情页面"图层,将复制的图层命名为"购买页面",❷锁定"详情页面"图层,❸应用"选择工具"选中"购买页面"子图层中的所有对象,❹将所选对象移到画板5中。

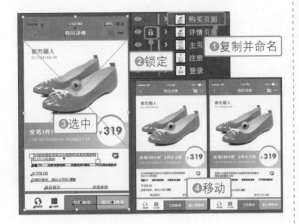

步骤27 绘制矩形更改透明度

❶选择"矩形工具",❷在"购买页面"图层中绘制一个与画板同等大小的矩形,将矩形填充为黑色,打开"透明度"面板,❸设置"不透明度"为50%,降低透明度效果。

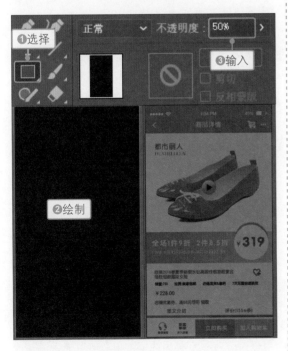

步骤28 输入可选择的内容项

创建"购买信息"子图层,使用"圆角矩形工具"在图层中绘制多个圆角矩形,去除部分图

形的填充颜色,并为其设置合适的描边颜色,置入符号,断开符号链接,调整符号形状,最后使用"文字工具"输入文字。

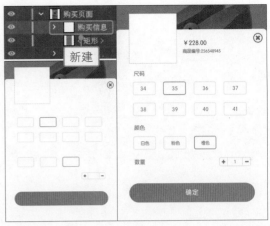

步骤29 置入鞋子图像

执行"文件>置入"菜单命令,将"05.png"鞋子图像置入到左上方的矩形中,创建剪切蒙版,隐藏多余的白色背景。

步骤30 复制导航信息

创建"个人中心"图层,将前面制作好的状态栏、导航栏复制到图层中,根据需要删除部分图形,并调整导航栏的宽度。

步骤31 添加用户信息

❶在导航栏中绘制帮助和钱包图形，❷使用"椭圆工具"绘制一个圆形，在圆形中添加用户图形，❸在图形右侧输入所需的用户信息。

步骤32 应用"直线段工具"绘制线条

❶在"个人中心"图层中分别创建"为你推荐""我的订单""其他应用"图层组，❷使用"直线段工具"绘制多条水平和垂直的直线段，❸设置边框颜色为55%，对页面进行布局。

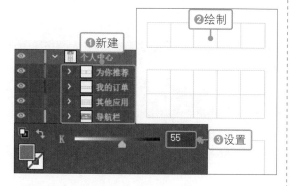

步骤33 绘制图形输入文字说明

结合"钢笔工具"和"路径查找器"面板，在线条中间的方格中绘制不同的图标，并在每个图标下方输入对应的文字，加以补充说明。

步骤34 置入鞋子图像

执行"文件 > 置入"菜单命令，将"09.jpg"和"10.jpg"鞋子图像置入到画面中，通过创建剪贴蒙版，将多余的图像隐藏起来。

步骤35 添加导航

复制"主页"图层中的"底部导航"子图层，将其移到"个人中心"图层中，然后根据界面内容，调整图标和文本颜色，完成本案例的制作。

10.4.3 知识扩展

在 Photoshop 中可以应用"磁性套索工具"来选取需要的图像。使用"磁性套索工具"时，边界会对齐图像中定义区域的边缘，从而创建比较贴近于图像外形的路径，当路径的终点与起点重合时，就能得到相应的选区。"磁性套索工具"适合于边缘复杂且与背景对比较为强烈的图像的抠取。

选择工具箱中的"磁性套索工具"，在其选项栏中会显示一些重要的选项，用户可以通过调整这些选项来控制选择图像的精确程度，下面详细介绍每个选项的作用及处理图像时得到的效果。

① 选区选项：用于指定选区的计算方法，包含"新选区""添加到选区""从选区减去""与选区交叉"四个按钮。单击"添加到选区"按钮 ，在绘制选区时，会在原有选区的基础上添加新的选区；单击"从选区减去"按钮 ，绘制选区时可以在原有选区中减去新创建的选区；单击"与选区交叉"按钮 时，可以保留原选区与新选区相交的部分。下面两图所示分别为单击不同按钮时，在图像中拖动创建选区的效果。

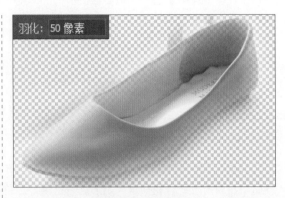

③ 宽度：指定边缘检测的宽度，它决定了以鼠标指针中心为基准，其周围有多少个像素能够被工具检测到。当需要选择的对象边缘非常清晰时，可以设置较大的"宽度"值，加快检测的速度；如果需要选择的对象边缘清晰度不够，则可以将"宽度"设置为较小的参数值，以便能精确地选择对象。

④ 对比度：指定套索对图像边缘的灵敏度，此选项决定了所选对象与背景之间的对比度为多大时才能被工具所检测到，其取值范围为 1 ~ 100 之间的任意整数值，较高的数值将只检测与其周边对比鲜明的边缘，较低的数值将检测低对比度边缘。

② 羽化：用于定义羽化边缘的宽度，范围为 0 ~ 250 像素，设置的参数越大，得到的选区边缘越柔和，反之越生硬，如下面两幅图所示。

⑤ 频率：用于设置生成锚点的密度，即检测"磁性套索工具"以什么样的频率在图像边缘生成锚点。设置的"频率"值越高时，沿对象边缘拖动鼠标时所生成的锚点数量越多，选择出来的图像就越准确，如下左图所示；反之，设置的"频率"值越小时，沿对象边缘拖动鼠标时产生的锚点数量就越少，如下右图所示。

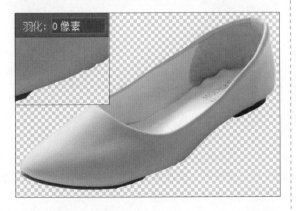

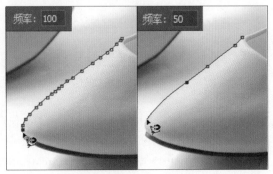

10.5 课后练习

设计需求通常是由一个需要解决的问题驱动的，对于 UI 设计更是如此。做 UI 设计需要全方位地去理解用户真正的需求是什么，然后根据其习惯、喜好对界面及界面中的按钮和图标等进行制作，创建出更为实用的界面效果。下面通过习题巩固本章学习。

习题1：旅游应用程序UI设计

原始文件	随书资源 \ 课后练习 \10\ 素材 \01.ai、02.jpg ～ 16.jpg
最终文件	随书资源 \ 课后练习 \10\ 源文件 \ 旅游应用程序 UI 设计 .psd

一款好用的旅游应用程序第一要素就是能够有更多的产品以供选择，用户可以在一个应用程序的界面中找到自己所有的需求，如酒店、机票、旅游、线路规划等，即"一站式"服务。本习题即为旅游应用程序的 UI 设计，界面中展示了不同的景点、适宜的出行时间及用户的评论等，这些元素的合理应用大大丰富了画面效果。

● 在 Illustrator 中应用"矩形工具"绘制背景图形，结合"圆角矩形工具"和"钢笔工具"等绘制出界面中所需的按钮和图标；

● 使用"文字工具"在图标或按钮旁输入所需文字，并设置合适的字体、大小、颜色等；

● 在 Photoshop 中置入绘制好的界面图，将需要的素材添加到合适的位置，创建剪贴蒙版，隐藏部分图像；

● 创建"色彩平衡"和"色阶"等调整图层，调整图像色彩和明暗，修饰图像效果。

习题2：社交应用程序UI设计

原始文件	随书资源 \ 课后练习 \10\ 素材 \17.ai、18.jpg、19.jpg
最终文件	随书资源 \ 课后练习 \10\ 源文件 \ 社交应用程序 UI 设计 .ai

现在社交应用程序越来越多，大家也习惯用社交应用程序来建立自己的社交圈子。社交应用程序的 UI 设计更需要注重界面的交互性。本习题中使用渐变的背景颜色处理背景和导航栏，对于界面中的各控制按钮没有添加复杂的图层样式，扁平化的设计风格更能体现程序的功能性。

- 在 Photoshop 中结合"磁性套索工具"和"橡皮擦工具"抠取人物图像;
- 在 Illustrator 中使用"矩形工具"和"圆角矩形工具"绘制图形,对界面进行大致布局;
- 利用符号库添加按钮符号,并将抠取的人物图像置入到相应的位置;
- 使用"文字工具"输入文字,完善画面内容。

读书笔记

第11章
网页设计

网页设计是一种建立在新型媒体之上的新型设计，具有交互性、可持续性、多维性、版面灵活等特点。网页设计一般分为功能型网页设计、形象型网页设计、信息型网页设计三大类。不管哪种类型的网页，在设计时都应当合理安排页面图像、字体、色彩搭配，尽可能给予用户完美的视觉体验。

本章包含两个不同内容的网页设计，分别是摄影网站和家居网站设置的首页效果。其中摄影网站首页选择摄影器材和优秀的摄影作品进行表现，让设计主题更明确；家居网站首页则利用将多张家居商品的照片进行艺术化组合，实现更多商品的直接展示。

11.1 网页设计要点

网页设计是根据企业希望向浏览者传递的信息，进行网站功能策划，然后进行的页面设计美化工作。精美的网页设计对于提升企业的互联网品牌形象至关重要。下面讲解在网页设计中如何确定整体风格和页面配色。

1. 确定网站整体风格

网站的整体风格及其创意设计是最难掌握的，它没有一个固定的模式可以参照和模仿，即使是同一个主题，不同的设计者也会设计出不同风格的页面。

风格是抽象的，是指站点的整体形象给浏览者的综合感受。这个"整体形象"包括站点的CI（标志、色彩、字体、标语）、版面布局、浏览方式、交互性、文字、语气、内容价值、存在意义、站点荣誉等诸多因素。

2. 页面配色

无论是平面设计，还是网页设计，配色永远是最重要的一环。当我们距离显示屏较远的时候，我们看到的不是优美的版式或美丽的图片，而是网页的色彩。网站页面在色彩上总的应用原则应该是"总体协调，局部对比"，即页面的整体色彩效果应该是和谐的，只有局部的、小范围的地方可以有一些强烈色彩的对比。网页色彩搭配的方式有很多，下面介绍几个网页配色的小技巧，如下图所示。

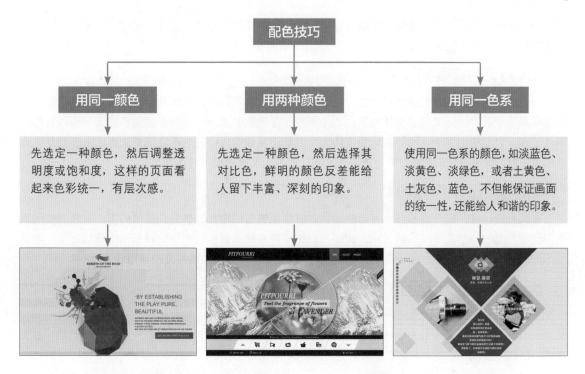

除了上述几种网页配色技巧，在实际的网页配色中还应当注意以下两个问题：其一不要将所有颜色都用到，尽量控制在三至五种颜色以内，右图所示的网页中就因为使用的颜色太多，使页面显得凌乱；其二背景和前文的对比尽量要大，以便突出主要文字内容，最好不要用花纹繁复的图案作背景。

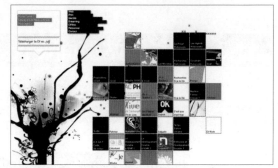

11.2 网页设计需要注意的问题

在进行网页设计时，经常会遇到各种问题，作为网页设计者，不仅需要站在设计者的角度考虑整个页面的设计，同时也要站在访问者的角度，想想访问者想要看到一个什么样的页面，这样才能让设计出来的页面具有更高的实用性，带来更好的浏览体验。接下来简单介绍网页设计需要注意的问题。

1. 页面内容要新颖

网页的设计要新颖，不落俗套，要根据网站内容和自身的实际情况制作独一无二的页面。网页内容包罗万象，题材也是丰富多样，因此在设计的时候也给设计者留下了较大的发挥空间，可以参考一些精美的网站设计，并融合自身网站的特点进行创意性设计，通过合适的选材和配色让网页更有新意。

2. 网页风格要统一

由于一个网页中往往会包含大量的图片、文字等设计元素，所以在设计时需要统一风格。网页的背景颜色、区分线、字体、标题、注脚等，都要统一风格并贯穿全站，这样才能使网页看起来令人觉得舒服、顺畅，并且专业。

3. 网页内容要易读

网页设计还需要注意页面的易读性。在设计时必须认真规划页面中的文字与背景颜色的搭配，不要使背景的颜色冲淡了文字的视觉效果，也不要用过多的色彩组合，使网页的浏览成为一件很费劲的事情。对于页面中的文字，也要选择合适的大小，既不能设得太小，也不能设得太大。另外根据大众的阅读习惯，文字建议采用左对齐方式对齐文本，而不建议采用居中对齐方式。

4. 导航设计要清晰

在网页设计中，每个页面都应有导航按钮，以便能够很快地找到想要浏览的内容，尽量避免强迫用户使用工具栏中的向前和向后按钮。此外，页面中所有的超链接也应当清晰无误地标识出来，如使用不同的大小、颜色等，这样不仅可以增加页面的丰富程度，也能提高网页的实用性。

5. 少用大图和动画

网页上精美的高清图片和 GIF 动画固然能够提高页面的美观性，但是也会延长页面的加载时间。试想一下，如果一张图片或一个动画加载时间太久，绝大多数人都会失去耐心而选择关闭页面，放弃浏览。所以，在设计网页时，应当注意避免使用过大的图像和动画。

11.3 摄影网站页面设计——扭曲和变换

原始文件	随书资源 \ 案例文件 \11\ 素材 \01.jpg、02.jpg
最终文件	随书资源 \ 案例文件 \11\ 源文件 \ 摄影网站页面设计——扭曲和变换 .ai

11.3.1 案例分析

设计任务：本案例是设计一个摄影网站的主页页面。

设计关键点：摄影网站能为摄影爱好者们提供一个展示自己摄影作品的良好机会与平台，并且会介绍一些拍片和修片的技巧，所以在设计主页页面时需要考虑怎样体现摄影这一主题，其次需要考虑如何让设计的作品能够区别于其他类似主题的网页效果。

设计思路：根据设计关键点，首先选择了摄影类图片和摄影器材作为主要展示的对象，使用户知道本网站的主题与摄影密切相关；然后在画面中添加相关的文字加以说明，深化主题，由于现在大多数摄影网站的设计都采用大幅图片作为网站主体，虽然简单但难免会给人留下单一的印象，这里以四边形为创作原型，通过将多个图形进行适当的组合，形成更丰富的视觉效果；最后对画面中的图像采用了统一的色调进行表现，给人留下更加深刻的印象。

配色推荐：浅灰色＋青灰色的配色方式。浅灰色给人以稳重、雅致的感觉，用于摄影网站中能够提升网页的品位和突显出时尚感；加入青灰色进行搭配，进一步丰富了画面的层次感。

软件应用要点：主要利用 Photoshop 中的"黑白"功能转换黑白照片效果，使用"色相／饱和度"功能对照片进行着色；在 Illustrator 中使用"变换"效果复制线条对象，利用"矩形工具"绘制四边形，创建剪切蒙版功能裁剪图像，隐藏多余的图像。

11.3.2 操作流程

在本案例的制作过程中，先在 Photoshop 中对素材图像进行调色，统一图像的色调，然后在 Illustrator 中绘制图形完成页面的布局，再将处理好的图像添加到页面中。

1. 在Photoshop中处理素材

在制作网页时，先在 Photoshop 中处理素材，结合"调整"面板和"属性"面板，将照片转换为单色调效果，具体操作步骤如下。

步骤 01 应用"黑白"调整转换图像效果

启动 Photoshop，打开"01.jpg"素材图像，❶单击"调整"面板中的"黑白"按钮▣，❷新建"黑白 1"调整图层，将图像转换为黑白效果。

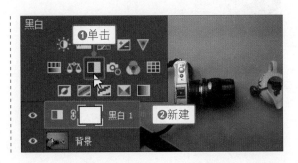

步骤02 设置"曲线"调整图像亮度

❶单击"调整"面板中的"曲线"按钮，❷创建"曲线1"调整图层，❸在打开的"属性"面板中单击并向上拖动曲线，调整图像的亮度。

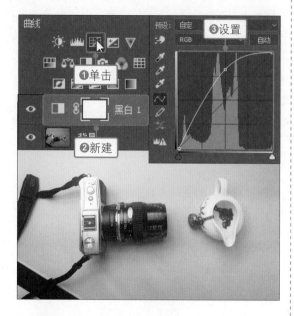

步骤03 应用"曲线"进一步提亮画面

❶新建"曲线2"调整图层，❷在打开的"属性"面板中单击并拖动曲线，进一步提高图像亮度。

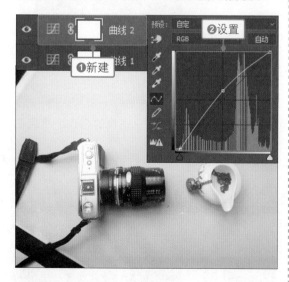

步骤04 编辑"曲线"调整图层

应用"曲线"调整后，图像上半部分偏亮，❶单击"曲线2"图层蒙版，选择"渐变工具"，❷在选项栏中选择"黑，白渐变"，❸从上往下拖动渐变，还原部分图像的亮度。

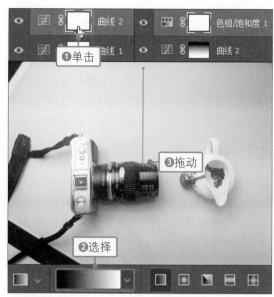

步骤05 应用"色相/饱和度"对图像着色

❶新建"色相/饱和度1"调整图层，打开"属性"面板，❷在面板中勾选"着色"复选框，❸输入"色相"为211，❹"饱和度"为12，将图像转换为单色调效果。

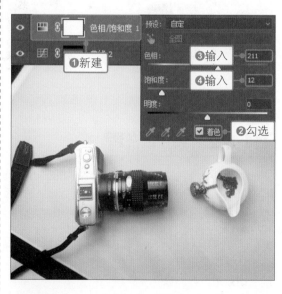

步骤06 设置"减少杂色"滤镜

❶按快捷键Ctrl+Shift+Alt+E，盖印图层，得到"图层1"图层，执行"滤镜 > 杂色 > 减少杂色"菜单命令，打开"减少杂色"对话框，❷设置"强度"为10，❸"锐化细节"为25，单击"确定"按钮，去除杂色。执行"文件 > 存储为"菜单命令，将图像存储为PSD格式。

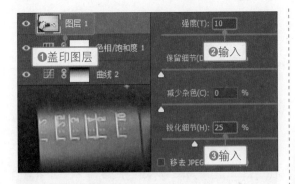

步骤07 复制调整图层

打开"02.jpg"素材图像，将在01图像上创建的调整图层复制到02图像上方，将写实类人像照片也转换为单色调效果。

步骤08 编辑图层蒙版

❶单击"曲线1"蒙版缩览图，❷设置前景色为黑色，选择"画笔工具"，❸输入"不透明度"和"流量"均为15%，❹运用"柔边圆"画笔涂抹较亮的区域，降低图像亮度。执行"文件 > 存储为"菜单命令，将图像存储为PSD格式。

2. 在Illustrator中进行网页排版

在Photoshop中完成照片的修饰和润色后，接下来在Illustrator中对网页进行排版。先使用"直线段工具"绘制线条，再对线条进行变换，制作出背景图，然后使用"矩形工具"在背景中绘制正方形图形，将处理好的照片置入图形中并做适当调整，具体操作步骤如下。

步骤01 应用"矩形工具"绘制背景图形

启动Illustrator程序，创建新文件，❶选择工具箱中的"矩形工具"，在画板中单击，打开"矩形"对话框，❷在对话框中输入"宽度"为297 mm、"高度"为170 mm，❸单击"确定"按钮，创建矩形。

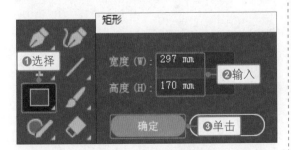

步骤02 使用"直线段工具"绘制垂直线段

❶选择"直线段工具"，❷按下Shift键，在画板中单击并拖动，绘制一条垂直线段，❸在工具箱中设置描边颜色为R221、G221、B221，展

开"属性"面板，❹在面板中输入描边"粗细"为1.5 pt，为直线段应用描边效果。

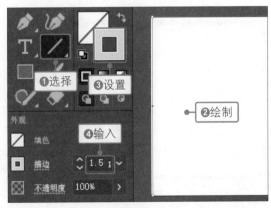

步骤03 设置"变换"选项

执行"效果 > 扭曲和变换 > 变换"菜单命令，打开"变换效果"对话框，❶在对话框中输入"水平"为1.8 mm，❷"副本"为164，❸单击"确定"按钮。

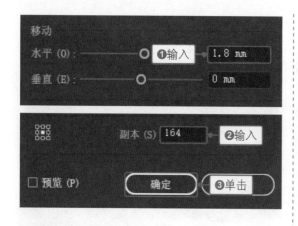

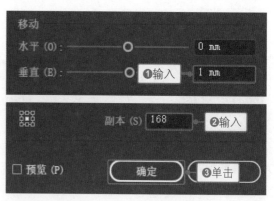

步骤 04 查看效果

根据设置的参数值，水平变换复制出多条直线，在画板中查看创建的直线段副本效果。

步骤 07 查看效果

根据设置的参数值，垂直变换复制出多条直线，在画板中查看创建的直线段副本效果。

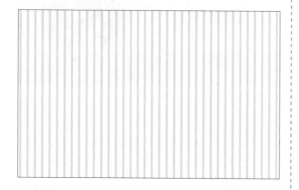

步骤 05 绘制水平直线段

选择"直线段工具"，按下 Shift 键，在画板顶部单击并向右拖动，绘制一条水平的直线段。

步骤 08 使用"矩形工具"绘制渐变矩形

❶选择"矩形工具"，打开"渐变"面板，❷选择"径向"渐变，❸设置从 R82、G103、B122 到 R65、G81、B97 的渐变颜色，❹按住 Shift 键不放，单击并拖动，绘制正方形图形。

步骤 06 设置"变换"选项

执行"效果 > 扭曲和变换 > 变换"菜单命令，打开"变换效果"对话框，❶在对话框中输入"垂直"为 1 mm，❷"副本"为 168，❸单击"确定"按钮。

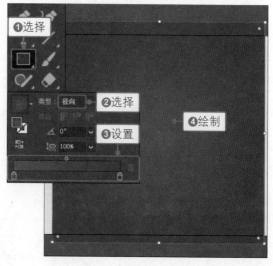

步骤 09 设置并旋转图形

展开"属性"面板,在"变换"选项组中设置"旋转"为 45°,旋转正方形图形。

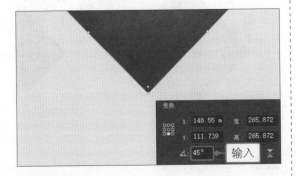

步骤 10 创建复合图形

❶选择"矩形工具",在正方形图形上方单击并拖动,绘制一个矩形图形,❷使用"选择工具"同时选中矩形和正方形图形,❸单击"路径查找器"选项组中的"减去顶层"按钮▣,创建复合图形,删除超出画板的部分。

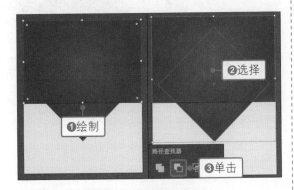

步骤 11 绘制图形填充不同的颜色

使用相同的方法,在画板下方也创建复合图像,并设置图形的填充颜色为 R89、G99、B111。

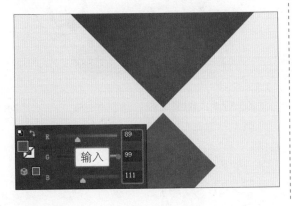

步骤 12 设置图形的不透明度

❶使用"矩形工具"在画板中绘制一个填充颜色为 R2、G0、B0 的正方形,❷在"透明度"面板中输入"不透明度"为 8%,降低不透明度。

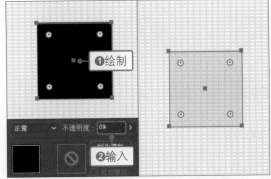

步骤 13 设置旋转效果

展开"属性"面板,在"变换"选项组中输入"旋转"为 45°,旋转图形。

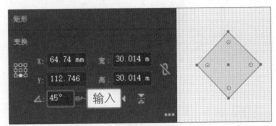

步骤 14 设置图形的不透明度

按住 Alt 键不放,单击并向下拖动,复制矩形,并将其缩放至合适的大小,打开"透明度"面板,输入"不透明度"为 5%。

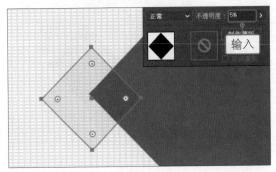

步骤 15 复制出更多的图形

使用相同的方法复制出更多的正方形图形,将复制的图形分别移到不同的位置,并为其设置合适的透明度。

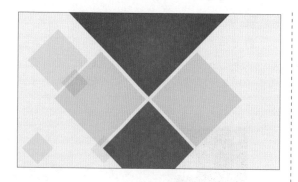

步骤 16 应用"置入"命令置入多张图像

　　执行"文件 > 置入"菜单命令，在打开的对话框中选择"01.psd"和"02.psd"文件，单击"置入"按钮，置入位图图像。

步骤 17 使用"矩形工具"绘制黑色矩形

　　使用"矩形工具"在置入的位图图像上方绘制两个同等大小的黑色正方形，同样将这两个图形旋转45°。

步骤 18 选择对象执行"建立"命令

　　❶使用"选择工具"选中左侧的位图图像和黑色正方形，❷执行"对象 > 剪切蒙版 > 建立"菜单命令，建立剪切蒙版，裁剪图像。

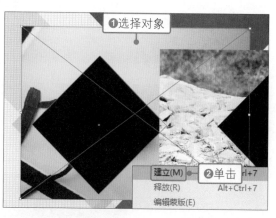

步骤 19 选择对象执行"建立"命令

　　❶使用"选择工具"同时选中右侧的位图图像和黑色正方形，❷执行"对象 > 剪切蒙版 > 建立"菜单命令，建立剪切蒙版，裁剪图像。

步骤 20 查看创建剪切蒙版效果

　　在画板中取消对象的选中状态，查看创建剪切蒙版后的图像效果。

步骤 21 应用"钢笔工具"绘制图形

　　❶在"颜色"面板中设置路径的描边颜色为R136、G136、B136，❷在"外观"面板中设置描边"粗细"为1 pt，❸选择"钢笔工具"，在画板左上角位置绘制箭头图形，并去除填充颜色。

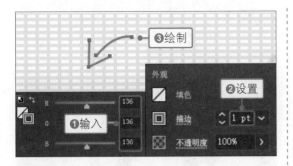

步骤 22 使用"文字工具"输入文字

使用"文字工具"在箭头图形旁边输入文字"一起走进影像世界",选中文字,在"属性"面板的"字符"选项组中设置文字属性。

步骤 23 使用"椭圆工具"绘制图形

❶设置填充颜色为 R136、G136、B136,❷选择工具箱中的"椭圆工具",❸按住 Shift 键不放,在箭头图形左下方单击并拖动,绘制一个灰色的圆形,并去除描边颜色。

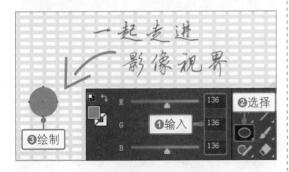

步骤 24 使用"对齐"面板对齐图形

按住 Alt 键单击并向下拖动,复制出多个灰色圆形,应用"选择工具"同时选中圆形图形,❶单击"对齐"面板中的"水平左对齐"按钮,对齐圆形,❷单击"垂直居中分布"按钮 ,均匀分布圆形。

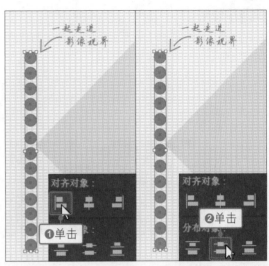

步骤 25 应用"吸管工具"提取颜色

❶使用"选择工具"选中第二个圆形,❷选择工具箱中的"吸管工具",❸在中间蓝色的图形上方单击。

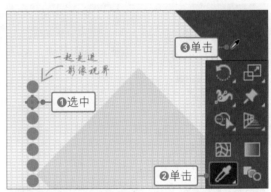

步骤 26 查看图形效果

吸取鼠标单击对象的填充颜色,为选择的圆形填充相同的渐变颜色,取消对象的选中状态,查看更改填充颜色后的图形效果。

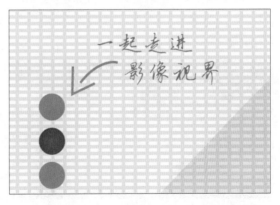

步骤 27 使用"文字工具"输入文字

使用"文字工具"在最后一个圆形上方输入字母"f"，选中字母，在"属性"面板的"字符"选项组中设置字符属性。

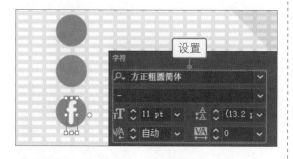

步骤 28 绘制白色矩形

❶选择"矩形工具"在画板中间位置再绘制三个同等大小的白色矩形，❷设置"旋转"为45°，旋转图形，打开"透明度"面板，❸输入"不透明度"为55%，降低透明度效果。

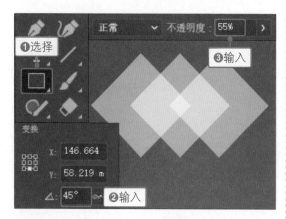

步骤 29 使用"钢笔工具"绘制图形

打开"颜色"面板，❶在面板中设置填充颜色为R178、G189、B209，❷使用"钢笔工具"在矩形上方绘制不规则图形，打开"透明度"面板，❸选择"正片叠底"混合方式，❹输入"不透明度"为40%，混合图形。

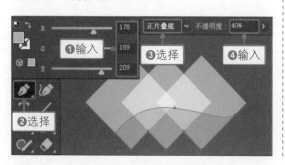

步骤 30 置入"照片"符号

打开"网页图标"面板，单击选择"照片"符号，将该符号置入到白色矩形上。

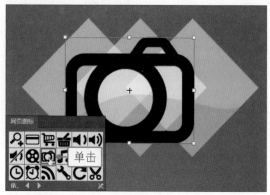

步骤 31 更改图形填充颜色

断开符号链接，❶选择"吸管工具"，❷在蓝色的背景位置单击，吸取颜色，更改相机图形的填充颜色，并调整图形的大小和位置。

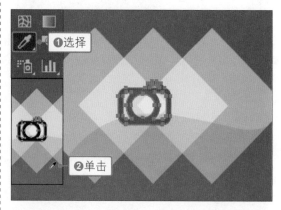

步骤 32 使用"文字工具"输入广告文字

使用"文字工具"在下方输入网站广告语，分别选中输入的文字，在"属性"面板中分别设置文字的字体、大小及字符间距等。

步骤 33 使用"文字工具"输入说明文字

使用"文字工具"在左侧的位图图像上方输入所需文字，选中文字，在"属性"面板中设置文字的字体、大小等属性。

步骤 34 设置"投影"效果

执行"效果 > 风格化 > 投影"菜单命令,打开"投影"对话框,❶ 输入"不透明度"为 40%,❷ "X 位移"为 0.5 mm, ❸ "Y 位移"为 0.5 mm, ❹ 单击"确定"按钮,为文字添加投影效果。

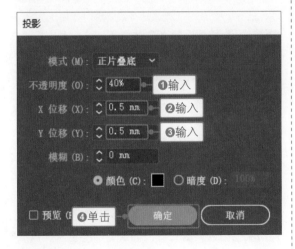

步骤 35 复制并更改文本

按住 Alt 键单击并向右拖动，复制文本对象，选择"文字工具"，单击复制的文本，更改文字内容。

步骤 36 绘制图形

❶使用"矩形工具"在画板下方再绘制一个白色的矩形，并对矩形进行相应的旋转操作，❷选择"文字工具"，将鼠标指针移到白色矩形中间位置，此时鼠标指针变为 I 形。

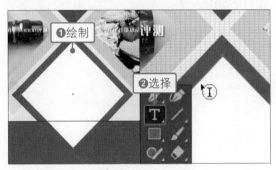

步骤 37 创建路径文本

单击并输入所需的文字，创建路径文字，此时输入的文字位于矩形内部，完成本案例的制作。

11.3.3 知识扩展

在 Illustrator 中可以使用"扭曲和变换"效果来对矢量对象进行任意的扭曲和变换，快速改变对象的外观。使用"扭曲和变形"效果处理后的对象将保持原始的路径不变，可以使用"外观"面板查看和修改对象中已应用的效果。

执行"效果＞扭曲和变换"菜单命令，可以看到在该菜单中包括"变换""扭拧""扭转""收缩和膨胀""波纹效果""粗糙化""自由扭曲"7个命令，如下图所示。选择其中一个命令后，会打开相应的对话框，对话框中的选项用于控制图形的扭曲和变换效果，启用"预览"功能，可以在画板中即时查看效果。

1. "变换"效果

"变换"通过重设大小、移动、旋转、镜像和复制的方法来改变对象形状。执行"效果＞扭曲和变换＞变换"菜单命令，将打开如下图所示的"变换效果"对话框，各区域的功能介绍如下。

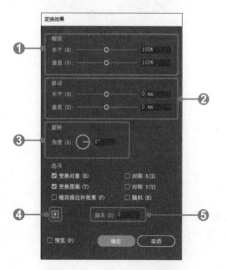

❶ 缩放：用于指定所选对象的水平或垂直缩放值，向左拖动滑块可收缩图形；向右拖动滑块可放大图形。

❷ 移动：用于指定对象沿水平轴或垂直轴移动的距离。在"水平"框中设置负值，对象向左移动；设置为正值，对象向右移动。在"垂直"框中设置负值，对象向上移动；设置为正值，对象向下移动，如下图所示。

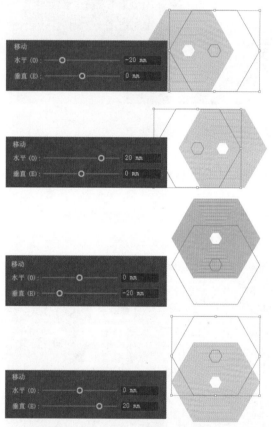

❸ 旋转：用于指定对象旋转的角度值，可以拖动左侧的圆形或在右侧的数值框中输入参数值进行设置。

❹ 参考点定位器：用于指定变换的参考点。

❺ 副本：用于指定要创建的副本数量。

技巧提示 更改效果

若要修改已经应用的效果，执行"窗口＞外观"菜单命令，打开"外观"面板，在面板中单击带下画线的效果名称，在打开的效果的对话框中重新设置参数，单击"确定"按钮，即可完成效果的更改。

2．"扭拧"效果

"扭拧"效果将随机地向内或向外弯曲和扭曲对象。执行"效果 > 扭曲和变换 > 扭拧"菜单命令，打开如下图所示的"扭拧"对话框，对话框中各选项的功能介绍如下。

❶ 水平 / 垂直：用于指定水平和垂直扭拧产生的数量，设置参数越大，得到的效果越明显。

❷ 相对 / 绝对：用于指定扭拧产生的方式，选择"相对"方式，只采用大概的百分比来变形对象；而选择"绝对"方式则会得到更精准的变形效果，如下图所示为数量一定时，采用不同方式创建的扭拧效果。

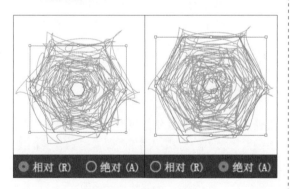

3．"扭转"效果

应用"扭转"效果将旋转选中的对象，并且中心的旋转程度比边缘的旋转程度大。执行"效果 > 扭曲和变换 > 扭转"菜单命令，打开"扭转"对话框，该对话框只包含一个"角度"选项，角度为正值时将顺时针扭转；角度为负值时将逆时针扭转，如下图所示。

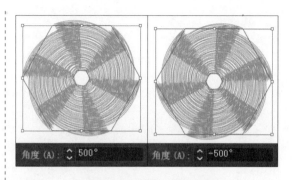

4．"收缩和膨胀"效果

执行"收缩和膨胀"命令，可以使对象从它们的节点上开始向内凹陷或向外伸展，从而产生参差不齐的变形效果。执行"效果 > 扭曲和变换 > 收缩和膨胀"菜单命令，打开"收缩和膨胀"对话框，向左侧"收缩"方向拖动滑块，可以创建向内凹陷的效果；向右侧"膨胀"方向拖动滑块，可以创建向外伸展的效果。下两图所示分别为向左和向右拖动滑块时，得到的收缩和膨胀效果。

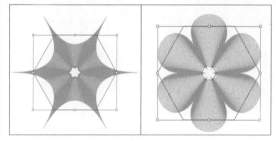

5．"波纹效果"

使用"波纹效果"可以将所选对象制作为波纹扭曲效果。执行"效果 > 扭曲和变换 > 波纹效果"菜单命令，打开如下图所示的"波纹效果"对话框，在对话框中可使用绝对大小或相对大小设置尖峰与凹谷之间的长度，并可设置每个路径段的脊状数量等。对话框中各选项的功能介绍如下。

❶ 大小：用于指定产生的波纹大小，设置的值越大，产生的波长越长。下图所示分别为设置"大小"为 5 mm 和 20 mm 时创建的波纹效果。

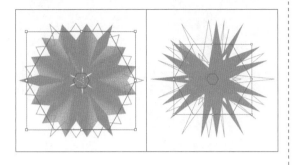

❷ 相对 / 绝对：用于指定产生波纹的方式，当大小一定时，采用"相对"方式所产生的波长比采用"绝对"方式所产生的波长要长。

❸ 每段的隆起数：用于指定产生波纹的数量，设置的值越大，得到的波浪越多。下图所示分别为设置"每段的隆起数"为 2 和 10 时得到的波纹效果。

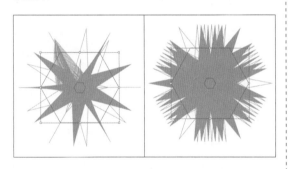

❹ 平滑 / 尖锐：用于指定波纹的边角平滑度，单击"平滑"单选按钮时，得到的波纹边角比较平滑；反之，单击"尖锐"单选按钮，得到的波纹边角比较尖锐。下图所示分别为单击"平滑"和"尖锐"单选按钮时得到的图形效果。

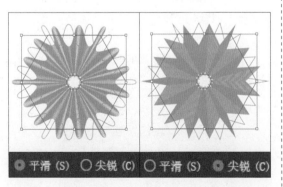

6. "粗糙化"效果

"粗糙化"效果可以移动所选对象上节点的位置，从而生成粗糙的边缘。与"波纹效果"类似，"粗糙化"效果也是以绝对大小或相对大小控制尖峰和凹谷之间的长度。执行"效果 > 扭曲和变换 > 粗糙化"菜单命令，打开如下图所示的"粗糙化"对话框，对话框中各选项的功能介绍如下。

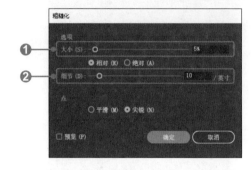

❶ 大小：用于指定对象边缘的粗糙程度，设置的值越大，得到的图形边缘越粗糙。下图所示分别为设置"大小"为 5% 和 25% 时得到的图形效果。

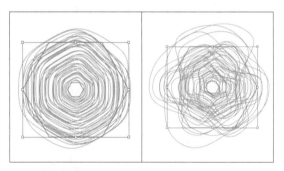

❷ 细节：用于指定图形边缘的细节，设置的值越大，得到的边缘细节越明显。下图所示分别为设置"大小"为 4/ 英寸和 20/ 英寸时得到的图形效果。

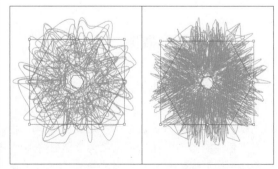

7．"自由扭曲"效果

"自由扭曲"可以通过拖动四个角的任一控制点来改变矢量对象的形状。执行"效果 > 扭曲和变换 > 自由扭曲"菜单命令，打开"自由扭曲"对话框。在对话框中拖动定界框四角的控制点，就可以自由扭曲图形，如果对扭曲的效果不满意，也可以单击下方的"重置"按钮，重新设置，如右图所示。

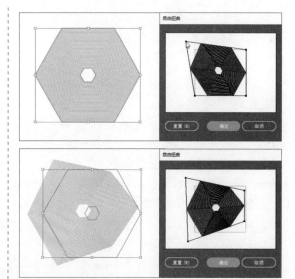

11.4　家居网站主页设计——图层蒙版

原始文件	随书资源 \ 案例文件 \11\ 素材 \03.jpg ～ 08.jpg
最终文件	随书资源 \ 案例文件 \11\ 源文件 \ 家居网站主页设计——图层蒙版 .psd

11.4.1 案例分析

设计任务： 本案例是设计一个家居销售网站的主页页面。

设计关键点： 由于家居产品众多，所以在设计时需要着重突出品牌及该品牌家居的特点，其次再是对家居产品的展示设计。

设计思路： 根据设计关键点，首先将家居品牌标志图形添加到页面左上角较醒目的位置，提升品牌知名度，突出其品牌文化；然后根据该品牌家居产品的特点，采用大面积暖色调设计，营造出温暖、温馨的家居氛围，为了让消费者对产品有一个全面的了解，采用综合型布局方式，对销售的产品一一进行展示；最后对每个产品适合的装修风格、价格等消费者比较关注的信息加以补充说明。

配色推荐： 薄红色＋青灰色＋中灰色的配色方式。大面积的薄红色给人以淡淡的温暖、柔和的感觉，能表现该品牌家居舒适、自然的特点，与饱和度较低的青灰色和中灰色搭配，缓解了单一色彩带来的视觉疲劳感，同时可突出画面中的家居产品。

软件应用要点： 主要利用 Illustrator 中的"矩形工具"绘制背景图形，使用"钢笔工具"添加图形装饰；在 Photoshop 中应用调整图层对家居产品图像进行调整，利用剪贴蒙版拼合图像等。

11.4.2 操作流程

在本案例的制作过程中，先在 Illustrator 中使用形状工具绘制图形，对页面进行布局，再在画面中添加所需的符号和文本，然后在 Photoshop 中将所有家居产品图像置入页面，根据画面整体需要，为图像设置合适的颜色。

1. 在Illustrator中设计页面布局

网站页面的布局方式可以体现其整体风格。在本案例中先使用 Illustrator 中的矢量绘图工具绘制不同形状的图形并填充合适的颜色，对页面进行规划布局，然后使用"文字工具"在页面中添加文字，并结合"符号"面板，添加一些重要的网页图标，具体操作步骤如下。

步骤 01 使用"矩形工具"绘制图形

启动 Illustrator 程序，创建一个空白文档，❶将"图层 1"重命名为"布局"，❷选择工具箱中的"矩形工具"，❸在"颜色"面板中设置填充颜色为 R228、G199、B159，❹使用"矩形工具"在画板中绘制矩形图形。

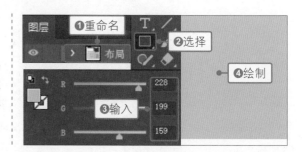

步骤02 使用"矩形工具"绘制矩形

打开"颜色"面板，❶单击面板中的白色色块，更改填充颜色为白色，❷使用"矩形工具"在上一步绘制的矩形左上方位置单击并拖动，绘制一个白色的矩形。

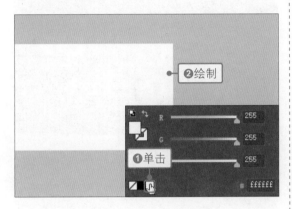

步骤03 选择对象设置"不透明度"

使用"矩形工具"绘制更多的矩形，填充合适的颜色，❶使用"选择工具"同时选中两个矩形图形，打开"透明度"面板，❷在面板中输入"不透明度"为80%，降低透明度效果。

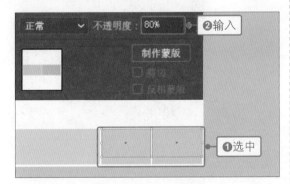

步骤04 使用"钢笔工具"绘制图形

❶选择"钢笔工具"，打开"颜色"面板，❷在面板中输入填充颜色为R67、G60、B54，❸应用"钢笔工具"在画板中连续单击，绘制图形。

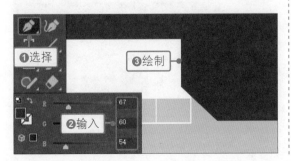

步骤05 应用"直线段工具"绘制线条

❶选择工具箱中的"直线段工具"，打开"颜色"面板，❷在面板中输入描边颜色为R148、G107、B75，展开"属性"面板，❸在"外观"选项组中设置描边粗细为0.5 pt，❹应用"直线段工具"在画板中绘制一条垂直线段。

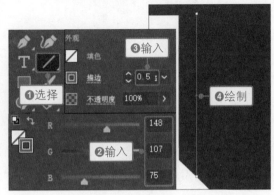

步骤06 绘制直线段并编组

打开"颜色"面板，❶在面板中将描边颜色更改为R222、G207、B188，❷继续使用"直线段工具"绘制另外几条直线段，❸同时选中直线段对象，按快捷键Ctrl+G，将直线段编组。

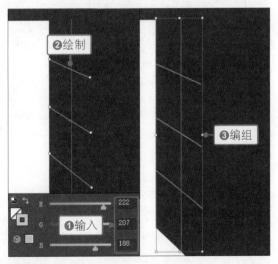

步骤07 选择对象设置"不透明度"

结合"矩形工具"和"直线段工具"在画板中绘制更多的图形，❶使用"选择工具"同时选中下方的几条白色的直线段，打开"透明度"面板，❷在面板中输入"不透明度"为50%，降低透明度效果。

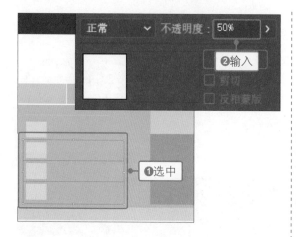

步骤 08 设置"字符"属性输入文字

❶新建"文字"图层，选择工具箱中的"文字工具"，❷在"属性"面板的"字符"选项组中设置字体为"方正粗倩简体"，❸输入字体大小为 18 pt，❹输入字符间距为 100，❺应用"文字工具"在画板中输入文字"美家家居"。

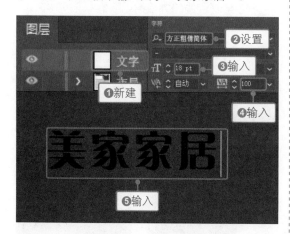

步骤 09 在"颜色"面板中设置字符颜色

应用"选择工具"选中文字"美家家居"，打开"颜色"面板，在面板中输入填充颜色为 R233、G206、B163，更改文本颜色。

步骤 10 设置"字符"属性输入文字

❶在"属性"面板的"字符"选项组中将字体大小更改为 11 pt，其他选项不变，❷在已输入文字下输入英文"MEIJIA.COM"。

步骤 11 选择文字设置倾斜效果

结合"文字工具"和"属性"面板在页面中输入更多所需文字，❶应用"选择工具"单击选中文字"沙发套装"，打开"变换"面板，❷在面板中的"倾斜"选项右侧输入数值 10，创建倾斜的文本效果。

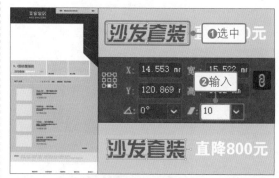

步骤 12 设置"圆角矩形"选项

❶选择工具箱中的"圆角矩形工具"，在画板中单击，打开"圆角矩形"对话框，❷输入"圆角半径"为 5 mm，❸单击"确定"按钮。

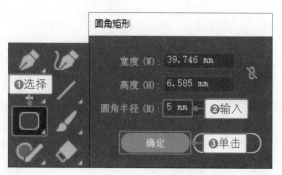

步骤 13 绘制圆角矩形指定填充颜色

❶在画板中创建圆角矩形，调整圆角矩形的大小和位置，打开"颜色"面板，❷在面板中将填充颜色设置为 R189、G185、B158，更改图形填充颜色。

步骤 14 使用"椭圆工具"绘制圆形

❶使用"椭圆工具"在文字 GO 下方绘制白色圆形，❷在"属性"面板的"外观"选项组中输入"不透明度"为 50%，降低透明度。

步骤 15 制作标志图形

❶创建"图标"图层，应用"直线段工具"绘制直线段并设置合适的描边颜色，❷在"属性"面板的"外观"选项组中设置描边粗细为 6 pt，❸在"透明度"面板中设置改混合模式为"叠加"，制作标志图形。

步骤 16 使用"矩形工具"绘制矩形框

❶选择工具箱中的"矩形工具"，❷在"颜色"面板中输入描边颜色为 R178、G154、B120，展开"属性"面板，❸在面板中设置描边粗细为 0.5 pt，❹使用"矩形工具"在画板中绘制一个合适的矩形。

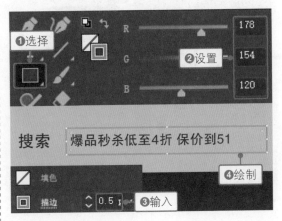

步骤 17 复制图形调整大小

❶选择并复制矩形图形，❷将复制的矩形向右拖动到合适的位置，调整矩形的宽度。

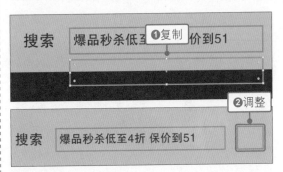

步骤 18 添加箭头图形

执行"窗口 > 符号库 > 箭头"菜单命令，打开"箭头"面板，❶在面板中单击"箭头 28"符号，❷将其拖动到画板中，置入符号，❸断开符号链接，调整其形状和填充颜色。

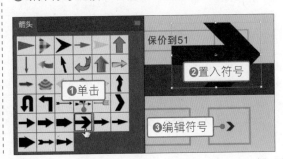

步骤19 添加购物车图形

执行"窗口 > 符号库 > 网页图标"菜单命令，打开"网页图标"面板，❶在面板中单击选中"购物车"符号，❷将其拖动到画板中，❸断开符号链接，调整购物车图形的大小、位置和填充颜色。

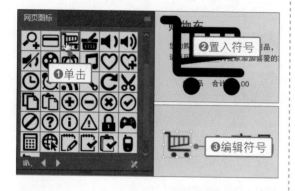

步骤20 使用"圆角矩形工具"绘制图形

使用相同的方法，置入"收藏"和"RSS"符号，并调整符号的大小、位置和填充颜色，打开"渐变"面板，❶在面板中设置从 R247、G138、B47 到 R255、G201、B75 的颜色渐变，❷输入角度为45°，❸使用"圆角矩形工具"在符号下方绘制圆角矩形，并应用设置的渐变色填充图形。

步骤21 添加更多图形

结合 Illustrator 中绘图工具，在画板中绘制更多的图形，完成网站图标的添加。

步骤22 设置"导出"选项

按快捷键 Ctrl+S，存储文件，然后执行"文件 > 导出为"菜单命令，打开"导出"对话框，❶在对话框中选择导出文件的存储位置，❷输入导出文件名，❸选择"保存类型"为"Photoshop（*.PSD）"，❹单击"导出"按钮。

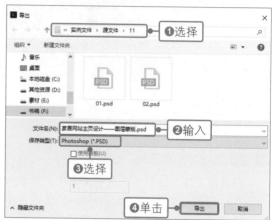

步骤23 设置"Photoshop 导出选项"

打开"Photoshop 导出选项"对话框，❶在对话框中设置"分辨率"为"中（150ppi）"，❷单击"写入图层"单选按钮，❸勾选下方的两个复选框，❹单击"确定"按钮，导出 PSD 文件。

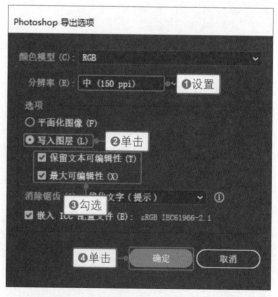

2. 用Photoshop编辑素材图像

在 Illustrator 中完成网页背景图的处理后，接下来在 Photoshop 中添加对应的产品图像。通过置入的方式将家居产品图像素材添加到画面中，使用"钢笔工具"抠出需要的部分，应用"调整"面板和"属性"面板调整各家居产品图像的颜色，具体操作步骤如下。

步骤01 打开文件置入图像

启动 Photoshop 程序，打开导出的 PSD 文件，执行"文件 > 置入嵌入的对象"菜单命令，将"03.jpg"家居图像以智能对象的方式置入到打开的文件上方，在"图层"面板中创建"03"智能图层。

步骤02 应用"魔棒工具"创建选区

❶单击"03"智能图层前的"指示图层可见性"图标，❷隐藏"03"智能图层，❸单击选中下方的图层，❹单击工具箱中的"魔棒工具"按钮，❺在白色的图形上单击，创建选区，选择对象。

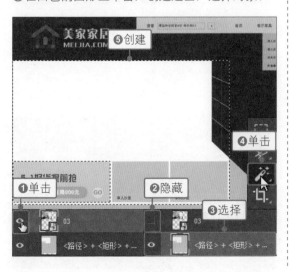

步骤03 添加蒙版隐藏对象

❶单击"03"图层前的"指示图层可见性"按钮，重新显示图层，❷选中"03"图层，❸单击"图层"面板中的"添加图层蒙版"按钮，❹为"03"图层添加蒙版，隐藏多余的图像。

步骤04 载入蒙版选区设置"色彩平衡"

❶按住 Ctrl 键不放，单击"03"图层蒙版缩览图，载入蒙版选区，新建"色彩平衡 1"调整图层，打开"属性"面板，❷在面板中输入颜色值为 +38、0、+35，调整选区内的图像颜色。

步骤 05 载入选区设置"色阶"

❶按住 Ctrl 键不放，单击"色彩平衡 1"图层蒙版缩览图，载入选区，新建"色阶 1"调整图层，打开"属性"面板，❷输入色阶值为 16、1.50、255，调整选区内的图像亮度。

技巧提示 恢复默认值

在"属性"面板中设置色阶选项后，如果要将参数恢复为默认值，在"预设"下拉列表中单击选择"默认值"选项即可。

步骤 06 载入选区并设置"选取颜色"选项

❶按住 Ctrl 键不放，单击"色阶 1"图层蒙版缩览图，载入选区，新建"选取颜色 1"调整图层，打开"属性"面板，❷输入红色百分比为 -24、+9、+18、+10，❸单击"绝对"单选按钮，调整图像颜色，营造更温馨的家居风格。

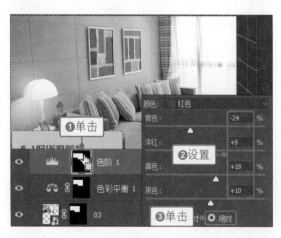

步骤 07 应用"钢笔工具"绘制路径

❶执行"文件 > 置入嵌入的对象"菜单命令，将"04.jpg"家居图像置入到画面中，在"图层"面板中生成"04"智能图层，❷选择"钢笔工具"，在选项栏中选择"路径"工具模式，❸沿其中一个沙发图像边缘绘制路径。

步骤 08 将路径转换为选区

按快捷键 Ctrl+Enter，将绘制的工作路径转换为选区。

步骤 09 添加蒙版隐藏对象

❶单击"图层"面板中的"添加图层蒙版"按钮，❷为"04"图层添加蒙版，隐藏选区外的图像，只显示选区中的沙发图像。

步骤 10 载入蒙版选区并设置"色阶"

❶按住 Ctrl 键不放，单击"04"图层蒙版缩览图，载入选区，新建"色阶 2"调整图层，打开"属性"面板，❷在面板中设置色阶值为 0、1.50、193，提亮选区中的图像。

步骤 11 载入选区设置"曲线"调整

❶按住 Ctrl 键不放，单击"色阶 2"图层蒙版缩览图，载入选区，新建"曲线 1"调整图层，打开"属性"面板，❷在面板中单击并向上拖动曲线，进一步提亮图像。

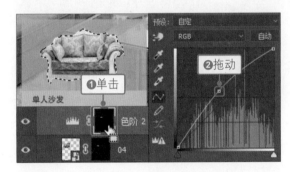

步骤 12 载入选区设置"选取颜色"选项

❶按住 Ctrl 键不放，单击"曲线 1"图层蒙版缩览图，载入选区，新建"选取颜色 2"调整图层，打开"属性"面板，❷在面板中输入红色百分比为 -100、+29、-13、-18，调整选区内的沙发图像颜色。

步骤 13 选择并盖印图层

❶同时选中"04"图层及上方的所有调整图层，❷按快捷键 Ctrl+Alt+E，盖印图层，得到"选取颜色 2（合并）"图层，将图层中的沙发图像向右移到合适的位置上。

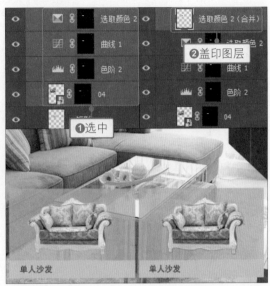

步骤 14 置入图像

执行"文件 > 置入嵌入对象"菜单命令，将"05.jpg"家居素材图像置入到画面中，在"图层"面板中得到"05"智能图层。

步骤 15 应用"魔棒工具"创建选区

❶单击"05"图层前的"指示图层可见性"图标，隐藏图层，❷选中下一图层，❸使用"魔棒工具"在矩形上方单击，创建选区。

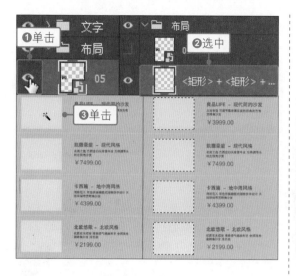

步骤 16 调整选区范围

❶选择工具箱中的"矩形选框工具"，❷单击选项栏中的"从选区减去"按钮，❸在画面中单击并拖动，从已有选区中减去新选区，选择最上方一个矩形区域。

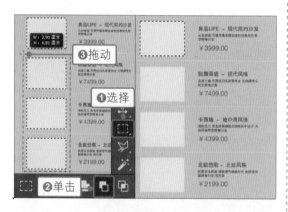

步骤 17 创建蒙版隐藏对象

❶单击"05"图层前的"指示图层可见性"图标，重新显示图层，❷选中"05"图层，❸单击"图层"面板中的"添加图层蒙版"按钮，❹为该图层添加图层蒙版，隐藏选区外的部分图像。

步骤 18 置入图像

使用相同的方法，置入"06.jpg ～ 08.jpg"家居图像，在"图层"面板中得到相应的智能图层，创建图层蒙版，隐藏多余的图像。

步骤 19 选择并盖印图层

❶同时选中"05 ～ 08"图层，❷按快捷键Ctrl+Alt+E，盖印图层，在"图层"面板中得到"08（合并）"图层。

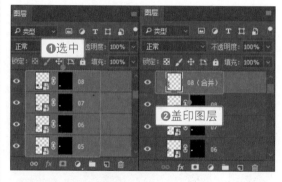

步骤 20 设置"曲线"提亮图像

❶按住 Ctrl 键不放，单击"08（合并）"图层，载入选区，新建"曲线 2"调整图层，打开"属性"面板，❷在面板中单击并向上拖动曲线，调整选区中的家居图像亮度。

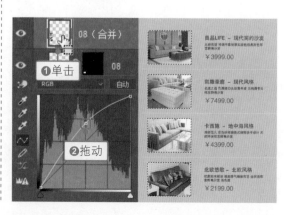

步骤21 载入选区设置"选取颜色"选项

❶再次载入相同的选区，创建"色彩平衡2"调整图层，❷在打开的"属性"面板中输入中间调颜色值为 +55、0、+20，调整颜色，加深红色和蓝色。

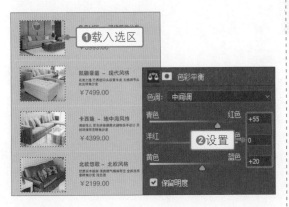

步骤22 设置"选取颜色"选项

载入选区，新建"选取颜色3"调整图层，打开"属性"面板，❶在面板中输入红色百分比为 -43、-31、-19、-11，❷选择"黄色"选项，❸输入颜色百分比为 -19、+3、-14、-17。

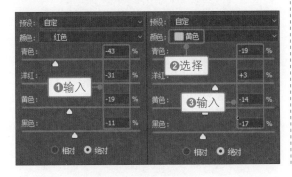

步骤23 查看图像效果

软件会应用设置的"可选颜色"选项调整图像颜色，在图像编辑窗口中查看设置后的画面效果。至此，已完成本案例的制作。

技巧提示　切换屏幕模式预览图像

完成图像的编辑操作后，按键盘中的 F 键，可以在"标准屏幕模式""带有菜单栏的全屏模式""全屏模式"3 种不同屏幕模式下预览图像。

11.4.3 ｜ 知识扩展

在 Photoshop 中，蒙版是一个非常重要的功能，它既可以用于将多张图像组合成一个图像，也可以用于校正局部的颜色和明暗。在"图层"面板中可以向图层添加蒙版，然后使用此蒙版隐藏部分图像并显示下方图层中的图像。

蒙版是一种灰色图像，并且具有透明的特性，它将不同的灰度值转换为不同的透明度，作用于该蒙版所在的图层中，遮盖图层中的部分区域。当蒙版的灰度加深时，被遮盖的区域就变得更加透明，通过这样的方式可以在不破坏原始图像的情况下，对图像的显示和隐藏实现更加准确的控制。下面三幅图像即展示了蒙版的工作原理。

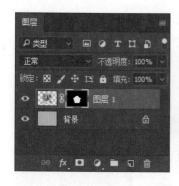  

在 Photoshop 中，蒙版可以分为"图层蒙版""矢量蒙版""剪贴蒙版""快速蒙版"。其中"图层蒙版"是最为常用的一种蒙版类型。在"图层"面板中单击"添加图层蒙版"按钮，可以快速为"图层"面板中选中的图层添加图层蒙版，添加的蒙版默认情况下为白色，会显示当前图层中的所有图像，如下图所示。

对添加的图层蒙版，可以结合多种选区工具、绘画工具等进行编辑，控制图像的显示内容和效果。由于蒙版中黑色的区域是被隐藏的区域，白色的区域是被显示出来的区域，因此在蒙版中，如果使用黑色画笔涂抹，则被涂抹的区域就会被隐藏起来；如果需要重新显示这些区域，则使用白色画笔涂抹，如下图所示。

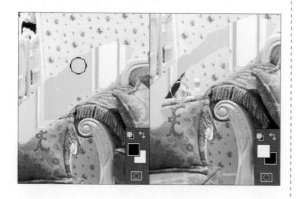

对于创建的图层蒙版，如果还需要做进一步的调整，就会使用到"属性"面板中的属性选项。创建图层蒙版后，双击"图层"面板中的蒙版缩览图，就可以打开如下图所示的"属性"面板。"属性"面板提供了更多用于调整蒙版的选项，可以像处理选区一样，更改蒙版的不透明度，以增加或减少透过蒙版显示出来的内容；也可以翻转蒙版或者调整蒙版边界等。"属性"面板中各个选项的具体功能介绍如下。

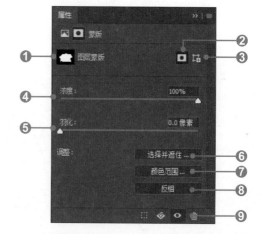

❶ 蒙版预览模式：显示当前创建蒙版效果和蒙版类型。

❷ 添加像素蒙版：像素蒙版即图层蒙版，单击"添加像素蒙版"按钮可在选中图层上添加图层蒙版。

❸ 添加矢量蒙版：单击"添加矢量蒙版"按钮，可在选中图层上创建一个矢量蒙版。

❹ 浓度：用于指定选定蒙版的不透明度，默认情况下以 100% 的浓度应用蒙版，设置的参数值越小，蒙版效果越接近透明，下图所示分别展示浓度为 30% 和 80% 时的效果。

⑤ 羽化：用于在蒙住和未蒙住区域之间创建较柔和的过渡效果，设置的数值越大，蒙住和未蒙住区域之间的边缘就越柔和。下图所示分别为设置"浓度"为 5 像素和 50 像素时所创建的蒙版效果。

⑥ 选择并遮住：单击"选择并遮住"按钮，可以进入"选择并遮住"工作区，在该工作区下可以通过设置选项修改蒙版边缘，并且可以选择以不同的视图模式查看蒙版。

⑦ 颜色范围：单击"颜色范围"按钮，可以打开"色彩范围"对话框，在对话框中可以指定选择范围或取样颜色，并根据图像中的不同色彩范围来构建蒙版。

⑧ 反相：单击"反相"按钮，可以使蒙版区域和未蒙版区域相互调换。

⑨ 快捷按钮：单击"从蒙版中载入选区"按钮，可将蒙版区域载入为选区；单击"应用蒙版"按钮，可将蒙版效果应用到当前图像中；单击"停用 / 启用蒙版"按钮，可以暂时隐藏图像中的蒙版效果，再次单击后可以显示蒙版效果；单击"删除蒙版"按钮，可以删除图层中不需要的蒙版。

11.5　课后练习

对于网站界面的设计，应当在设计前与所服务对象进行沟通，在目标明确的基础上，完成网站的构思创意即总体设计方案，并对网站的整体风格和特色做出定位，将页面中的信息有效地组织起来，设计出便于操作和使用的网站页面。下面通过习题巩固本章所学。

习题1：户外产品销售网页设计

原始文件	随书资源 \ 课后练习 \11\ 素材 \01.jpg
最终文件	随书资源 \ 课后练习 \11\ 源文件 \ 户外用品销售网页设计 .psd

网页设计中布局是关键，在创作的过程中就需要先对页面进行合理的布局，根据布局来安排页面中的主要元素。在本习题中，网页中展示的商品是登山鞋，因此在设计时，在背景中加入山峰、树林、手电筒等与登山相关的元素，丰富了画面效果。

● 在 Illustrator 中使用"钢笔工具"绘制出网页中的装饰图形；

● 在 Photoshop 中利用"矢量蒙版"抠出鞋子图像，去掉多余的背景；

● 使用"横排文字工具"在页面中添加文字，完善网页内容。

习题2：教育培训网页设计

原始文件	随书资源 \ 课后练习 \11\ 素材 \02.jpg
最终文件	随书资源 \ 课后练习 \11\ 源文件 \ 教育培训网页设计 .ai

教育培训推广网站页面的设计可以根据所培训的内容进行创意设计。本习题即是为外语培训类网站所做的页面设计，在创作的过程中，利用立体的三角形作为主要设计元素，通过大小和角度的变化，使画面呈现出更加活泼的视觉效果。

● 在 Photoshop 中使用"黑白"调整图层对素材图像进行处理，将其转换为黑白效果；

● 在 Illustrator 中，结合"钢笔工具"、"渐变"面板和"颜色"面板在页面中绘制图形，对网页进行布局；

● 将图像导入到 Illustrator 中，应用剪切蒙版裁剪图像，去除多余的部分；

● 使用"文字工具"输入文字，创建完整的页面效果。